JN094917

舗装工学
ライブラリー 17

アセットマネジメントの
舗装分野への適用ガイドブック

Pavement Engineering Library 17

Guidebook for application of Asset Management to Pavement field

December, 2020

Japan Society of Civil Engineers

はじめに

　社会資本を管理する関係者の間でアセットマネジメントという言葉が使用されてから久しいが，果たしてその言葉は広く理解を得て，実務の中で定着しているのであろうか．

　2005 年には土木学会建設マネジメント委員会から「アセットマネジメント導入への挑戦」が出版されて，関係者のアセットマネジメントに対する知識の普及に貢献した．2014 年にはそれまでの欧米におけるアセットマネジメント導入の実績を反映して，アセットマネジメントの国際標準である ISO 55000 シリーズが規格化された．更に，2017 年には日本アセットマネジメント協会が発足し，ISO 55000 シリーズの導入とアセットマネジメントに対する理解の促進を目指している．

　このような動きの中で，アセットマネジメント全般を理解するための図書はこれまで多く発行されているが，道路あるいは舗装といった社会資本のアセットマネジメントを対象とした図書は見られなかった．このため，当小委員会では道路を中心とした舗装の維持管理に焦点を当てたアセットマネジメント運用のためのガイドブックの発行を目指すこととした．アセットマネジメント導入実績の豊富な欧米では様々なガイド類が発行されているが，このうち，特に実務的であり事例の豊富な米国 AASHTO の TAM(Transportation Asset Management)ガイドあるいは ISO 55000 シリーズなどを参考として，極力，道路等のインフラ管理関係者が理解しやすい構成と内容となるよう努めた．

　本ガイドブックでは，アセットマネジメントを導入する際のプロセスやその内容が理解しやすいように体系化することや概念が平易な表現となるように工夫した．また，導入プロセスを細分化して管理者が自己評価や成熟度判定に利用しやすくするとともに，ISO 55000 シリーズを導入した有料道路の事例，地方自治体の道路管理への適用事例，空港・港湾における適用事例，および導入初期のアセットマネジメントのフレームワークなど事例を多く取り入れた．ただし，ガイドブックは現場の実務者の問題解決にすぐに役立つ図書というより，これからアセットマネジメントの実務に携わる技術者や学生が知識を学ぶため図書として役立つよう取りまとめた．

　本ガイドブックが，道路を中心とした舗装の維持管理のためにアセットマネジメントを導入する上で必要なプロセスの理解や知識の普及に役立つとともに，アセットマネジメントの定着を通して資産の健全化や価値の向上に貢献することを期待したい．

2020 年 12 月

（公社）土木学会舗装工学委員会

舗装マネジメント小委員会

委員長　七五三野　茂

執筆者

粟本　太朗	静岡市建設局道路部
池田　秀継	本州四国連絡高速道路株式会社
井原　務	株式会社 NIPPO
大木　秀雄	(一財)港湾空港総合技術センター
岡田　貢一	株式会社パスコ
高馬　克治	ニチレキ株式会社
坂井　康人	阪神高速道路株式会社
七五三野　茂	株式会社ネクスコ東日本エンジニアリング
鈴木　泉	株式会社ガイアート
原　毅	世紀東急工業株式会社
中島　良光	愛知道路コンセッション株式会社
藤原　栄吾	大林道路株式会社
牧田　哲也	ニチレキ株式会社
松下　郁生	株式会社オリエンタルコンサルタンツ
八木　哲生	大和エナジー・インフラ株式会社
山本　富夫	株式会社日本環境認証機構

舗装工学ライブラリー17

アセットマネジメントの舗装分野への適用ガイドブック

目　次

第1章　ガイドブックの概要

1.1　ガイドブック発刊の背景と目的

　舗装は，道路をはじめ空港や港湾さらには貨物ヤード等に用いられる交通インフラの主要な構造物であり，車両や歩行者等の移動に伴うサービスを提供する中心的な役割を担っている．道路統計年報のデータを基にした高速道路を含む道路の総延長と舗装のストックの推移を**図-1.1.1**に示す．道路の延長は1965年には100万km程度で，そのほとんどが未舗装の状態であったが，1970〜1990年代に簡易舗装の普及と共に整備が進められ，1995年までに道路延長の約70%に舗装が建設された．また，簡易舗装は，道路総延長の約85%を占める市町村道に多く用いられ，地方における舗装率の向上に寄与した．一方，舗装は車両の走行に伴う交通荷重を直接かつ繰り返し受けることによる疲労や気象等により損傷や劣化が進行するため，舗装の性能が低下することを前提に建設され，その状態を適宜把握しながら必要な管理行為を適切に実施していく必要があり，舗装ストックの増大と共に効率的な維持管理が求められている．

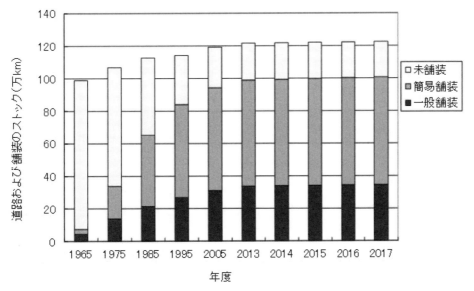

図-1.1.1 道路および舗装のストックの推移[1]を参考に作成

（出典：道路統計年報 2018，道路現況の推移（その2），国道交通省，2018）

　また，道路統計年報のデータを基にした道路の舗装事業費における舗装補修（維持修繕）費と舗装新設費の推移を**図-1.1.2**に示す．舗装の整備延伸と共に，1980年度代までは舗装事業費の中で，舗装新設費の占める割合が多かったが，1990年以降は舗装補修が舗装新設費を上回るようになった．しかしながら，舗装事業費は1990年代前半期をピークに減少し続け，2005年以降は5000億円程度で推移している．一方，舗装補修費は舗装事業費の推移と同じように減少し，2005年に約3000億円となり，近年では3500億円程度になっている．舗装の事業費（予算）が制約される中，100万kmを超える道路の舗装をいかに効率的に管理して行くかが大きな課題となっている．

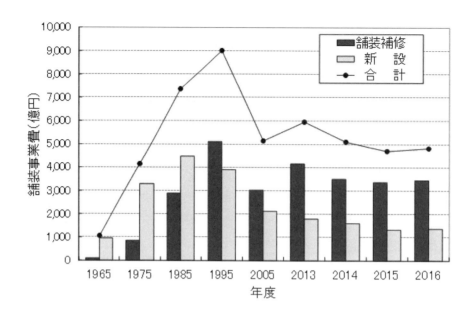

図-1.1.2 道路の舗装事業費における舗装補修と新設費の推移[1]を参考に作成

（出典：例えば，道路統計年報 2018，道路・都市計画街路事業費総括表，国道交通省，2018）

　また，舗装の管理の現状として，舗装のストック量の増大に反して，舗装を管理する職員は，少子高齢化の影響もあって，減少している．さらに，**図-1.1.3** に示す地方公共団体へのアンケート調査結果によれば，市町村では舗装の定期的な点検が行われていない自治体もあり，舗装に関する維持管理計画も未策定になっている自治体が多いものと推察される．

　このような状況から舗装点検要領等が策定，発刊され，道路法に基づく道路の舗装において点検が実施されてきており，維持管理計画等の立案の環境が整ってきている．

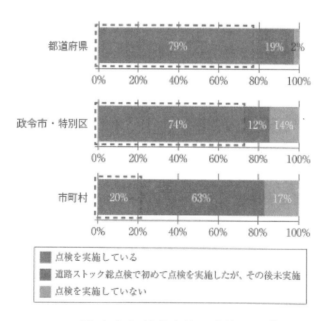

図-1.1.3 舗装点検の実施状況[2]

（出典：竹内康，渡邉一弘，吉沢仁，舗装総点検データを用いた市町村道の管理方法に関する一考察，道路建設 No.767，p.56，日本道路建設業協会，2018.3）

　今後は中長期の予防保全を含む計画的な維持管理がより重要となってきており，舗装マネジメントのニーズが高まっている．国内においても，国，高速道路会社，一部地方自治体において舗装マネジメントシステムが構築，運用されている．今後，地方自治体においても舗装マネジメントが構築され，舗装の長寿命化計画等が策定の動きが活発化するものと考えられる．

　このような中で，欧米では 1990 年代からアセットマネジメントの概念が道路分野にも導入され始めた．アセットマネジメントでは，道路を資産としてとらえて継続的な改善による資産の運用管理を行うとともに，目標設定と達成度評価を行うなど，その手法は計画的で効率的な維持管理を行うためのツールとして着目され，2014 年 1 月には，アセットマネジメントの国際規格として ISO 55000 シリーズ（ISO : International Organization for Standardization）が発効され，国内の下水道分野や民間有料道路などの管理に導入され始めている．

　本ガイドブックは，舗装の管理におけるアセットマネジメントの導入・適用に関して，そのメリットや実際の構築プロセスなどの事例を交えて解説したものである．

1.2　アセットマネジメントとは

1.2.1　アセットマネジメントの導入の背景

　我が国では戦後の高度成長期に建設した道路構造物の高齢化が，いわゆる「荒廃するアメリカ」[3]が生じた 1980 年代初めのアメリカよりも 30 年遅れて到来している．その一方で 1990 年代後半以降，建設投資額が減少しており，労働人口減少に伴う税収の落ち込みと社会保障費の増大により，今後，建設投資の縮減が一層進むと予想される中で，社会資本の維持管理手法としてアセットマネジメントへの関心が高まってきている．

　社会資本のアセットマネジメントとは，社会資本という国民の資産を適切に管理，運用するための手法である．1999 年 12 月に米国連邦道路庁（FHWA）が Office of Asset Management を新設してからは，社会資本資産にかかわるマネジメントのことを"アセットマネジメント"と呼ぶ傾向が顕著になっている[4]．アセットマネジメントによるインフラの管理は，1980 年代初めに老朽化した道路橋の相次ぐ事故を経験したアメリカ，財政難のなかで民間資金を投入してインフラの整備を行う PFI（Private Finance Initiative）手法を考案し，1992 年に導入したイギリス，NPM（New Public Management）手法の導入を積極的に進めてきたオーストラリアやニュージーランド等で進展してきた．

　現在，ライフサイクル全般にわたり，資産価値の向上，リスク，コストの平準化を図るためのツールへと同手法が進化あるいは拡張されており，そのためのガイドや仕様書が発行されている．アメリカでは，全米州高速道路交通協会（AASHTO）が米国連邦道路庁（FHWA）と連携してアセットマネジメント導入に向けた研究を行い，Transportation Asset Management （TAM）Guide を発刊している．さらに，イギリスでは，アセットのライフサイクル管理に関してアセットマネジメントの仕様書 PAS55（PAS: Publicly Available Specification）を作成・公開した．

　こうした背景を受けて，アセットマネジメントの標準化の必要性から 2009 年の 8 月に PAS55 を作成したイギリス規格協会（BSI）から ISO に対してアセットマネジメントシステム（AMS）に関する ISO の規格化に取り組む提案が行われ，同年 12 月に可決された．BSI が提案した AMS は PAS55 をベースとしているが，国際規格に向けて全面的な見直し作業が進められ，2014 年 1 月 10 日に ISO 55000 シリーズとして発行された．

　ISO 55000 シリーズにおいて，アセットマネジメントおよびアセットマネジメントシステムの関係

については，**図-1.2.1** に示すように，組織全体のマネジメントの中にアセットマネジメントがあり，アセットマネジメントを適切に動かす組織内の手段・道具がアセットマネジメントシステムとしている．また，そのシステムで管理するアセット（構造物などのハード資産，人材・技術などのソフト資産）がアセットポートフォリオとしている．

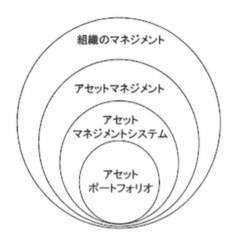

組織のマネジメント

アセットマネジメント

アセット
マネジメントシステム

アセット
ポートフォリオ

アセットマネジメント：
　アセットからの価値を実現化する組織の調整された活動
アセットマネジメントシステム：
　アセットマネジメントの方針、目標、目標を達成するプロセスを
　確立するための、相互に関連し、又は影響し合う一連の要素
アセットポートフォリオ：
　アセットマネジメントシステムの適用範囲内にあるアセット

図-1.2.1　アセットマネジメント関連の用語間の関係 [5]

（出典：ISO 55001 要求事項の解説編集委員会，ISO 55001：2014　アセットマネジメントシステム要求事項の解説，
　p.39，日本規格協会，2015.3）

（原典：ISO 55000：2014 アセットマネジメント－概要，原則，用語[英和対訳版]，日本規格協会）

　国内では国土交通省の提言 [6]，さらに 2007 年（平成 19 年）4 月に制定された長寿命化修繕計画策定事業費補助制度要綱により，地方自治体においても道路構造物の維持管理に舗装マネジメント（あるいはメンテナンスサイクル）を取り入れる動きが広がっている．舗装の維持管理についても，計画的な維持修繕が橋梁や道路の長寿命化に寄与することから，本手法を用いた舗装の維持管理の取り組みが報告されている．

　これまでの舗装マネジメントは，点検・調査，評価，劣化予測，LCC 計算など狭義のアセットマネジメントと共通する部分も多く見られるが，主として工学的知見に基づいた舗装の維持修繕である．一方，アセットマネジメントはマネジメントの継続的な改善を前提として，舗装を資産として捕らえ，国民の目線で工学のみならず経済学や経営学の知見を総合的に用いて管理・運営を体系的に実践するものである．投資効果と資産価値の最大化を目指すとともに，納税者や利用者などの関係者への説明責任を重視しているアセットマネジメントは，究極的には舗装のみならず橋梁などを含む資産全体の最適化を目指すものである．

　本ガイドブックにおいては，膨大な舗装資産を管理する市町村がアセットマネジメントを導入することを考慮して，ISO 55001 の要求事項を満たす管理レベルのマネジメントのみでなく，メンテナンスサイクルを発展させた管理レベル（成熟度初期レベル：成熟度についての詳細は第 3 章，第 4 章を参照）のマネジメントについても「アセットマネジメント」と位置づけている．

1.2.2　アセットマネジメントの導入状況

　国内におけるアセットマネジメントの取り組み状況としては，東京都や青森県などの地方公共団体において，橋梁の管理にアセットマネジメントを導入し，策定された中長期計画によって，戦略的な

予防保全型管理を推進している．また，茨城県や静岡県では，舗装維持修繕計画や社会資本長寿命化計画舗装ガイドラインを策定して，アセットマネジメントの導入が始まっている．阪神高速道路では，業務プロセスの中で企業の内部統制やリスクマネジメントを重視しており，予算管理においても階層構造を持ったマネジメントを取り入れることにより，維持管理ロジックモデルならびに橋梁マネジメントシステムを用いた戦略的なアセットマネジメントの取り組みを行っている．

代表的なアセットマネジメントシステムである ISO 55000 シリーズの導入状況について，国内においては，2014 年 3 月に下水道分野の組織が認証取得したのを皮切りに，2019 年 3 月末現在で 51 の組織が認証取得[7]しており，アセットの分野別で見ると上下水道が最も多く，次いで道路，電力となっており，最近では公共インフラあるいは社会基盤施設などをアセットとして認証取得している組織もある．また，公的組織の認証取得は 3 組織で，48 組織は民間となっている．認証取得した各年の取得組織数の実績は，図-1.2.2 に示すように，2017 年度までは認証取得する組織数が年々増加しており，国内において ISO 55000 シリーズのアセットマネジメントシステムの導入が広がっている状況にある．また，海外においては，2014 年から欧米，アジア，オセアニアの主要な国において道路，空港施設，上下水道，石油・ガス施設などいろいろな社会資本の分野で認証取得され，2017 年まで毎年 20 組織以上の取得実績となっており，2019 年 3 月末で 119 組織[7]となっている．

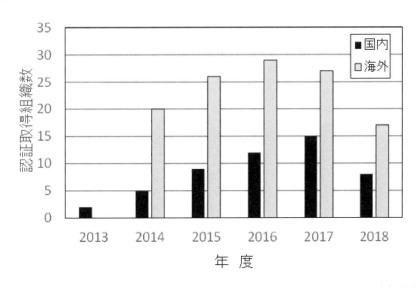

図-1.2.2　国内外の各年の認証取得した組織数の実績 [7)を参考に作成]

1.2.3　アセットマネジメントの導入効果

（1）　道路事業および舗装事業におけるマネジメントの課題

・維持管理費の動向を見ると地方自治体が管理する舗装において，予算が十分に確保されず，補修修繕が先送りになっている．また，小規模な自治体においては，維持管理の実施体制が整っていない．

・ストック量の増加に対して，今後の厳しい財政状況のもと，舗装の維持管理および損傷に伴う補修，修繕等のための予算の確保が益々困難になる．

・コストや環境負荷軽減を念頭においた計画的な維持管理を実施している管理機関が少なく，何らかの損傷が発生した段階あるいは苦情により対応する対処療法的な維持管理となっている．

・舗装に関するデータの不足あるいはデータがあっても有効に活用されておらず，予防保全を行うことが，中長期的には大きな利点になることを住民や利用者等の理解を得られない状況にある．

・適切な維持管理のためには，管理する舗装の状態を的確に把握し，現在および将来における維持管理作業の必要量を計測および予測できるようにする必要がある．

(2)　アセットマネジメント導入により想定される効果

ISO 55001 認証のアセットマネジメントシステムの導入効果を以下に示す．

・アセットポートフォリオの整理とデータベース化を実施する上で，各構造物の状態や構造物上の交通量，周辺環境などを再確認し，それぞれの構造物に関わるリスクを再確認することが出来る．

・KPI（Key Performance Indicator：重要目標達成指標）による目標の明確化により，計画の立案に一貫性が生まれる．また，業務プロセスとその位置付け，判断基準，各組織の責任と権限が明確化され，「実施すべきこと」が明確になる．

・「組織及びその状況の理解」や「ステークホルダーのニーズ及び期待の理解」を通じて，長期的な事業運営に必要となる技術開発や人材育成の重要性が明確となり，IT や IoT などの先進技術の実証を前向きに進めることが出来る．

・組織に置かれている状況やステークホルダーのニーズを決定し，リスクマネジメントとの手法を採り入れて目標設定し，アセットマネジメントシステムを構築することで，組織目標とそのための活動がより明確になる．さらに組織の上位目標，ステークホルダーのニーズ，それに関わるリスクを常に意識しながら柔軟に改善に取り組むことが可能になることから事業全体での目標達成に向かっての「改善のスパイラル効果」を期待できる．

・単に「資産の保全」という観点だけでなく，その「日常の作業」から論理的にその価値を見出すことの出来る「仕事」にし，担い手の今以上の誇りと問題解決能力を向上させ，利用者，利害関係者には明快に事業運営を説明することができる．

成熟度初期レベルのアセットマネジメントの導入効果を以下に示す（詳細については 6.1.3 および 6.1.4 参照）．

・舗装マネジメントによる計画的な維持管理により，損傷の著しい区間（MCI =2.0 未満）の修繕がほぼ終了し，今後は予防的修繕工法による補修への移行が可能となった．さらに，予算の平準化により事後保全型管理に比べてライフサイクルコストの削減ができる

・管理する町道の舗装現況が把握できたことで，効率的な舗装修繕が行われ，管理瑕疵関係の事案（舗装損傷による事故の減少）と住民からの舗装に関する苦情件数が減少している．

・路面性状調査を実施したことで，データベースを構築することができ，地図情報とのリンクも可能となっている．

1.3　ガイドブックの活用法と構成

(1) ガイドブックの活用

本ガイドブックは，現状の維持管理をアセットマネジメントの管理レベル（成熟度）として自己評価できる内容となっている．また，本ガイドブックは，舗装にかかわるアセットマネジメントの成熟度レベルを必ずしも導入当初から ISO 55001 の要求事項に適合（第 4 章の**表-4.1.3** 共通成熟度判定基準の成熟度レベル 3 の構造化）させる場合のみでなく，成熟度初期レベルの舗装におけるアセットマ

ネジメントを構築するための図書としても活用できるよう配慮した．

(2) ガイドブックの構成

　本ガイドブックは，1 章から 6 章の構成となっている．1 章はガイドブックの概要と題して，発刊の背景と目的とアセットマネジメントの定義や導入効果等について記載している．2 章は舗装の維持管理の現状と課題と題して，Web 調査による維持管理の実態を把握して，舗装のマネジメントの目指すべき方向について記載している．3 章はアセットマネジメントの役割と導入と題して，アセットマネジメントの導入や実施に向けて，米国やオーストラリアおよび PIARC（世界道路協会）のアセットマネジメントに関する図書を参考に ISO 55001 との整合性も考慮して，アセットマネジメントを導入する際の基本的なプロセスとその概要を記載している．4 章はアセットマネジメントの導入手順と成熟度評価と題して，アセットマネジメントを整備するためのマニュアルとして取りまとめており，導入手順別の詳細とアセットマネジメントとしての成熟度評価基準および現状のレベル（成熟度）の自己評価の方法を記載している．5 章はアセットマネジメントの実践と題して，アセットマネジメントによる舗装の維持管理を行うための情報として，政策や資産の評価や計測・診断技術およびリスクマネジメント，情報システム等について記載している．6 章は適用事例と導入初期のフレームワークと題して，民間有料道路における ISO 55001 によるアセットマネジメントと地方公共団体におけるアセットマネジメントの事例および海外のアセットマネジメントの事例を記載している．また，標準的レベルのアセットマネジメントに対して市町村などの組織に導入可能な成熟度初期レベルのアセットマネジメントのフレームワークについて記載している．

【参考文献】

1) 国土交通省，道路統計年報 2018，2018
2) 竹内康，渡邉一弘，吉沢仁，舗装総点検データを用いた市町村道の管理方法に関する一考察，道路建設 No.767，p.56，日本道路建設業協会，2018.3
3) P.Choate and S.Walter 米国州計画機関評議会編，荒廃するアメリカ，建設行政出版センター，1982
4) 土木学会，アセットマネジメント導入への挑戦，技報堂出版，p.32，2005.11
5) ISO 55001 要求事項の解説編集委員会，ISO 55001:2014 アセットマネジメントシステム要求事項の解説，p.39，日本規格協会，2015.3
6) 国土交通省道路局，「道路構造物の今後の維持・更新等のあり方」に関する提言，2003
7) 日本アセットマネジメント協会ホームページ，ISO 55001 認証取得組織一覧，https://www.ja-am.or.jp/iso55000s/certified_org.html (アクセス日：2019 年 4 月)

第 2 章　舗装の維持管理の現状と課題

2.1　Web 調査による維持管理の実態把握

2.1.1　これまでの維持管理の状況

　はじめに，これまでの維持管理の現状をマネジメントの視点から振り返るにあたり，過去に発行されている舗装の維持管理に関する図書・文書における特徴的な変化が見られる記述に基づいて，これまでの維持管理の状況を概観する．

　舗装の維持管理に関する図書・文書の記載内容から特徴的なキーワードを**表-2.1.1** に示す．

表-2.1.1　年代別の舗装の維持管理に関わる文書とキーワード

年代・事件	図書・文書名　【キーワード】
昭和 40 年代	道路維持修繕要綱（日本道路協会）【合理的な計画】
昭和 50 年代	荒廃するアメリカ（開発問題研究所）【荒廃するアメリカ】
平成 4 年	舗装の維持修繕（建設図書） 【舗装維持管理システム・舗装マネジメントシステム】
平成 14 年	Transportation Asset Management Guide （National Cooperative Highway Research Progr Project 20-24(11)版） 【Asset Management】
平成 19 年 長寿命化修繕計画策定事業費 補助制度の実施	宮崎県汗人マネジメントの導入・行動方針（橋りょう編） 【（インフラメンテナンスにおける）PDCA サイクル】
平成 20 年 社会資本整備総合交付金制度の実施	
平成 23 年 東北宮城沖地震	
平成 24 年 防災・安全交付金制度の実施 笹子トンネル事故	
平成 25 年 道路インフラ総点検の実施	総点検実施要領（案）（国土交通省） 【定量的評価】 道路のメンテナンスサイクルの構築に向けて（国土交通省） 【メンテナンスサイクル】 社会資本メンテナンス元年（冊子「国土交通」No.122(2013.10-11) https://www.mlit.go.jp/page/kanbo01_hy_002952.html 【メンテナンス元年】
平成 26 年 品確法と建設業法・入契法等 の一体的改正 ISO 55000 シリーズ発行	道路の老朽化対策の本格実施に関する提言（国土交通省　社会資本整備審議会 道路分科会） 【今すぐ本格的なメンテナンスに舵を切れ】 道路施設維持管理計画ガイドライン（新潟県） 【これまでの管理方法】
平成 28 年	舗装点検要領（国土交通省　道路局） 【健全性の診断】

　最も初期になる昭和 41 年版の維持修繕要綱の「第 3 章　作業計画」において，合理的な計画の策定と，計画に基づいた実施，結果の記録，それを常に利用可能なように保存すると言った今日の維持管理に通じる事項が既に記述されている．

　また，国や都道府県が発行した維持管理業務の要領書，仕様書にも，このような維持管理，維持修繕業務のあるべき姿について記述されており，例えば平成 25 年発行の「国が管理する一般国道及び高速自動車国道の維持管理基準（案）」の第 5 章では，維持管理に係る計画についての記述が見られる．

　これらを顧みると，平成 19 年の「長寿命化修繕計画策定事業費補助制度要綱」発行から平成 28 年の「舗装点検要領」発行までの流れは，日本の社会資本が直面している維持管理の課題を提示し，その解決のための法令，参考図書を整備することで，国が道路管理者に対して今後維持管理の合理化を支援する事を明確に示している．

　このような制度の充実が，合理的な維持管理の実施を日本の社会に浸透させるきっかけとなったと考えられる．

　平成 10 年代以前の舗装の維持管理に関する図書には，業務の実態や問題点を記録した記述は少なく，例えば，平成 4 年に出版された「舗装の維持修繕，第 4 章舗装の維持管理システム」の中で，国内外の舗装の維持管理システムへの取り組み例が記述されている程度である．また，維持管理業務の実態について記録した図書として，平成 26 年に新潟県で策定された「道路施設維持管理計画ガイドライン【舗装編】」[1]に維持管理業の概要が以下のように示されている．

1.1.3 これまでの管理方法

　舗装は，道路維持管理費の大部分を占めるほどに，従来までも毎年度一定量の補修事業が実施されている．補修実施の判断方法について *MCI*（※）を目安として補修を実施しているものの，路面点検の実施方法や補修が必要となる明確な基準が設定されていなかった．

　一部の地域では路面性状調査が実施されていたり，パトロールにより全体的な把握を行ったりしているものの，路面状態を記録しておらず，地元要望を踏まえ職員の経験に基づいて対策の要否や優先度を決めていた．また，近年舗装台帳が更新されておらず，補修履歴情報が整備されていない状況である．

　※*MCI*：Maintenance Control Index：舗装の維持管理指数

（出典：新潟県土木部道路管理課，新潟県道路施設維持管理計画ガイドライン【舗装編】平成 26 年 8 月版，p.5，http://www.pref.niigata.lg.jp/HTML_Article/815/622/04_GL_pavement,0.pdf，（アクセス日：2019 年 4 月）新潟県，2014.8）

　一般道路の多くを管理する地方公共団体における平成 10 年代以前の舗装の維持管理は，以下のような状況であったと推察される．

　「補修の基準が明確でない＝合理性が不足した計画」
　「地元要望・職員の経験に基づく計画策定＝主観が入らざるを得ない計画」
　「舗装台帳も最新の状態とは言えない＝将来予測が困難な中での計画策定」

　また，前述した「舗装の維持修繕」において，平成 4 年当時の道路の維持管理システム構築の取り組みが示されているが，平成 10 年代以前の舗装の維持管理の現状は，参考とする要綱などの図書には維持管理を合理的に行うことが示されていたが，施設の老朽化などの問題が顕在化していなかった当時の自治体においては，明確な基準が無いなか，限られた情報，予算と住民の要望に基づいて維持管理のサイクルを回しており，路面の状態の記録や台帳の整備がされていた自治体でも，それが維持管理の合理化や継続的な改善に寄与していたかどうか定かではなかった．

2.1.2　舗装におけるアセットマネジメントの導入状況

　社会インフラ全般の維持管理の合理化が進められる中で，道路においてもアセットマネジメントを実施することで維持管理の合理化を進める動きは活発化している.

　また，道路にアセットマネジメントを実施する場合は必然的にその対象の一部に舗装が含まれてくるため，道路のアセットマネジメントが運用されていれば，舗装にもまたアセットマネジメントが運用されていると言える.

　以下に，近年における道路のアセットマネジメントの導入状況を示す.

(1)　道路舗装のアセットマネジメント

　国内のアセットマネジメント事例では，高速道路会社がいち早く組織全体の維持管理にアセットマネジメントの概念を取り入れることを検討しており，2007 年に阪神高速道路では「阪神高速道路のアセットマネジメントシステム」[2]，2009 年に首都高速道路では「首都高速道路ネットワークにおける維持管理の統合マネジメント」[3]が報告されており，資産の維持管理を独自に構築したアセットマネジメントで管理・運用している様子がうかがえる.

　道路分野で ISO 規格のアセットマネジメントの導入事例としては，株式会社ガイアート/株式会社白糸ハイランドウェイが白糸ハイランドウェイに関するアセットマネジメントシステムで 2015 年に初めて認証取得した. その後認証取得した機関は，2016 年に株式会社 NIPPO/芦ノ湖スカイライン株式会社が芦ノ湖スカイラインに関するアセットマネジメントシステム，2019 年に愛知道路コンセッション株式会社が知多半島道路，南知多道路，知多横断道路，中部国際空港連絡道路に関するアセットマネジメントシステムの認証を取得している.

　先の 2 例は民間企業が運営する有料道路であるのに対し，後者はコンセッション方式で管理される道路である.

(2)　空港舗装のアセットマネジメント

　空港の分野では，国土交通省をはじめ多くの所有者がコンセッション方式による空港施設の維持管理を推進している.

　コンセッション方式の採用や，それを検討している空港の場合，データの蓄積や所有者への合理的な説明のしやすさから，何らかのアセットマネジメントを構築し，それに沿った維持管理を実施している.

　なお，令和元年現在で ISO 55000 シリーズの認証取得をしている空港のコンセッション事業者はないことから，空港で実施されるアセットマネジメントは，それぞれの課題に対応する為の方策として独自の検討を進めた結果，一定のレベルの成熟度のアセットマネジメントに到達したものと考えられる.

1)　空港のコンセッション事業の進捗状況

　空港においてコンセッション方式を活用した空港施設の維持管理の民間会社への移管が推進されている背景としては，空港は管理対象とする施設を限定しやすいことや，国土交通省および内閣府が，官民連携事業に係る具体的な案件の形成を支援していることが挙げられる.

　空港におけるコンセッション事業の進捗状況を**表-2.1.2** に示す.

表-2.1.2　空港におけるコンセッション事業の進捗状況[4)を参考に作成]

空港	管理者	運営事業の進捗状況
但馬空港	兵庫県	実施中　平成27年1月開始
関西国際空港 大阪国際空港	新関西国際空港株式会社	実施中　平成28年4月
仙台空港	国土交通省	実施中　平成28年7月
神戸空港	神戸市	実施中　平成30年4月
高松空港	国土交通省	実施中　平成30年4月
鳥取空港	鳥取県	実施中　平成30年7月
南紀白浜空港	和歌山県	実施中　平成31年4月
福岡空港	国土交通省	実施中　平成31年4月
静岡空港	静岡県	実施中　平成31年4月
熊本空港	国土交通省	実施中　令和2年4月
新千歳空港	国土交通省	実施中　令和2年6月
旭川空港	旭川市	募集要項の公表　平成30年4月 事業開始予定　令和2年10月頃
旭川空港 函館空港 釧路空港 稚内空港 女満別空港 帯広空港	旭川市 国土交通省 国土交通省 国土交通省 北海道 国土交通省	事業開始予定　令和3年3月頃
広島空港	国土交通省	募集要項の公表　平成31年3月 事業開始予定　令和3年7月頃

(出典：国土交通省ホームページ　http://www.mlit.go.jp/common/001237691.pdf，平成 31 年 4 月 2 日現在，（アクセス日 2020 年 9 月），国土交通省)

2)　マスタープラン

　空港の運営権者は，公共施設等運営権実施契約書に基づき，国土交通省にマスタープランを提出し承諾を受けている．

　マスタープランが公表されている仙台空港，高松空港，福岡空港の事例について，マスタープランの項目と内容，中長期事業計画を表-2.1.3 および表-2.1.4 に示す．

表-2.1.3　マスタープランの項目と内容

項目	内容
A) 全体事業方針	・将来イメージ・基本コンセプト
B) 空港活性化に関する計画	・旅客数・貨物量の目標値 (30※年後の目標)
	・目標とする航空サービス利用者の利便性向上の水準 (30※年後の目標)
	・目標とする空港利用者の利便性向上の水準 (30※年後の目標)
C) 設備投資に関する計画	・空港の機能維持を目的とする設備投資の総額 (30※年間の目標)
	・空港活性化を目的とする設備投資の投資総額 (30※年間の目標)
	・30※年後の施設等配置図及び各施設等の概要
D) 全一保安に関する計画	・安全・保安に関する提案
E) 提案事業に関する実施計画	・地域共生事業の施策
	・空港利用促進事業に関する提案

※高松空港は15年

表-2.1.4　中期事業計画

空港		仙台空港	高松空港	福岡空港
運営事業者		仙台国際空港㈱	高松空港㈱	福岡国際空港㈱
事業期間		2016年～2044年 (30年)	2016年～2032年 (15年)	2018年～2048年 (30年)
中期事業計画	計画期間 (5年間)	2016年度 ～2020年度	2017年度 ～2022年度	2019年度 ～2023年度
	空港活性化を目的とする設備投資	43億円	17億円	1,020億円
	空港機能維持を目的とする設備投資	20億円	57億円	130億円

(3)　港湾舗装のアセットマネジメント

　多くの港湾施設が指定管理者制度を用いており，現在ではほぼ定着している．

　港湾と道路，空港との最も大きな違いは，港湾法が早くから施設の管理者として民間業者の参入を認めていたことが挙げられる．その背景としては，港湾施設は陸上，航空の交通施設に比べて大規模な荷揚げ，貯蔵関連の施設などが必要なことから物流システムとしての性質が強く，当初から民間を抜きにしたアセットマネジメントが考えられなかったため，かつては港湾公社であった管理会社を中心とした指定管理者制度を用いて，舗装を含む港湾施設の多くは港湾公社が民営化した組織が指定管理者となっていることが挙げられる．

2.1.3　アセットマネジメントの現状と課題

　前項に示したように，合理的な維持管理の実施に向けて具体的な取り組みを始めている道路管理者は増加しつつあるが，2.1.1 項で示したように，これまで進めてきた維持管理について，一定の成熟度レベルのアセットマネジメントに切り替えることは大変であり，導入が進みにくい原因の一つとなっていることが想定される．このため，現在 Web に公開されている情報を基に地方自治体におけるアセットマネジメント導入の実態を調査した．

(1)　国内自治体の舗装の維持管理に関する計画から

　ここでは，Web で公開している舗装に関する「長寿命化計画」「維持管理計画」等の情報を元に，アセットマネジメントの観点から特徴的な項目に着目し，合理的な維持管理を進める上で管理者が直面している課題等を示した．

　以下に Web 検索・分析方法を示す．

1.検索方法

　検索は，検索エンジン 2 種（google および Bing）から上位 200 件に入る市町村を対象とした．なお，検索結果を確認して調査対象から外れた文書があった場合，追加検索は行わなかった．

2.対象文書

　舗装に関する維持・修繕・長寿命化計画の内容を確認した．

　ただし，検索方法は「舗装長寿命化計画」を選択した結果として提示される「舗装維持・修繕計画」を含めた確認であり，「維持」「修繕」「長寿命化」の 3 ワードを別個に調査し，重複文書を消去した結果ではない．

　また，橋・トンネル等を包括した公共施設全般に対する方針，計画の基本を定めた文書が「共通編」のように存在した場合は，その内容も確認した．

3.対象自治体

　全都道府県，政令指定都市および検索上位市町村とした．

　なお，市町村は検索方法に示したように検索エンジン 2 種を用いて，どちらかの上位 200 件に入れば対象とした．

分析に用いたキーワードと選択した理由を**表-2.1.5** に，続く 1)～5)にその分析結果とまとめを示した．

表-2.1.5　分析に用いたキーワード

分類	キーワード	採用理由
データベース の構築・利用	データベース	データベースの構築・活用は，路線の劣化傾向の分析に不可欠であるため，計画の具体性を計る指標とした．
継続的な 業務の見直し	メンテナンス サイクル	PDCA サイクルの一種であるメンテナンスサイクルは，維持管理業務の PDCA の最小単位として考えると必要性が理解し易い事から，基本的な事項が示された計画の指標とした．
	PDCA サイクル	PDCA サイクルが機能している場合は，中長期的な計画・システム改善が行われている可能性があることから継続的な業務見直しの指標とした．
事業運営の 継続性	人材の育成	人材の育成は組織の維持・向上に繋がることから，事業の長期継続性に関する指標とした．
継続的な 事業・組織の 見直し	レビューの 公開	レビューの実施は PDCA サイクルにおける CA に相当するアセットマネジメントの重要なプロセスのため，継続的な事業見直しの指標とした．

1)　計画の有無（Web に公開された長寿命化計画・維持管理計画など）

　全自治体数（都道府県，市町村の合計 1771 団体：2019 年 4 月現在）と，「長寿命化計画」「維持管理計画」等の計画を立案し Web で公開している自治体数を図-2.1.1 に示す．

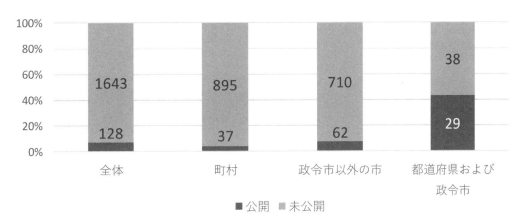

図-2.1.1　計画を公開している自治体数

　策定された計画は何らかの調査・診断結果に基づいて作成しているか，作成することが明記されており，計画を有する自治体は合理的な舗装の維持管理に取り組んでいる．

　このように計画書の有無から判断した，合理的な舗装の維持管理に取り組んでいる自治体は都道府県及び政令市では約 43%であったが，市町村は 4%～9%，全国で 7%程度であった．

　2)以下に，計画を公開している 128 の自治体に対する分析結果を示す．

2)　データベースの構築・活用（蓄積した客観データの活用など）

　計画を公表していた 128 の自治体の中で，データベースを構築・活用することを明記，または複数

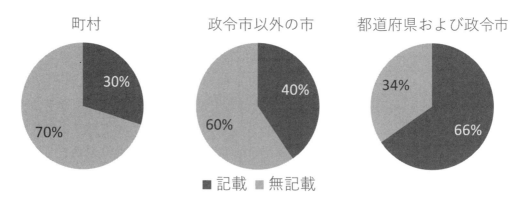

図-2.1.2 計画の中でデータベースの構築・活用が確認される団体の割合

年度の統計データを用いて計画を立案したことが確認できる自治体の割合を**図-2.1.2**に示す.

都道府県及び政令市では66%が,市町村においても30%から40%が活用しており,資産評価や維持管理計画作成におけるデータ活用が認識されていることがうかがえる.

一部の計画書では,点検データなどを整理分析し蓄積して活用することが明記されていないが,現時点では初回点検を終えたばかりであり,今後の計画で反映される可能性がある.

3) 継続的な業務の見直し

計画を公表した自治体の中で,メンテナンスサイクルの確立や,年度毎のPDCAサイクルを活用した事業の運営を明記した自治体の割合を**図-2.1.3**に示す.

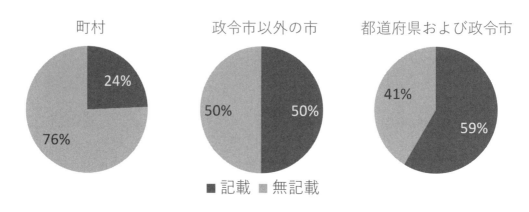

図-2.1.3 継続的な業務の見直しを明記した団体の割合

ここではメンテナンスサイクルかPDCAサイクルについての記載が確認された自治体は,何らかの継続的な業務の見直しを行っている自治体として整理した.

道路施設の長寿命化計画の一環として舗装の長寿命化計画を策定している自治体では,計画の共通編においてPDCAサイクルを用いた事業,組織の見直しなどについて述べており,これらが維持管理の対象にかかわらず共通する事項である事が容易に理解される構成となっている.

他方,町村では管理対象の路線にトンネル等の施設を持たない自治体も有り,このような場合には,道路の管理対象は主に舗装と道路付帯施設となる事から,その計画も主として舗装補修に関わることになるが,この多くはメンテナンスサイクルを導入するための実施計画書としての性質が強く,上記

の共通編における事業,組織の見直しに相当する記述は長野県坂城町等,一部の町村に限られていた.

　分析の結果は,都道府県市において50%を超える自治体が記述していたが,町村では1/4程度であった.

　これらはデータベースの構築・活用の自治体数と同様の傾向を示しており,データを活用したメンテナンスサイクル確立の様子がうかがえる.

4)　事業運営の継続性（人材の育成など）

　計画を公表した自治体の中で,中長期にわたって人材の育成・教育訓練を行い,組織レベルの維持,向上を図ることを明記した自治体の割合を**図-2.1.4**に示す.

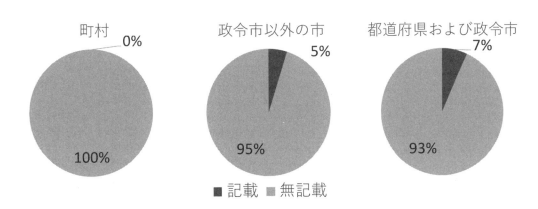

図-2.1.4　中長期にわたり組織レベルの維持,向上を図ることを明記した団体の割合

　ここで言う人材の育成・教育訓練の計画とは,アセットマネジメントの観点から中長期的な人材供給の見通しに基づいた対策の立案などを指しており,個人の技能レベルの向上などを目的とするものではない.

　都道府県・政令市,市では10%に満たなく,町村では確認できなかった.

　なお,共通編の記述でも担い手の確保などについては「鳥取県インフラ長寿命化計画（行動計画）＜共通編＞4.3.担い手の不足」と,「新潟県道路施設維持管理計画ガイドライン【共通編】」の図表において言及されている程度と極めて少数であり,多くの計画書は少子高齢化による問題点として将来的な財政面の分析に主眼を置いていたことから,中長期的な事業継続に必要な人材確保に関してはインフラの管理部署に限らず自治体の組織全体の課題と捉えている可能性がある.

5)　継続的な事業・組織の見直し（レビューの公開など）

　計画を公表した自治体の中で,計画の実施結果などのレビューの公開と,それらを踏まえた組織や事業計画の見直しを実施することを明記した自治体の割合を**図-2.1.5**に示す.

　結果は,都道府県政令市で10%を超えたが政令市を除く市町村では10%を大きく下回った.

　これは継続的な業務の見直しを行う自治体に比べて大変低く,継続的な業務の見直しはある程度実施されるが,組織や事業計画の見直しまで実施している組織は限定的であるという結果となった.

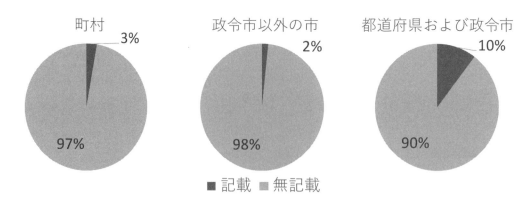

図-2.1.5　レビューの公開，組織や事業計画の見直しを実施することを明記した団体の割合

6)　現状と課題についてのまとめ

　以上の分析から，次のようなことが分かった．

　Web 調査結果より，点検や調査結果をもとに「長寿命化計画」「維持管理計画」等の計画を立案している自治体は調査全体の 10%に満たない状況であった．

　データベースの構築・活用と継続的な業務の見直しに関しては，都道府県の 60%程度，市の 40%から 50%程度，町村の 30%程度が明記しており，組織の規模などによって実施レベルが異なっていた．

　教育訓練・人材育成や継続的な事業の見直しに関しては，都道府県を含めて 10%以下の組織で確認されるのみで，特に町村レベルではほぼ実施されていない状況であった．

　今回の調査では，舗装点検の実施に伴うデータベースの整備やデータを活用したメンテナンスサイクルおよび業務の見直しは都道府県を中心に町村においてもある程度実施されているが，計画の実施結果などの継続的な事業の見直しに関しては都道府県及び政令市では 10%程度であり，市町村では実施している組織がまだ少ない状況であることが明らかとなった．

　また，道路施設の維持管理全般，自治体の運営全般に関わる課題については，極端に記載の比率が低下しており，これらの課題は舗装のアセットマネジメント単独で取り扱わない傾向にある．

　なお，これらの結果は Web に公開された資料に基づくものであり，計画的な維持管理を実施しつつも積極的な情報の公開をしていない自治体が一定の比率で存在すると考えられる．例えば，調査中に確認できた文書が後日 Web 未公開となった事例も存在する．

　これらを踏まえ，2.2 節で舗装分野におけるアセットマネジメントの目指すべき方向を示す．

(2)　アセットマネジメントの運用者の形態と特徴

　これまで日本では道路管理者がオーナーとしてアセットマネジメントを運用するのみであったが，最近ではコンセッション受注者による運用も始まった．今後，道路分野においても様々な運用形態が想定されることから，ここでは運用者の形態と特徴や今後の動向について述べる．

　アセットマネジメントの運用者としては，オーナーとコンセッション受注者，サービスプロバイダ，コンサルタントに分類される．これらの違いを**表-2.1.6**に示す．

表-2.1.6　　アセットマネジメントの運用者の形態と特徴

運用者の形態	特　徴
オーナー	アセットの所有者．常にアセットに対して管理責任が生じるため，何らかの管理業務を実施する必要がある．舗装の場合は，舗装された道路の管理者がオーナーとなるので，一般的には国か自治体である．
コンセッション受注者	オーナーとアセットの運営権譲渡契約を結んだ者．運営権に相応する管理責任を果たすため，オーナーが求める程度のアセットマネジメントの能力を持つ必要がある．舗装の場合は，運営権の譲渡を道路法と整合させるため，愛知県のように特区の適用が必要となる．
サービスプロバイダ	指定管理者制度などで施設の一括管理を行うような場合，指定管理者はサービスプロバイダとなる．舗装の場合はコンセッション同様，管理者の一部権限を委譲するため，特区指定などの措置が必要となるが，現状ではそのような措置の実例は無く，道路施設のサービスプロバイダは存在しない．ただし，そのような場合に備えた検討は，道路コンサルタント，舗装会社などで進められている．
コンサルタント	オーナー，またはコンセッション受注者がアセットマネジメントの業務の一部を外注する場合の受注者．業務内容に相応する管理責任が生じるが，管理者はオーナーのままであることから，特区指定などの措置は必要ない．舗装の場合は，維持管理業務に精通した舗装業者などが計画・点検・診断まで一括して行う事例もあるが，多くは単年度契約である事から，事業の長期継続性が含まれるアセットマネジメントに関する能力を証明するためには複数の発注者，多年度の受注など，多くの実績と工夫が必要となる．

　オーナーはアセットの所有権を有すると共にアセットの維持管理を行う義務を負っている．したがって，オーナーはコンセッション受注者に対してアセットの管理能力を有することを要求する．そのため，オーナーとアセットの運営権譲渡契約を結ぼうとする者は，管理能力を有することを何らかの形で示す必要がある．受注者は管理能力を有する根拠として第三者による認証システムが確立されているISOのアセットマネジメントシステムを導入し，その認証を用いる事がある．

　例えば，前述の愛知道路コンセッション株式会社の事例では，優先交渉権者の選定における道路の安全性確保に関する提案の一部にISO 55000シリーズの認証取得が示されていた．

　サービスプロバイダは，オーナーやコンセッション受注者と外注契約を結び，維持管理の一部を代行する事から，オーナーやコンセッション受注者とは異なる立場となる．

　現在，道路施設のサービスプロバイダは存在しないが，構造改革特区の指定をうけて民間事業者による有料道路の運営を実現した愛知県有料道路コンセッションのように，包括的な道路施設の指定管理者を認める特区指定の措置などがあれば，その地域の中でも特殊性が高い橋梁やトンネルのような施設に対して包括的に管理するサービスプロバイダが実現する可能性はある．

　コンサルタントについては，例えば一般的な道路施設の維持管理業務は，長くても2〜3年度の複数年度包括発注があるぐらいで，このような工期では中長期の計画の策定，見直しなどが受注者のアセットマネジメントシステムに従って実施されているか確認することは非常に困難となる．

　このように，コンサルタントは道路施設の維持管理能力を有する根拠を示し難い形態ではあるが，全国展開をしているコンサルタントには，自治体に対する中長期の計画の策定，見直しなどの業務に関して自身のアセットマネジメントシステムに従った複数の業務実績を示すことによって ISO 55000 シリーズの認証を取得している企業も存在する．管理者の事業形態が異なる場合，例えば公共施設であれば税収，有料道路であれば利用者からの利用料と言うように管理者のアセットマネジメントの実施費用への権限の違いによって長期事業計画の立て方などに違いが生じる．

(3)　舗装のライフサイクルと維持管理

　舗装の計画，設計，施工，供用，および撤去に至る，いわゆるライフサイクルにわたり，想定される様々な作用に対して合理的に対処するためのマネジメントが求められている．舗装に対する要求性能は，その用途，地域性および交通量などに応じて異なるが，ライフサイクル（設計，施工，維持修繕）の期間を通して満足される必要がある．

　要求性能に基づく性能規定を表す場合，舗装が保有すべき機能の限界状態を設定する必要がある．ここでいう限界状態とは舗装が保有すべき機能の水準に応じ，荷重支持，安全，および快適性などに関する性能により評価される状態である．また，経済性やその他の要求性能とのバランスを考慮して，環境負荷を軽減できるよう要求性能を明確にして性能を満足するとともに，舗装の高耐久性も考慮した検討を行うべきである．

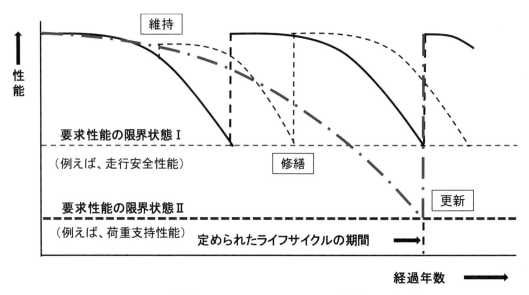

図-2.1.6　舗装のライフサイクルと維持管理の概念

　図-2.1.6 に舗装のライフサイクルと維持管理の概念を示す．図中の走行安全などに関する要求性能の限界状態Ⅰに達した時点で表層あるいは基層の切削・オーバーレイなどの修繕行為が行われるが，限界状態Ⅰに達する前に性能がやや低下した時点で表面処理工などの維持行為により性能の低下速度を遅らせることができる．また，図中の荷重支持に関する要求性能の限界状態Ⅱに達した時点で舗装が破壊したとみなして，舗装全層を建設し直す更新行為が行われる．このように，舗装のライフサイクルにわたる要求性能を満足するため，維持行為，修繕行為および更新行為が行われるが，本ガイドブックではこれらの行為の総称として維持管理という．

　また，舗装のライフサイクルは更新が可能な他の施設と異なる性質を持つ．上記のように安全性に

代表される要求性能が一定レベルを下回ることが許されない高速道路，自動車専用道路のような一般的な維持管理ではライフサイクルを通して要求性能を満足させるように修繕，更新を行うが，市町村管理の生活道路などでは舗装の性能が要求性能をある程度下回ったとしても供用され続けるため，求められる機能が異なるいろいろな舗装のライフサイクルを画一的に定義する事は困難である．（**図-2.1.7**）

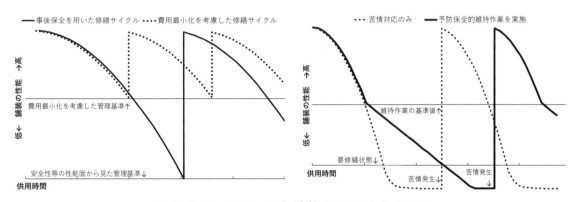

図-2.1.7　いろいろな舗装のライフサイクル

（左：一般的なイメージ　右：交通量が少ない道路のイメージ）

　このような視点から，舗装点検要領では診断の基準を画一的に定めず，自治体の特性に合った基準などを定めるよう提案している．

　自治体の特性に合わせた事例としては，道路ストック総点検の結果から町道のほぼ全線が要求性能を下回る要補修状態にあることが明らかになったことをうけて，その補修優先順位を合理的に定めるためにアセットマネジメントの考え方を踏まえた管理の必要が生じ，メンテナンスサイクルを発展させたアセットマネジメントを始めている自治体があった．（6.2.2項参照）

　この事例では，現状が構造的に保てない事が分かっている反面，バイパスを設置するほどの交通量ではない事も把握している事から，交通渋滞などの社会的影響をある程度容認して一部区間の修繕を積み重ねて舗装構造を強化する方法を長期的な事業方針としている．

　舗装のアセットマネジメントの実施者は，舗装の多種多様なライフサイクルが道路網の管理に影響を与えているため，対象の状態と今後の変化について常に把握する必要があり，そのための道路台帳の整備やそれを支援するデータベースの構築が求められる．

　その典型と言える高速道路，自動車専用道路の管理では，舗装の軽微な損傷でも重大事故に結びつく可能性が高いことから重要視されており，構造物の維持管理手法と舗装の管理手法は統合され，データベースで一元管理されている事が「阪神高速におけるアセットマネジメントの取り組み」[5]や，「首都高速道路ネットワークにおける維持管理の統合マネジメント」に示されている．

（4）　舗装点検要領などに見る舗装マネジメント

　近年に発刊された図書の舗装マネジメントに関する記述から，これらの図書が想定している舗装マネジメントの方向などについて述べる．

1）　舗装点検要領[6]の記述

　平成28年に国土交通省から発行された本書は，直轄国道の管理に用いる版と，各自治体に対する技

術的な助言として用いる版がある．

　要領の目的は「点検に関する基本的な事項を示し，もって，道路特性に応じた走行性，快適性の向上に資すること」と記されているが，後者は「地方公共団体等へ技術的助言として周知されるもの」とされており，各自治体で一定レベル以上の点検を実施するために必要な舗装の点検の基本的な技術基準を示した図書である．

　その主な構成は，道路の分類，点検の実施（点検の方法，健全性の診断，処置，記録）となっており，メンテナンスサイクルの確実な実施のために点検に関わる業務に必要とされる事を取りまとめている．

　このように，本要領を参考にすることでメンテナンスサイクルの実施が容易になる事から，舗装の維持管理の現業部門に関わる者にとって重要な図書である．

　なお，この図書の中で示されている計画とは点検の計画であり，点検結果の維持補修計画への関連付けなどについては関連図書の「舗装点検要領に基づくマネジメント指針」に示されている．

2)　舗装点検要領に基づくマネジメント指針[7]の記述

　平成 30 年に日本道路協会から発行された本書は，舗装点検要領のみならず，これに基づいた舗装マネジメント全般についての解説書となっている．

　例えば，第 2 章の始めにメンテナンスサイクル（図-2.1.8）を示しているが，「2-3 舗装マネジメントとしての取り組み」では，このメンテナンスサイクルを舗装マネジメントシステムの中のプロジェクトレベルの取り組みと解説している．このようにメンテナンスサイクルの背後にある組織体制レベルに及ぶ取り組みを示す事で，メンテナンスサイクルを確実に実施する意義，重要性を表現しており，メンテナンスサイクルへの取り組みをきっかけに，効率的な道路施設の維持管

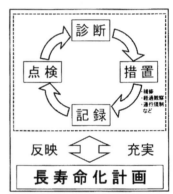

図-2.1.8　メンテナンスサイクル

（出典：日本道路協会，舗装点検要領
に基づくマネジメント指針，
p.8，日本道路協会，2018.9）

理，しいてはインフラメンテナンス全体への効率的な取り組みを促している．

　また，第 3 章では計画の作成方法について具体的に書かれており，特徴的な記述として，根拠とするデータ資料が無い場合の対応方法について取り上げた事が挙げられる．2.1.3 項に示したように，データベースや道路台帳の整備もままならない自治体も存在するような状況からは脱却しつつあり，計画策定の根拠にすべき資料が無いときの手法を示していることは，計画の立案において大いに参考になる図書である．

　一方，「3-5-2 点検計画の立案」には「メンテナンスサイクルが運用可能かあらかじめ検証しておくことが必要である」と言った記述もあり，この実施には，ある程度の経験と一定の技術者を有する必要があることから，アセットマネジメントについて初期のレベルにある管理者が本書を活用するには，道路コンサルタント等からの協力を受けて，点検計画の策定が可能なレベルまで成熟度を引き上げる必要がある．

2.2　舗装分野でのアセットマネジメントの目指すべき方向

　前節で述べたように，長寿命化計画を持つ自治体は全体の 7%である事から，舗装に関するアセットマネジメントの必要性については理解していても，その実施に踏み切れていない国内の道路管理者は数多い事が分かった．

　また，舗装のアセットマネジメントに着手し計画に従った管理を始めた道路管理者においても，その 9 割程度がレビューの公表，事業計画の見直しについては未実施の状態である．

　さらに Web 調査を実施するにあたり，上位の計画に示されている施策に関係する個別の計画やその結果の確認は困難であった．

　本節は，これから舗装のアセットマネジメントの導入を図る地方自治体などが目指すべきアセットマネジメントの方向を段階的に示すものである．

(1)　アセットマネジメントの導入初期の方向

　2.1 節で示した舗装の維持管理の現状から分かるように，舗装分野における長寿命化・維持管理等の計画の作成や，その結果を踏まえた業務の見直しは未だ一般的とは言えない状況である事から，舗装のアセットマネジメント実施において初めに目指すべき方向とは，組織の上位計画などを踏まえた上で実現可能な補修計画の策定や予算配分を目指すことである．

　一般道のオーナーに相当する各自治体は，財政の状況にかかわらず道路施設を維持する必要がある．例えば道路ストック総点検の結果，要補修箇所数が膨大な事が判明したため，一時的に予防的保全を停止し補修を優先した宮崎県の橋梁の例が雑誌 [8]に取り上げられて注目されたが，舗装においても神奈川県寒川町では理想的な修繕を行えば年間予算が従来の 10 倍になる試算を元に，管理水準の見直しや過去の予算配分動向を参考として実現可能かつ持続可能な維持修繕計画を策定した．

　あらゆる道路施設は地域特性に合わせた構造物であり，ある自治体の事例は別の自治体にとって，参考にはなるが最適にはなり得ないため，どのような自治体でも最初の計画段階から明確な最適解を示すことはできない．そのような場合でも暫定的な管理基準による計画を策定し，その実施結果に応じて，管理基準等を柔軟に見直し続ける事で，最適な状態に近づけることが可能になる．

　例えば，現状の管理組織の風土が常に完全な計画を求めるようであるならば，計画策定の難易度が非常に高くなり，結局計画が策定できずアセットマネジメントの実施に踏み切れない，と言った状態があり得る．この状況を脱するために，メンテナンスサイクルやその背景にある PDCA サイクルの考え方を理解して，管理水準の見直しや実現可能な予算配分など，受け入れられる管理組織の風土の形成から取り組むことが必要となる．

(2)　アセットマネジメントの継続的改善

　上述の例では維持管理計画について示したが，管理者は維持管理計画の実施にあたりそこに管理基準に限らず，計画に示されたあらゆる項目についての実施可能性を常に把握し，実施困難な場合の解決策の優先順位を付けて検討，実施していかなければならない．

　また，舗装と言う限定的な分野では実施できる施策には限りがあることから，舗装のアセットマネジメントで可能な施策のみを実施することで資源の集中が可能になり，さらに継続的な改善により効率的な舗装のアセットマネジメントが実施可能となる．

　本書の 4 章では，このような組織の現状の把握，分析方法を成熟度判定という形で紹介しているが，

この成熟度判定の結果に基づいて，成熟度が不足していると判定した項目の中から重要性を考慮して対策を施す事で，効率良くアセットマネジメントの成熟度レベルを向上させることができる．

(3) 最終的に目指すべき方向

舗装のアセットマネジメントが最終的に目指す方向について，道路資産管理の手引き [9]の中に以下の施策の実現が必要と示されている．

> (1) 道路利用者および納税者にとってわかりやすい，透明性のある管理の実現
> (2) 最小のコストで最適な効果を調達する効率的な管理の実現

（出典：道路維持修繕委員会，道路資産管理の手引き，https://www.road.or.jp/technique/pdf/080925.pdf （アクセス日：2019年9月），p.3，日本道路協会，2008.7）

また，これを踏まえて舗装の維持修繕ガイドブック 2013 [10]では次のような取り組みこそがアセットマネジメントの最終的に目指す方向としている．

> 様々な制約の中で道路利用者および納税者からの信頼を得つつ，長期的かつ持続的にサービス水準を確保しつづけるための舗装の管理に関する業務プロセスの改善，再構築ととらえる視点こそ，戦略的な舗装の管理と称される取組

（出典：舗装委員会舗装設計施工小委員会，舗装の維持修繕ガイドブック 2013，p.5，日本道路協会，2013.11）

これまでに示したように，一般にアセットマネジメントを実施する意義としては「最小のコストで最適な効果を調達する効率的な管理の実現」を行うことによって人口減少がもたらす税収と担い手の減少への対策とする事，と考えがちであったが，それだけでは計画，結果の公表と言ったアカウンタビリティを確保する活動のように費用対効果を評価しにくい事業を推進する理由を説明し難い．

最終的に目指すべき舗装のアセットマネジメントは，公共施設である舗装の維持管理に携わる者として，「様々な制約の中で道路利用者および納税者からの信頼」を得る事を念頭に置くことで，「道路利用者および納税者にとってわかりやすい，透明性のある管理」を実現すべきであり，そのためにはアカウンタビリティの確保を推進することも重要である．

【参考文献】

1) 新潟県土木部道路管理課，新潟県道路施設維持管理計画ガイドライン【舗装編】，平成 26 年 8 月版，p.5，http://www.pref.niigata.lg.jp/HTML_Article/815/622/04_GL_pavement,0.pdf ，（アクセス日：2019 年 4 月）新潟県，2014.8

2) 坂井康人，西岡敬治，西林素彦，阪神高速道路のアセットマネジメントシステム，https://www.hanshin-exp.co.jp/company/skill/data/paper/file/024/paper18.pdf （アクセス日：2019 年 9 月），技報第 24 号(2007)

3) 和泉公比古，藤野陽三，首都高速道路ネットワークにおける維持管理の統合マネジメント，pp.326-345，土木学会論文集F 65 巻 3 号，2009

4) 国土交通省ホームページ　http://www.mlit.go.jp/common/001237691.pdf，（アクセス日：2020 年 9 月），国土交通省

5) 宮口智樹，荒川貴之，阪神高速におけるアセットマネジメントの取組み，pp.38-41，土木技術資料 55 巻 8 号，2013

6) 国土交通省　道路局，舗装点検要領（技術的助言）
http://www.mlit.go.jp/road/sisaku/yobohozen/tenken/yobo28_10.pdf，（アクセス日：2019 年 9 月），国土交通省，2016.10

7) 日本道路協会，舗装点検要領に基づくマネジメント指針，2018.9

8) 日経コンストラクション編，日経コンストラクション 2012 年 8 月 27 日号 p.34，No.550，日経 BP，2012.8

9) 道路維持修繕委員会，道路資産管理の手引き，https://www.road.or.jp/technique/pdf/080925.pdf，（アクセス日：2019 年 9 月），p.3，日本道路協会，2008.7

10) 舗装委員会舗装設計施工小委員会，舗装の維持修繕ガイドブック 2013，p.5，日本道路協会，2013.11

第3章　アセットマネジメントの役割と導入

　欧米諸国やオセアニアでは，アセットマネジメントはもはや社会インフラ管理における必要不可欠な要素となりつつあり，実施のためのガイドやマニュアルが多数出版されている．また，2014年にはアセットマネジメントの国際標準である，ISO 55000 シリーズが発効したのは周知のとおりであり，更に，アセットマネジメント実施の先進的な組織の集まりである GFMAM(The Global Forum of Maintenance and Asset Management)においても，ISO 55000 シリーズ発効以前からアセットマネジメントランドスケープ[1]を出版して，アッセトマネジメントの理解の促進に取り組んでいる．

　一方，わが国ではアッセトマネジメントという用語がインフラ関係者の中で使用されるようになって久しいが，ISO 55000 シリーズの導入が始まったばかりであり，本格的な導入のためには今後のインフラ管理者をはじめとする関係者のアセットマネジメントに対する理解の促進が欠かせない．

　このような状況の中で，本章ではアセットマネジメントの導入や実施のための参考図書として実績のある，道路を中心とした運輸部門のガイドである米国 AASHTO の TAM(Transportation Asset Management)ガイド，オーストラリア Austroads の Guide to Asset Management や最近取りまとめられた PIARC（世界道路協会）の Asset Management ガイドなどを参考とするとともに ISO 55001 との整合性も考慮の上，アセットマネジメントを導入する際の基本的なプロセスとその概要を記載し，アセットマネジメント導入の理解の一助となることを目指している．

　なお，第4章では本章の導入プロセスについてプロセス別の具体的な内容が概説されるとともに，各サブプロセスに対する成熟度のチェックや ISO 55001 との関係が示されている．

3.1　アセットマネジメントの役割

　道路管理者は，予算の制約，交通量の増大，リスクとその耐性への着目度の増大，道路利用者の良質なサービスに対する期待，環境保全への関心の高まり，新たな技術への期待など，様々な課題や期待に直面している．このため，道路管理者は，利用者，社会及び様々な関係者のニーズと期待を把握した上で，包括化され，定型化された長期のわたる取り組みが必要であり，アセットマネジメントが求められる所以である．

　アセットマネジメントは，「効率的な維持管理と運用のための体系的な手順であり，良好な業務の進め方を伴う技術的原則と経済的合理性を併せ持つものである．また，最適な社会便益に必要な意思決定のために組織的で柔軟な取り組みに対する手段を提供するものである．」と定義される[2]．

　アセットマネジメントは技術的手段である一方，より広範な組織的な対応が必要である点が世界中の一般的な認識となっている．したがって，アセットマネジメントの目的は，資産の取得や管理のための全組織的な対応によって現在及び将来の道路利用者に対して最小のライフサイクルコストで要求されるサービス水準を提供することである[2]．全組織的な対応に関しては，組織内各部署の共同，チームワークおよび責任分担が重要な役割を果たす．

　各組織では管理する資産の性格が異なるとともに，成熟度のレベル，知識，経験などが異なることから，ひとつの定型的なアセットマネジメントの解決策は存在せず，組織に適したアセットマネジメントの手法を構築してゆかなければならない．

(1)　アセットマネジメント実施上の要点 [2]

1)　効率的な資産の管理・運用

現在及び将来にわたる道路資産の価値や性能を確保する.

2)　最適化

成果を達成するための活動と利用者あるいは関係者への最善の価値の提供に関する最適なバランスあるいは，提供するサービス，リスクおよびコストの最適なバランス（**図-3.1.1**）を図る.

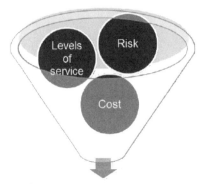

図-3.1.1　サービス，リスク，コストのバランス [2]

(出典：Austroads 2017, Guide to asset management: part 1: Introduction to asset management, 3rd edn, AMGM01-18 prepared by M Gordon, K Sharp, T Martin, p.31, Austroads, Sydney, NSW)

3)　ライフサイクルコスト

アセットマネジメントの基本的な目的であるサービス水準の提供の際にライフサイクルコストを最小化する.

4)　継続的改善

組織内でアセットマネジメントを実施する方法や手段を継続的に改善する.

3.2　アセットマネジメントの導入プロセス

上述のようなアセットマネジメント実施上の要点を満足して確実にその役割を果たすためには，それぞれの組織に見合った目標の設定，体制，アセットマネジメントのプロセスおよび手法の確立が必要となる.

アセットマネジメントは，舗装マネジメントシステムや橋梁マネジメントシステムと混同されることがあるが，単にデータ処理や予測を行うマネジメントシステムではなく，道路資産を管理するための継続的な改善を進めるための一連の業務プロセスである.

アセットマネジメントのプロセスに関しては，欧米で幾つかの提案がなされているが，ここでは米国 AASHTO の TAM ガイドに準拠した標準的なアセットマネジメントの導入プロセスを**図-3.2.1**に示すとともに，TAM ガイドを中心に各プロセスの概要を述べているが，必要に応じて Austroads の Guide to Asset Management なども参考としている.

なお，最近では地球環境に対する意識の高まり，経済や社会への影響に対する配慮が益々必要となってきており，持続可能性の位置づけは大変重要となっている. そのため，3.2.5 においてアセットマ

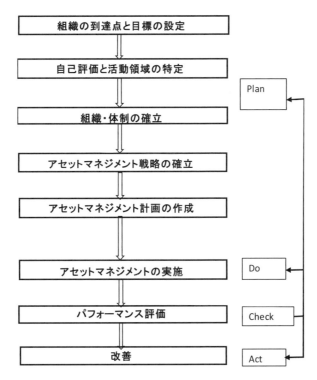

図-3.2.1　アセットマネジメントの標準的導入プロセス

ネジメントの各プロセスで検討すべき持続可能性について関連する事項を体系的に示した.

3.2.1　プロセス 1：組織の到達点と目標の設定

アセットマネジメントのフレームワークの構築にあたっては，組織の戦略（ビジョン，到達点，目標）に沿ったアセットマネジメントの到達点と目標を設定する必要がある．高いレベルの到達点は組織の目標や方向性を示すものであり，組織の経営層，担当者や外部の関係者などに明確に理解されなければならない.

(1)　到達点と目標の設定の際の基本的な実施事項

①組織のビジョンや到達点のレビュー

②目標を設定する際に影響を及ぼす要因の定義

③望ましいマネジメントフレームワークの開発

④計画，組織の戦略及び方針へのアセットマネジメントの統合

⑤組織の実現に向けての意思表示

到達点と目標の設定は，アセットマネジメントが成功するための重要な要素であり，パフォーマンス指標により定量化されることが重要である．到達点と目標は組織の戦略を反映させたものであるため，組織戦略のレビューが出発点となる．また，到達点と目標の階層を設けることは組織内のコミュニケーションと説明責任を果たすうえで重要である.

組織の目標や戦略が理解された後に，組織目標の達成を支援するためのアセットマネジメントの方針，戦略，目標を規定したフレームワークの開発が必要であり，組織戦略の定義と関係者の認識が重要な役割を果たす．組織戦略が明確に定義されていない場合は，法的な規制への対応や既存のサービスレベルの維持に留まってしまう可能性がある．マネジメントの中でパフォーマンス評価を実施する

ために，ビジネススコアーカードや PAS55 などの複数のフレームワークがこれまで利用されてきたが，現在では ISO 55000 シリーズが基本となるフレームワークを提供している．

　アセットマネジメントの目的は，予算などの資源の効率的な活用により要求されるサービス水準を確保することであり，良質の情報と明確に規定された目標に基づく意思決定による資源の配分や活用のための業務の遂行が求められる．

　アセットマネジメントの目標として，改善された資産のパフォーマンスやサービス，低減された費用，利用可能な資産やインフラのより良い活用，意思決定や支出の信頼性や説明責任の向上，インフラの破損・破壊とその影響の最小化，持続可能性の追求などが挙げられ，これらはアセットマネジメントの目的に影響を及ぼす主な要因とみなすことができる．

(2)　サービス水準の設定と意思決定

　道路利用者や顧客に提供されるサービス水準を明確に規定することは，アセットマネジメントの目標を達成する上で最も重要な内容の一つである．サービス水準は，組織目標，予算など資源の制約および社会ニーズに対して適切に設定されたものでなければならない．安全性や快適性に関するサービス水準は，設計基準や維持管理あるいは補修基準と直接，関連するものである [3]．組織の方針と戦略の理解は，サービス水準を決定する際に重要である．図-3.2.2 は一般的な道路管理者の実施する業務の流れの中でのサービス水準とアセットマネジメントの意思決定の関係を示したものである．

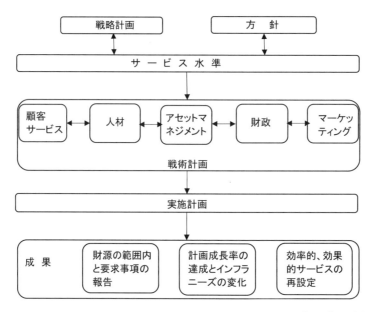

図-3.2.2　サービス水準と意思決定の関係 [4]を基に改変して転載

(出典：AASHTO, Transportation Asset Management Guide A Focus on Implementation, pp.2-14, January 2011)

3.2.2　プロセス2：自己評価と活動領域の特定

　アセットマネジメントの到達点と目標を設定後の次のステップは，自己評価とギャップ分析である．自己評価とギャップ分析によって，現在の組織におけるアセットマネジメント実施上の現況と課題や成熟度を把握し，目標とするレベルに到達するために優先して実施すべき活動内容を特定することができる．

　自己評価は，組織内のどこに焦点を当て，どのようにカスタマイズし，アセットマネジメントの実

施内容を組織内の改善の優先事項に合わせることに有効である．基本的な自己評価の対象として，方針に関するもの（方針決定の積極的役割，性能規定による資源配分など），計画に関するもの（代替え案の検討，性能規定の実施手順など），事業の実施に関するもの（効果的な業務の実施方法，事業費の積算など），情報や分析に関するもの（効率的な情報収集方法，情報統合，意思決定支援方法など）が挙げられる．

　ギャップ分析の目的は，改善を必要とするアセットマネジメントの領域を特定し，その領域を優先させることである．ギャップ分析は継続的な改善に不可欠であり，適切な間隔で繰り返し実施されることが重要である．

　アセットマネジメントの実施状況を把握し，組織の目標に到達するための改善すべき内容や工程などのロードマップを明確にするためにも，アセットマネジメントの成熟度レベルを定義し，組織内で共有する必要がある．設定された成熟度レベルに対して，組織内のアセットマネジメントの実施状況について自己評価とギャップ分析を繰り返すことにより成熟度レベルを改善し向上させることが可能となる．

　表-3.2.1は TAM ガイドにおける成熟度レベルの概要を示したものである．初期段階ではデータ収集が行われるが，コミュニケーションには使用されない．覚醒段階で初めてマネジメントシステムが使用され始めるが，コミュニケーションにはほとんど使用されない．構造化段階では組織内の縦方向の情報の活用が実施されるが，水平方向のコミュニケーションにはまだ使用されない．熟練段階では更に組織内の横断方向にも情報が活用されて，外部関係者への説明などにも使用される．更に，ベストプラクティス段階では縦横断方向の情報の流れに加えて，情報がパフォーマンス評価にも使用され，継続的な改善を図る体制が整備される．各成熟レベルの説明はそれぞれのレベルの原則的な内容を記載したものであり，原則を踏まえつつ，各組織のミッションや戦略に沿った内容に見直して組織内で共有することが重要である．

表-3.2.1　TAM ガイドにおける成熟度レベルの概要 4)を基に加筆修正して作表

成熟度レベル	概　要
初期段階 (Initial)	資産管理には効果的な技術サポートはない．義務化されたデータは収集されるが，内部管理や関係者（ステークホルダー）とのコミュニケーションには使用されない．
覚醒段階 (Awakening)	基本的なデータの収集と処理が行われる．舗装マネジメントシステムや橋梁マネジメントシステムなどの既成の資産管理ソフトウェアは，データベース管理目的で使用されている可能性がある．必須項目を超えたデータ収集は、狭義の管理に関する質問および問題に答えるためである．
構造化段階 (Structured)	情報システムは協力活動の中心となる．意思決定者は、業績予想を定量的な意味で認識し、組織の使命に関連する業績に関する基本情報を受け取ることができる．組織内で垂直方向に、データは下から上への意思疎通のための業績評価用に処理され、目標は上から下に伝達される．組織単位や分野間での水平方向の業績についての意思疎通や互換性がほとんどない．
熟練段階 (Proficient)	資産の状態・性能に関する共通の一般的な理解は、水平および垂直のすべてのレベルに存在する．状態・性能情報は、特に資源配分とコスト管理を中心に進行中の活動を根拠付けるために使用される．予測モデルは、代替策の成果を予測するために使用される．現在および予測された状態・性能評価は、資金調達および望ましい成果の確保の手段として、外部の関係者に説明される．管理者は、この状態・性能情報のために情報技術に大きく依存している．
ベストプラクティス段階 (Best Practice)	資産管理情報技術は、より新しい、より効率的なツールおよびプロセスを定期的に設計するために使用される．情報と意思決定の質、および継続的な改善に対する意志は、組織のすべてで存在する．

(出典：AASHTO, Transportation Asset Management Guide A Focus on Implementation, pp.2-21, January 2011)

　第4章では表-4.1.3に成熟度レベルの共通判定基準が示されており，レベル1（表-3.2.1の初期段階に相当）からレベル5（表-3.2.1のベストプラクティス段階に相当）の具体的な定義が示されている．自己評価や目標の設定の際には参考とするとよい．

3.2.3　プロセス3：組織・体制の確立

　アセットマネジメントの開発や実施をするためには，組織の方針，戦略や業務手順に沿った内容としなければならない．アセットマネジメントの実施に伴い業務手順や組織の変化を伴う場合が多い．業務手順や組織の変化は，担当者のストレスや業務の遂行に影響を及ぼすものであり，リーダーシップによる変化がもたらす利益やどのような変化が発生するかを予見して担当者との意思疎通を事前に図るとともに，変化に対するマネジメントを適切に行う必要がある．リーダーシップは，組織の文化や行動に強い影響を与え，リーダーシップによる明確な方向性と優先順位付けは組織の重要な目標を達成するための一貫した活動を実施する上で重要である．

(1)　業務や組織の変化のための典型的な手順

1)　業務手順や組織文化への融合

　アセットマネジメントを業務手順の中に融合することに関して，従来の業務では存在しなかった新たなデータの流れ，個々の業務手順がいかに全体の目標に関連しているかの説明，関係者間のコミュニケーションやフィードバックの方法などが必要となる場合がある．

　また，アセットマネジメントを組織文化の中に融合することに関して，意思決定者である管理者と担当者の双方向コミュニケーション，積極的な発言を引き出す環境，担当者の成果を評価する透明性の高いシステムなどの確立が必要となる．組織文化として重要な点は，個々のプロジェクトの目標の達成よりも組織全体の目標達成のために組織全体にわたる調整された活動を重要視することがあげられる．

2)　役割の明確化と組織形態

　アセットマネジメントを実施する上の役割に関して，リーダーシップ，財務的コミットメント，文書化されたアセットマネジメント手法の開発・提供など，組織内で管理職から担当者に至る役割を明確にして，内容を共有する必要がある．アセットマネジメントを実施する上での役割については組織ごとに多様であるが，アセットマネジメントの実施に適した組織には管理者など意思決定部門と各実施部門の間にアセットマネージャーが配置される場合がある．アセットマネージャーはアセットマネジメントのすべての活動に責任を伴う管理者の一部であるべきだが，日々の活動の実施レベルに参加することもある．

　アセットマネジメント実施の初期段階では，限定された数の訓練を受けた有能なアセットマネージャーが先導するが，実施が進むにつれて大きなクロスファンクショナルチームに吸収されるようになる．このため，実施が進んだ段階でのチームリーダーの最も優れた能力は技術的な点ではなく，管理能力やリーダーシップとなる．クロスファンクショナルチームは，より強固なアセットマネジメントのための組織文化を構築するための重要な原動力となりうる．チーム設立は必ずしも組織の構造変更を伴う必要はなく，組織内の各部署の連携や情報共有などによって達成可能である．チームは，アセットマネジメントの戦略や計画の策定，サービス水準の設定，優先順位付け，リスク管理，情報管理などを行うが，様々な部署からの参加者の知識や経験をうまく活用することによって総合力を発揮す

ることが可能である．

3) パフォーマンス管理の確立

　アセットマネジメントの基本方針の一つとして，パフォーマンスに基づく意思決定が挙げられる．アセットマネジメントにおけるパフォーマンス管理の役割としては，組織の到達点や目標に対して，予算の水準や関係者の意見を反映しつつ代替え案とトレードオフの分析により投資の最適化を図ることである．

　組織は，設定された到達点や目標に対して進捗を計測可能な指標により評価し，予算の配分や関係者への成果の説明が必要である．この評価の中で重要な点は，アウトプットとアウトカムの区分をすることである．アウトプットは組織で実施された業務の量で示され，アウトカムはパフォーマンスや資産の状態の改善結果として工事費，安全性，快適性やリスクなどの指標で示される．パフォーマンス評価は複数の資産分野にわたって実施され，組織の階層を対象とする上下方向と組織の場所や機能に着目した水平方向で実施することを考慮する必要がある．

　組織は，パフォーマンス評価の結果を基にアセットマネジメントがうまく機能しているかを把握する必要があるが，絶対的な評価は困難であり，他組織との比較（ベンチマーキング）を通して評価する手法が活用される場合がある．

3.2.4　プロセス4：アセットマネジメント戦略の確立

　図-3.2.3は，組織の戦略とアセットマネジメントのフレームワークの関係の事例を示したものである[5]．アセットマネジメントフレームワークの下には，アッセトマネジメントを実施する際に必要な，作業計画や手順などを示したドキュメントが整備される．

　アセットマネジメント戦略（Strategy）は，組織目標をアセットマネジメントの目標に関連付ける方法やアセットマネジメント計画の作成手順等を高レベルで，長期的視野に立って，簡潔に述べたものである．アセットマネジメント戦略に記載する一般的な内容として，関係者，持続可能性を含む方針

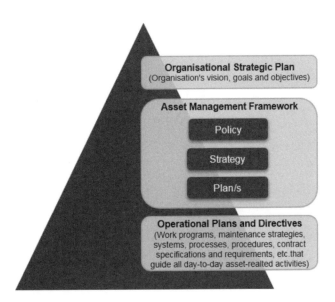

図-3.2.3　組織の戦略計画とアセットマネジメントのフレームワークの関係の事例[5]

（出典：Institute of Public Works Engineering Australia 2015, *International infrastructure management manual (IIMM)*, 5th edn, IPWEA, Sydney, NSW）

と目標，考慮すべき内外の課題，組織・体制の状況，適用範囲，意思決定方法とリスク管理，リーダーシップとコミットメント，実施手順，パフォーマンス評価と改善などがあげられる[6].

アセットマネジメント戦略は，アセットマネジメント実施のための明確な方向性を示すものであり，他の予算計画などと関連しながら組織全体のパフォーマンスの改善とともに効率化や資産価値向上の基礎となるものであり，ISO 55000 シリーズの戦略的アセットマネジメント計画(SAMP)に該当する.

戦略の目標の中で示すべきサービス水準は，道路利用者に提供されるサービスの質に関する基準であり，達成度はパフォーマンス評価で決まる.成熟度レベルの熟練段階では，サービス水準は一般的に顧客レベルと技術レベルに区分され，サービス水準はパフォーマンス評価と関係付ける必要がある.

サービス水準は，現在のレベルのみでなく将来のレベルについても設定しておく必要がある.道路部門では，特に長期の輸送計画が将来予測の重要なインプットとなる.成長と需要予測の傾向とサービス水準への影響を理解することにより，組織が将来のサービス水準の低下に対してより有効な意思決定を行うことができる.将来予測にあたって，不確実性に対する考慮が重要であり，関連するリスクに対する認識も必要である.将来予測に対する潜在的なリスクが存在する場合には記録として残しておく必要がある.

3.2.5　プロセス5：アセットマネジメント計画の作成

図-3.2.3 に見られるようにアセットマネジメント計画（Plan）は，アセットマネジメントのフレームワークの中でアセットマネジメント戦略のもとで組織目標を達成するために個別あるいは全体の資産に要求される活動，資源，および工程を規定したドキュメントである.初期の計画はトップダウン型で，改善が重ねられた計画はボトムアップ型で，中間レベルの計画は両者のアプローチが混在した形で開発されることが多い.

アセットマネジメント計画に記載する一般的な内容として，意思決定や資源配分の優先順位付けの方法と基準，ライフサイクル管理に用いられる手順や手法，必要となる資源，期限，評価基準，経済的あるいは非経済的な影響，リスクと機会の特定，計画の見直し期間[6]，および改善計画や持続可能性（※1）に関する検討などがあげられ，計画は短期，中期，および長期ににわたる内容が整備される.リスク管理は計画のみならず，アセットマネジメントの全体プロセスにかかわる重要な内容であり，詳細は第5章を参照するとよい.

持続可能性に関して一般的に検討される内容として，資産別の持続可能性に対する内容と目標，ライフサイクルアセスメントによる舗装の環境への影響とライフサイクルコスト分析に基づく経済性検討などプロジェクトの選択のためのフレームワーク，気候変動に対する脆弱性などに対するリスクマネジメントなどがあげられる.

意思決定に係る管理者は，計画を支援するための必要な財政的なコミットメントが求められる.また，アセットマネジメントに係る実務者にとって，アセットマネジメント計画は組織のアセットマネジメントフレームワークの進捗をモニターするためのベンチマークとして使用することができる.更に，外部関係者にとって，アセットマネジメント計画は組織が予算などの資源をいかに使って業務を行っているかの情報源となりうるものである.

アセットマネジメント計画は，組織の規模，保有する資産や業務の特徴などに応じて計画の内容が異なる場合がある.規模の小さな組織では保有するすべてのアセットについて単一のアセットマネジメント計画を策定できるが，規模が大きく複数の資産を有する場合は資産ごとの複数のアセットマネ

ジメント計画を策定するなどである.

　初めて作成されるアセットマネジメント計画は，既存の情報やデータ，サービス水準，ライフサイクル管理および資産の状態などを基に記述されるが，アセットマネジメント計画の作成は，一度で終了ではなく，修正を定期的に繰り返す必要がある．アセットマネジメント計画の進歩のレベルは，アセットマネジメントの成熟度を評価する指標となりうる.

（※1）持続可能性への配慮 [7]

　道路や空港などのインフラ管理者は，輸送部門がいかに地球温暖化ガスの排出や気候変動に影響を及ぼすか，反対に気候変動による降雨強度の増加や海面の上昇などがいかに資産に影響を及ぼすかについて，様々な意思決定の際に考慮しなければならない.

　このため，持続可能性に関する配慮がアセットマネジメントを実施する上で大変重要となってきている．持続可能性の定義として，「持続可能な開発とは，将来世代が自分たちのニーズに対する可能性を犠牲にすることなく，現在のニーズを満足すること」（国連環境と開発に関する委員会報告書"Our Common Future" 1987年）がよく引用されるが，持続可能性とは主要な要素である経済，環境，および社会的側面，いわゆる"Triple- Bottom Line"と呼ばれる3つの要素のバランスを反映した品質として説明できる.

　持続可能性の高い舗装は数多くのトレードオフや競合する優先順位についてのバランスのとれた考慮を通して達成しうる．トレードオフで考慮すべき項目として，優先順位付け，組織あるいはプロジェクトの目標，リスク（代替案との比較）などが挙げられる.

　図-3.2.4 はアセットマネジメントの標準的なフローと各プロセス別に持続可能性に関する検討内容を示したものである．目標の設定から改善のプロセスのすべてにわたって持続可能性について検討することが望ましいが，組織のアセットマネジメントの成熟度に応じて検討を開始する時点や内容が異なる.

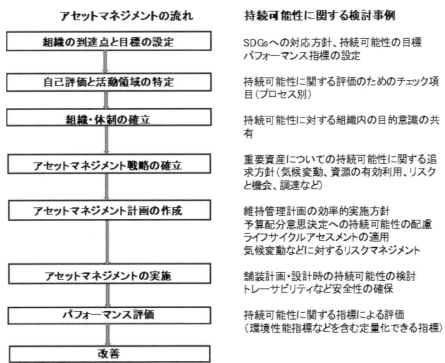

図-3.2.4　アセットマネジメントのプロセスと持続可能性に関する検討事項

3.2.6　プロセス 6：アセットマネジメントの実施

アセットマネジメントの戦略や計画に基づいて実際の業務の中でアセットマネジメントが実施されるが，アセットマネジメントは，スタッフ，情報システム，調達と実施方法，継続的改善の手順などを含む適切な運用なしには効率的，効果的に実施することはできない．

(1)　アセットマネジメント実施の基本的な手順と内容

以下は，アセットマネジメントの実施の際に必要となる基本的な手順と内容である[2),3),8)]．これらは，組織の体制や事業規模などによって取り扱う内容や検討レベルが異なるものであ.

1)　道路ネットワーク管理戦略の検討

戦略については，道路ネットワークの管理全般，拡幅や改築時の投資計画，ライフサイクルにわたる保全計画，交通運用などに関するものである．

2)　サービス水準の決定と将来需要予測

サービス水準の設定は組織の目標や資源の制約と密接に関係しており，アクセス性の確保など社会のニーズを反映しなければならない．サービス水準は安全性や快適性の確保のために設計基準や維持管理における補修基準と直接関係している．

3)　資産の状態，パフォーマンス及び関連するリスクの把握

資産の現在及び将来の状態と性能はライフサイクルにわたる計画を立案する際に必要であり，舗装や橋梁などの点検・調査に基づく状態や劣化の進行状況や機能のレベル（情報提供，照度）などのパフォーマンスの把握，財務・運用・重要構造物の損傷，自然災害などのリスクの把握と対応方針などが必要である．なお，ライフサイクルにわたる管理はアセットマネジメントの重要なプロセスの一つであり，詳細は第 5 章を参照するとよい．

4)　情報システムとツールの開発と活用

情報システムの基本的な入力データは，資産の基本情報，損傷や性能に関する状態，補修履歴，予算などに関する情報であり，主な機能としては損傷の評価や性能予測を行い，予算配分のシナリオと将来の資産の状態あるいは性能を基にした補修計画の立案のための意思決定を行うことなどであり，資産の規模などに応じたシステムが求められる．

5)　業務計画の検討と実施

業務計画には，予算，サービス水準及びリスクの最適化のための意思決定手法の開発，新設や改築などの投資計画，維持管理計画，予算計画などが含まれる．

6)　財務管理の実施

財務計画には，ライフサイクルコスト分析，トレードオフ分析，優先順位付けなどに基づく補修対象工事の選定，予算配分と計画作成などが含まれており，これまでは舗装や橋梁などの個別の資産についてそれぞれのマネジメントシステムの分析による予算配分や計画の作成が行われていたが，今後は関係者への説明責任や意思決定の透明性の確保の観点からトレードオフ分析や論理的な優先順位付

けに基づく全資産横断的な予算配分や計画の作成が重要性を増すものと思われる.

7)　調達戦略の検討と実施

　調達については，発注準備から入札・契約に至る内容について適切な調達方式や契約方法の選択とともに，VMF（Value for Money）に代表される資産価値の最大化などの検討を行うことが重要である.　例えばコスト削減の VE（バリューエンジニアリング）などの適用は，調達計画などの早い段階ほど効果が大きく，契約の段階では効果がほとんどないため，効果的な適用時期などについての戦略が必要である.

3.2.7　プロセス7：パフォーマンス評価

　パフォーマンス評価とは，ISO 55001 の観点では資産，アセットマネジメントシステムおよびアセットマネジメントのパフォーマンスを評価するための組織的なプロセスである.　評価の実施は，アセットマネジメントの改善計画の有効なツールであるとともにアセットマネジメントに適した文化の醸成にもつながるものである [9].

　パフォーマンス評価の対象は階層的であり，低位から技術的サービス水準，顧客を対象としたサービス水準，目的と目標，そして最上位の組織のビジョンあるいはミッションに区分される [6].

(1)　パフォーマンス評価方法 [9]

　パフォーマンス評価方法としては，ギャップ分析による成熟度評価，マネジメントレビュー，監査，運用面のレビューおよび資産評価レポートの活用などがあげられる.　ちなみに，ISO 55001 では，モニタリング・計測・分析・評価，内部監査およびマネジメントレビューが評価方法として示されている.

　評価にあたっては，内部評価（自己評価）と外部評価（独立した第三者機関による評価）により行われるが，内部の担当者は組織や課題を熟知しているのに対して外部の第三者は新鮮な観点を持ち込めるなど，それぞれ長所・短所がある.　内部及び外部の両者を適切に組み合わせた手法が最適となることが多い.

　評価を実施する際に留意すべき事項は次のとおりである.
　①評価方法に密着した適切な確認事項
　②組織にとっての重要度に基づく採点基準の重み付け
　③適切な目標となる成熟度レベルの設定
　④成熟度評価時のギャップの同定と優先順位付けの方法
　⑤組織横断的な関与

(2)　パフォーマンス評価指標と影響要因

　現場で一般的に使用される技術的なパフォーマンス評価指標の事例として次のようなものが挙げられる.
　①資産の状態（例えば，舗装の路面性状やたわみ量）
　②ライフサイクルコスト（LCC）
　③安全性(例えば，事故率やすべり抵抗)
　④移動性（例えば，OD 移動時間，渋滞による遅延時間）

⑤アクセス性

⑥信頼性（例えば，OD 移動時間のバラツキ）

⑦快適性あるは利便性（維持修繕時間，情報提供方法）

⑧外的要因(例えば，騒音，振動，大気汚染)

⑨リスク(例えば，異常気象，資産の状態悪化，施工品質不良)

パフォーマンス評価に影響を与える一般的な要因として，次の4項目が挙げられる．

①内部制約要因は，組織内部で得られるデータや方針などアセットマネジメントの実施に影響を与えるものである．例えば，組織が取りうる維持管理シナリオ（事後保全，予防保全），活動の効果（舗装の打換え後の平坦性の改善など），工事費への影響などが挙げられる．

②外部制約要因は，使用する材料，交通需要，社会経済および環境などアセットマネジメント実施にあたって受ける外部からの影響要因である．例えば，現交通量と将来交通量，材料費・機械損料，利用者費用の要因，劣化予測およびインフレ率などが挙げられる．

③データ管理とは，アセットマネジメントの成熟度レベルが上がるにつれてより必要性の高まる作業手順や収集したデータの品質の監視方法である．例えば，標準偏差などの統計的な内容によるデータの品質評価，管理計画・品質管理方法の見直し，スタッフの対応時間の評価などによる組織ミッションに対する影響の把握などである．

④インベントリとは，総合的で成熟したアセットマネジメント活動のために必要な様々なデータをまとめたデータ群であり，地理的情報，設計速度，車線数，線形などの資産に関する基本情報，アクセス制限，建設時の記録などの情報が重要である．

3.2.8　プロセス8：改善 [9]

　アセットマネジメントのパフォーマンス評価に基づく改善は，ISO 55000 シリーズなどのマネジメント系の重要な特徴の一つである．PDCA サイクルの C（Check）を受けた A（Action）にあたる部分であるが，これまでマネジメント実施上の弱点といわれてきたプロセスであり，アセットマネジメント実施の中で重要視されなければならないプロセスである．

（1）　改善にあたっての留意点

①改善にあたっては，単なる一過性の作業でなく，繰り返し実施される「継続的改善」が必要である．継続的改善により，組織にとってパフォーマンスの改善，効率性の向上，より有効な資源の活用などのメリットが発生し，組織内の担当者や関係者にとっても満足度の向上やサービスレベルの改善など，様々なメリットが生じる．

②パフォーマンス評価などによって改善すべき内容が見出された場合，改善すべき内容についての費用と便益を把握した上で一連の改善内容の優先順位付けを行う．これは，組織，顧客，および関係者への最大の影響をもたらす内容を決定することである．この優先順位は，義務化（法律や規則による改善の取り組み），緊急（組織が時間を作って早急に対応），中長期（VFM により便益を評価するなどで中長期に効果をもたらす）の3つのグループに分類される．

③活動項目のリストを含む改善計画はアセットマネジメント計画の一部として準備し，活動内容とエリア（舗装，橋梁など），改善活動の名称と優先度，状態と意見，管理とモニタリング手順，改善効果の評価（可能な場合）などを含まなければならない．

④改善活動の実施にあたっては，アセットマネジメントチームにより調整され，効率的な実施と目標達成のために組織内で意思疎通を図ることが重要である．改善活動を実施する際には，活動概要と範囲，活動に必要な資源，進捗のモニタリングと調整，定期的な活動目的や範囲などの見直しなどを考慮しなければならない．

⑤改善を継続的に実施していくためには組織の雰囲気あるいは文化の醸成が必要であり，リーダーシップが文化の醸成に重要な役割を果たす．

⑥改善実施上の重要な要素に関してモニタリングを行い，アセットマネジメントの実施レベルがベストプラクティスレベルと比較してどのような状態か確認を行わなければならない．図-3.2.5 は，アセットマネジメントの改善のレベルと改善に与える影響の関係を示したものである [10]．改善の実施によりいくらかの成果が見られたのちに，支援が減ることや改善実施上の中心となるリーダーの異動などにより士気が低下する場合がある（図-3.2.5　①の状態）．その後，何年かして重要資産の重大な損傷の発見などにより再び改善の必要性を強く認識して支援体制や意欲が回復することがある（図-3.2.5　②の状態）．しっかりとしたマネジメントプロセスのモニタリングを通して改善の文化が組織内に定着することにより，持続可能な継続的改善が可能となる．

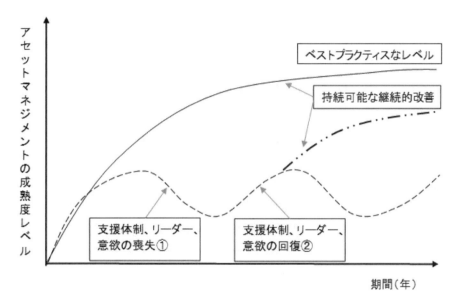

図-3.2.5　アセットマネジメントの改善レベルと影響要因の関係 [10)を基に加筆修正して作図

(出典：Austroads, Continual Improvement Processes for Asset Management Guidelines, p.20, Research report AP-R571-18, 2018)

(2)　組織の体制に合ったアセットマネジメントの導入と継続的改善

　道路を取り巻く状況は複雑化し，関係者のニーズや期待が高まる一方，技術者や予算の制約がある中で道路管理を行わなければならない．このような中で，包括的で組織的なアセットマネジメントの取り組みが着目されるが，まず，本章で示したアセットマネジメントの導入プロセスを理解した上で，第4章のプロセス別成熟度チェックにより自己評価を行い，現在のアセットマネジメント導入の成熟度レベルを確認するとともに将来の成熟度レベルの目標を設定することが重要である．

　当初より ISO 55001 の要求事項を満たす内容を達成できる組織はそれほど多くないのが実情であり，多くの組織ではできる部分から導入を行い，継続的改善を伴いながら順次機能を拡大して，設定され

た目標を目指すことが現実的であろう．第 6 章に市町村などでこれからアセットマネジメントを導入しようとする際に目指すべき成熟度レベル（初期）のフレームワークが示されている．当初は必要最小限のアセットマネジメントの導入プロセスからスタートして，順次，内容の改善を図りながら最終的に目標として設定した成熟度に到達していくことが理想的である．

【参考文献】

1) Global Forum of Maintenance and Asset Management, The Asset Management Land Scape Second Edition, ISBN 978-0-9871799-2-0, March 2014

2) Austroads 2017, Guide to Asset Management: Part 1: Introduction to Asset Management, 3rd edition, AMGM01-18 prepared by M Gordon, K Sharp, T Martin, p.31, Austroads, Sydney, NSW

3) Austroads 2018, Guide to Asset Management: Part 3: Scope of Asset management, 3rd edition, AMGM03-18 prepared by M Gordon, K Sharp, T Martin, Austroads, Sydney, NSW

4) AASHTO, AASHTO Transportation Asset Management Guide A Focus on Implementation, January 2011

5) Institute of Public Works Engineering Australia 2015, *International infrastructure management manual (IIMM)*, 5th edition, IPWEA, Sydney, NSW

6) Austroads 2018, Guide to Asset Management: Part 2: Managing Asset Management, 3rd edition, AMGM02-18 prepared by M Gordon, K Sharp, T Martin, Austroads, Sydney, NSW

7) Federal Highway Administration; Toward Sustainable Pavement Systems: A Reference Document FHWA-HIF-15-002 January 2015

8) Austroads 2018, Guide to Asset Management: Part 7: Program Development and Implementation, 3rd edition, AMGM07-18 prepared by M Gordon, K Sharp, T Martin, Austroads, Sydney, NSW

9) Austroads 2018, Guide to Asset Management- Processes: part 10: Implementation and Improvement, 3rd edition, AMGM10-18 prepared by M Gordon, K Sharp, T Martin, p.38, Austroads, Sydney, NSW

10) Austroads, Continual Improvement Processes for Asset Management p.21, Guidelines, Research report AP-R571-18, 2018

第4章　アセットマネジメントの導入手順と成熟度評価

4.1　概要と活用方法

4.1.1　第4章の構成

第4章ではアセットマネジメントを整備するためのマニュアル（プロセス整備と成熟度評価）として利用できるように4.2節を作成している．このため，4.1節では4.2節を利用するための手順と理解するための背景となる考え方を説明している．また，必要な場合に参照するための付属資料として付録-1を用意している．第4章の構成を**表-4.1.1**に示す．

表-4.1.1　第4章の構成

節	見出し	内容	
4.1	概要と活用方法	・　4.2節を利用するための手順 ・　4.2節を理解するための背景知識	
4.2	導入プロセス別詳細と成熟度評価基準	プロセスの解説	・　サブプロセスの機能 ・　必要性と重要性
		キーワードの解説	・　プロセスの解説の中の重要なキーワードの解説
		成熟度自己評価	・　自組織の現状把握 ・　改善のゴール設定
付録1	ISO 55001との対応	・　4.2節で記述しているサブプロセスが，ISO 55001の箇条番号とどう対応しているかを示す対応表． ・　第4章を利用してISO 55001要求事項への対応を検討する場合に参考になる．	

4.1.2　プロセスの体系（プロセスとサブプロセスについて）
(1)　サブプロセスを組み合わせることによるアセットマネジメントの整備

第3章で記述している各プロセス（8個のプロセス）は，アセットマネジメントを導入するための手順となっている．アセットマネジメントを体系的かつ効率的に導入するためには，このプロセスの内容を理解して，この順番に整備して行けばよい．しかし，このプロセスは単独でもアセットマネジメントの広い領域の業務を含むため，プロセスにはまだ多くの機能が含まれている．このため，このプロセスを一度に整備することは難しい．

このため，アセットマネジメントの導入をさらに容易にするために，第4章では，プロセスをさらに細分化したサブプロセス（24個のサブプロセス）を定義している．これにより，サブプロセス毎の機能は少なくなり，理解しやすくなる．また，サブプロセスを業務に導入し，整備する場合にも容易になる．

アセットマネジメントを整備する手順は，部品を組み立てて製品を作ることに似ている．サブプロセスという部品を最初に整備し，そのサブプロセス同士を組み合わせることによりプロセスが整備できる．さらに，そのプロセスを組み合わせることによりアセットマネジメント全体を整備することが

できる．このアセットマネジメントを整備する手順を**図-4**.1.1 に示す．

　① アセットマネジメントの部品としてサブプロセスを整備する．

　② サブプロセスとサブプロセスを組み合わせてプロセスを整備する．

　③ プロセスとプロセスを組み合わせてアセットマネジメントを整備する．

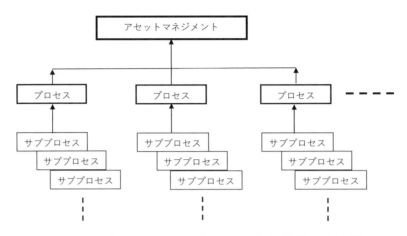

図 **4**.1.1　アセットマネジメントを整備する手順

　また，プロセスという用語は業務プロセス，作業プロセスなど一般的には手順という意味で使われているが，JIS Q 9000 における定義は以下のとおりであり，第 4 章においてもこの定義を利用している．

> インプットを使用して意図した結果を生み出す，相互に関連する又は相互に作用する一連の活動．（JIS Q 9000：2015 品質マネジメントシステム–基本及び用語 3.4.1）

(2)　プロセスとサブプロセスの相互関係

　プロセスをサブプロセスにどこまでも細分化できるが，アセットマネジメントの全体を理解しながら，具体的なサブプロセスの整備を行うためには，適切なレベルの細分化が必要である．このため，第 4 章では第 3 章の 8 個のプロセスを**表-4**.1.2 に示すとおり 24 個のサブプロセスに分解している．

表-4.1.2　プロセスが持つサブプロセス数

	プロセス	サブプロセス数
Plan	1　組織の到達点と目標の設定	2
	2　自己評価とアセットマネジメントの適用領域の決定	2
	3　アセットマネジメント組織・体制の確立	3
	4　アセットマネジメント戦略の確立	2
	5　アセットマネジメント計画の作成	4
Do	6　アセットマネジメントの実施	6
Check	7　パフォーマンス評価	3
Action	8　アセットマネジメントの改善	2
	計	24

　プロセスとサブプロセスの相互関係を**図-4**.1.2 に示す．プロセス全体では大きな PDCA サイクルが回っているが，Do 段階の「プロセス 6　アセットマネジメントの実施」の内部でも，サブプロセ

スの間で小さな PDCA サイクルが回っていることが重要である.

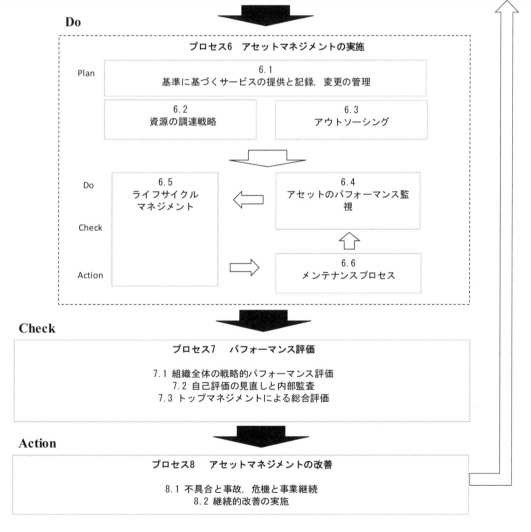

図-4.1.2　プロセスとサブプロセスの相互関係

（3）　プロセスの解説について

　4.2 節のプロセスの解説では 24 個のサブプロセス毎にプロセスのあるべき姿を，サブプロセスが何であるか (What) ，何故必要か (Why)という次の二つの視点で解説している.

　　①　サブプロセスの機能：サブプロセスはどのような役割を果たす必要があるか.

　　②　その機能の必要性と重要性：サブプロセスは何故，そのような機能を果たすことが重要であるのか.

　各プロセスの解説は TAM ガイド（米国全州道路交通運輸行政官協会 AASHTO による Transportation Asset Management Guide）および ISO 55001 を踏まえて記述されている．このため，本章に示した内容を満足させるようにアセットマネジメントを整備して行けば，グローバルに通用するアセットマネジメントの基本機能を組織に導入し，整備できる.

　ただし，各プロセスの解説はサブプロセスが何であるか (What) ，何故必要か (Why)という視点で記述しているため，具体化のためには組織の特性，規模などに応じてゴールを決める必要がある．このためには 4.2 節の成熟度自己評価を利用することが有用である.

4.1.3　成熟度自己評価と成熟度評価基準

　アセットマネジメントを体系的かつ効率的に導入するためには，4.2 節のプロセスの解説に示している機能を具体的にどこまで充実させるかを決めることが重要である．しかし，組織の現状レベルを無視し，高いゴールの成熟度を目指すことは現実的ではない．一足飛びに高い成熟度レベルを目指すのではなく，現状レベルから徐々に成熟度レベルを高めていくことが成功の鍵である.

　このゴールを決めるためのツールが 4.2 節の成熟度自己評価である．ここでは，プロセスの実現イメージ (How) が初期段階のレベル 1 から最高段階のレベル 5 までの 5 段階で記述されている．これが成熟度レベルであり，プロセスの充実レベルを測る物差しとして利用できる．この物差しを使って現状レベルはレベル 2 だから，最初にレベル 3 まで高めることを目指すというようにゴールを決めることができる．ただし，成熟度レベルの内容はまだ抽象的な記述であり，さらなる具体化 (How) は組織自身が考える必要がある.

（1）　成熟度評価の特長

　マネジメントを改善する手法には，組織が個別プロセスごとに改善を積み重ねてゆく手法や，BPR（Business Process Reengineering ）のようにプロセス全体を革新してゆく手法もある．しかし，いずれの場合もマネジメントが到達すべきゴールを明確にする必要がある．そこで，一番分かりやすいゴールの設定方法は，業界で売上，利益，顧客満足度などでトップと言われている組織のマネジメントをゴールとすることである．この手法はベンチマーキングと呼ばれており，業界トップ組織のプロセスを到達すべきゴールとみなし，図-4.1.3 に示すとおり，トップ組織のプロセスと自組織のプロセスを比較して 自組織の弱み，強みを認識する手法である.

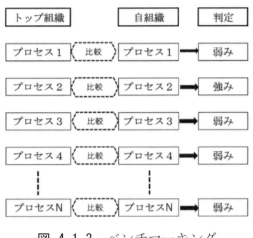

図-4.1.3 ベンチマーキング

しかし，地方自治体などの公共団体の場合は，組織間で情報を公開しベンチマーキングができるが，民間企業の場合は，競争相手に自組織のベストプラクティスを公開することは，一般的には難しい．このため，他の組織のベストプラクティスを直接利用するのではなく，成熟度評価の基準を利用すると良い．理由は，成熟度評価の基準は TAM ガイド，ISO 55001 などの基準に盛り込まれたベストプラクティスをプロセスごとに内容を抽出しているからである．抽出した内容は初期段階のレベル1から最高段階のレベル5までの5段階で記述している．これが成熟度のプロセス別判定基準である．4.2 節で記述している成熟度自己評価の内容は，このプロセス別判定基準である．

ただし，プロセス別判定基準の内容は，すべてのプロセスに共通した判定基準である共通判定基準に従い，具体化されている．例えば，第3章の表-3.2.1 で紹介した TAM ガイドにおける成熟度レベル（初期段階，覚醒段階，構造化段階，熟練段階，ベストプラクティス段階）はこの共通判定基準である．この関係を図-4.1.4 に示す．4.2 節の成熟度自己評価を利用する場合は，この共通判定基準を直接的に参照する必要はなく，プロセス別判定基準だけを使えば良い．しかし，プロセス別判定基準を十分に理解できない場合，もしくはプロセス別判定基準を改良しようとする際には，共通判定基準に立ち返って見直す必要がある．

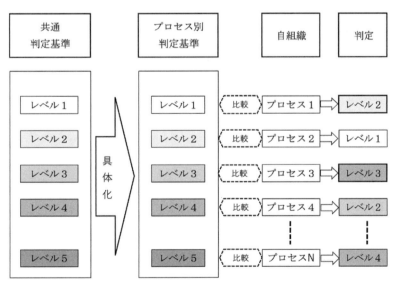

図-4.1.4 成熟度評価

(2)　成熟度レベルの共通判定基準

表-4.1.3 に 4.2 節の成熟度自己評価で利用している共通成熟度判定基準を示す. この基準の中では, 成熟度レベレの考え方は次の二つの過程に大別される.

① 　レベル 1 からレベル 3
・ 組織としての公式なプロセスが整備されていない個人に依存した状況から, 公式なプロセスが整備され, プロセスの文書化も進むことにより, プロセスが組織の中にビルドインされ, 制度として構造化される過程を示している.

② 　レベル 3 からレベル 5
・ プロセスが整備された状態から, そのアウトプットの質の向上を目指して, プロセスに組み込まれている継続的な改善が進み, 定量的な評価が可能になり, 組織の特性や規模に応じて最適化される過程を示している.

この成熟度レベルの定義は, 第 3 章の**表**-3.2.1 で示した TAM ガイドに基づき, レベルの名称も TAM ガイドに合わせているが, 日本アセットマネジメント協会 (JAAM) とも連携して検討した結果を踏まえ, 成熟度レベル 3 を ISO 55001 適合レベルに調整するために修正を行っている. このため, TAM ガイドと ISO 55001 に整合した 4.2 節の成熟度自己評価によって, グローバルに通用する物差しで自組織の現状レベル確認でき, ISO 55001 適合などの目指すべきゴール設定が可能となる.

表-4.1.3　共通成熟度判定基準

レベル	名称	定義
レベル 1	初期	・組織はアセットマネジメントの組織的整備に無関心である. ・プロセスの相互関係の理解が薄いため, 先を見越したプロセスの管理に失敗することが多い. ・またプロセスの公式化, 文書化はほとんど存在していない. ・組織は正常なアウトプットを生み出しているが, それは個人の力量に依存している.
レベル 2	覚醒	・組織はアセットマネジメントの組織的整備に意欲的である. ・プロセス活動の相互関係のある程度の理解はしているため, 先を見越したプロセスの管理に成功する場合がある. ・不十分ではあるが, プロセス記述 (インプット, アウトプット, および標準手順など) が存在し, 文書化されている. ・プロセスに対する計画とプロセスの実施状況と成果物が管理者に把握されている.
レベル 3	構造化	・組織はアセットマネジメントの組織的整備を幅広く行っているため, アセットマネジメントは組織全体に構造化されている. ・プロセス活動の相互関係の理解に基づく, 先を見越したプロセスの管理が幅広く実施されている. ・プロセス記述 (インプット, アウトプット, および標準手順など) が組織として公式化され, 文書化されており, 広い範囲に適用されている. ・プロセス実績に対して管理がなされ, できるだけ定量的な目標が設定されている.

レベル4	熟練	（レベル3の内容に加え） ・組織のアセットマネジメントに対する習熟により，プロセス内部のサブプロセスの相互関係まで理解が進んでいる． ・定量的な技法による予測がある程度まで行われ，サブプロセスの監視に基づくプロセスの定量的目標設定を行っている．
レベル5	ベストプラクティス	（レベル4の内容に加え） ・組織のアセットマネジメントは組織の特性に合わせて最適化されており，無駄な機能，コストもなく最大のベネフィットを実現している． ・データの分析による組織的な実績の管理とこれに基づく改善を重視している．プロセス改善は次の方法で行われる． 　➤　ニーズ（期待）の定量的な理解によるプロセス改善． 　➤　プロセスの変動，実績に対する原因分析による定量的アプローチ． 　➤　プロセス面と技術面の漸進的および革新的な改善．

(3)　共通判定基準におけるプロセスの考え方

　成熟度レベルの共通判定基準にはプロセス，プロセスの相互関係，プロセスの公式化・文書化，プロセス記述，構造化などの用語が利用されている．ここでは，これらの用語をさらに理解するためにプロセスの考え方を説明する．4.1.2(1)で述べたとおり，プロセスという用語について，JIS Q 9000における定義は以下のとおりである．

> インプットを使用して意図した結果を生み出す，相互に関連する又は相互に作用する一連の活動．
> （JIS Q 9000：2015 品質マネジメントシステム–基本及び用語 3.4.1）

　この定義の中で意図した結果とはアウトプット，製品，サービスのことであり，インプットはアウトプットを生み出すために利用する予算，人員，アセット，情報，資材等の資源を指す．プロセスは管理された条件の下で計画・実行されるので，次のことが必要である：
・　プロセスに対する責任者と権限を決める．
・　必要に応じてプロセス基準（開始終了条件，手順，ツールなど）の公式化と文書化を実施する．
・　プロセスの意図したアウトプットを達成するために必要な活動，及び意図しないアウトプットのリスクを明確にする．
　このプロセスの要件を**図-4.1.5**に示す．

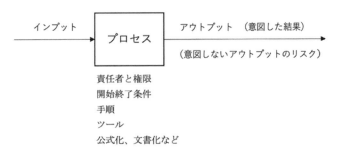

図-4.1.5　プロセスの要件

　また，プロセスは相互に関連し，また相互に作用する．プロセスへのインプットは他のプロセスからのアウトプットであり，プロセスからのアウトプットは他のプロセスに対するインプットとなる．また，プロセスには階層性があり，一つのプロセスが，サブプロセスに，またサブプロセスがさらに次のプロセスで詳細なサブプロセスに分割できる．この図解を**図-4.1.6** に示す．

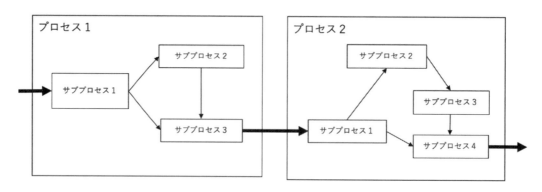

図-4.1.6　プロセスの相互関連と階層性

　例えば，この考え方で成熟度レベル 3 の定義を解説すると，次のような内容になる．
- ・ プロセス活動の相互関係を理解しているため，あるプロセスの手順を変更すると関連したプロセスのアウトプットに影響があることを認識できている．このため，予測も含む先を見越したプロセスの管理が可能となっている．
- ・ 意図したアウトプットを生み出すために必要な活動が明確であり，意図しない結果を生み出すリスクも認識している．このため，プロセス基準（開始終了条件，手順，ツールなど）が公式な組織の文書として作成されており，プロセスの責任者も明確になっている．
- ・ プロセスの実績が管理されており，できるだけ定量的な目標が設定されている．この結果，組織全体のアセットマネジメントの仕組みが組織内に構造化されている．

4.1.4　本章を利用したアセットマネジメントの整備

　4.2 節を利用してアセットマネジメントを整備する場合は次の①から④の手順で行い，この手順の詳細を**表-4.1.4** に示す．また，概略を把握するために成熟度自己評価を行う場合は，4.2 節の**表-4.2.9** で示す重点項目に絞る方法もある．
- ① 自組織のプロセスの明確化
- ② プロセスの実態分析
- ③ 成熟度の判定
- ④ 自己評価のまとめと改善計画

表-4.1.4　アセットマネジメントの整備手順

No	手順		必要な作業
1	自組織のプロセスの明確化	自組織のプロセスの確認	第3章のプロセス1からプロセス8までを読んで，自組織で該当するプロセスを確認する． この段階ではラフな確認でよい．詳細な確認は次のサブプロセスの確認で行うことができる．
		プロセスの中のサブプロセスの確認	4.2節の「プロセスの解説」を読んで，そのサブプロセスが自組織ではどの業務に相当するかを確認する． プロセスの解説の中の重要なキーワードについては「キーワードの解説」に説明があるので，これも参照する． 自組織では該当するサブプロセスが存在しないか，不明確な場合もある．これについては，成熟度自己評価の成熟度基準も参考にして，まったく存在しないのか，ある程度は存在するのかを見極める．
2	プロセスの実態分析	自組織のサブプロセスの実態分析	自組織のサブプロセスの業務実態を分析する． 分析の視点は，次のようにプロセスが具備すべき条件4.1.3(3)を利用する． ・　プロセスに対する責任者と権限を決まっているか． ・　必要に応じてプロセス基準（開始終了条件，手順，ツールなど）の公式化と文書化が実施されているか． ・　プロセスの意図したアウトプットを達成するために必要な活動，及び意図しないアウトプットのリスクを明確にされているか．
3	成熟度の判定	成熟度評価に対する理解	4.1.3 成熟度自己評価と成熟度評価基準を一通り読んで考え方を理解する
		サブプロセスごとの成熟度自己評価	4.2節のサブプロセスごとの成熟度自己評価を読んで，理解する． 自組織のサブプロセスの状態がどの成熟度レベルに相当するかを判断する． 概略を把握するため重点的に成熟度自己評価を行う場合は，4.2節の**表-4.2.9**で示す重点項目に絞る方法もある．
4	自己評価のまとめと改善計画	プロセス全体の成熟度レベルの把握	すべてのサブプロセスの成熟度が判定できたら，レーダーチャートなどを利用して，成熟度が低いサブプロセス，成熟度が高いサブプロセスを認識する． 成熟度が低いサブプロセスは組織にとって弱みとなるプロセスであり，成熟度が高いサブプロセスは組織にとって強みとなるプロセスである．
		サブプロセスごとの成熟度レベ	成熟度自己評価結果で得られた自組織のサブプロセス別の成熟度レベル（実態）に対し，組織にとっての重要度に応じて，

		ルのゴール設定	到達したい成熟度レベルのゴールを決める.
			ただし，プロセス別の成熟度評価基準については，サブプロセスの内容により到達すべきゴールはすべてがレベル5である訳では無い. ・　サブプロセスの内容が文書化などの比較的単純な場合は，到達すべきゴールをレベル3としている評価項目がある. ・　評価項目ごとのレベルを平均するのは意味がなく，評価項目ごと現状の成熟度レベルがどこまでゴールである成熟度レベルに到達しているかという到達率（例：現状成熟度レベル/ゴール成熟度レベル＝60%など）が重要になる. ・　プロセス別の成熟度評価基準で設定されているゴールがベストプラクティスのレベル5である場合，組織の現状がレベル2である場合は，レベル5を目指すことは失敗のリスクがあるため，まずレベル3を目指すことが重要である．レベルアップは1レベルごとに計画するべきである.
		アセットマネジメントの改善計画の作成	成熟度レベルの実態と組織が目指すゴールのギャップが大きいサブプロセスから改善を行う. ・　適切な目指すべき成熟度レベルの設定 ・　サブプロセスの弱みに対する改善アイデアの作成 ・　改善アイデアの選択（期間，費用など） ・　改善計画の具体化

4.1.5　成熟度自己評価の具体的なまとめ方

（1）　成熟度評価の数値化方法

　本ガイドブックの成熟度評価はレベル1からレベル5までの5段階評価が原則である．しかし，例えば，評価はレベル2であることは間違いないが，中身を見るとより標準のレベル2よりは良いと判断したい場合には評価点を細分化する必要がある．この場合は**表-4**.1.5に示す15点満点法により数値化することもできる．3つあるレベル2の評価点（4点，5点，6点）のうち，6点で評価する方法である．また，15点満点法を採用した場合はプロセス，サブプロセスなどすべてのプロセスで統一的適用する必要がある.

　ただし，成熟度評価の原則は5段階評価であり，文章で記述された成熟度基準という物差しで判断するため，15点満点程度が説明できる限界である．100点満点による評価を行うほどの精度を期待することはできない.

表-4.1.5　成熟度評価の数値化

	5点満点	15点満点
レベル1	1	1, 2, 3
レベル2	2	4, 5, 6
レベル3	3	7, 8, 9
レベル4	4	10, 11, 12
レベル5	5	13, 14, 15

また，成熟度評価を行うときには，**図-4.1.7**のような成熟度評価判定表の様式を作成しておく必要がある．この例の場合は，判定結果は6点であり，レベル2でも標準よりは良いと判定されている．また，何故このような判定を行ったかという「評価理由」，また現在のプロセスの「課題」を明示しておくとよい．判定を行った証拠も明記しておく必要がある．

成熟度評価判定表

プロセス	1	組織の到達点と目標の設定
サブプロセス	1.1	組織の到達点のレビューとその定義の明確化

レベル	点数	判定	評価理由と課題	評価の証拠
レベル5	15			
	14			
	13			
レベル4	12			
	11			
	10			
レベル3	9			
	8			
	7			
レベル2	6	✓		
	5			
	4			
レベル1	3			
	2			
	1			

図-4.1.7　成熟度評価判定表の様式

(2)　成熟度評価のゴール設定と結果の分析方法

4.1.3節(1)で示したように，プロセス別の成熟度評価基準については，サブプロセスの内容により到達すべきゴールはすべてがレベル5である訳では無い．組織がアセットマネジメントのベストプラクティスのレベル5を目指すのか，それとも 標準的なレベル3を目指すのか，それとも組織独自に決めたゴールを目指すのかによって評価方法を変える必要がある．

このため，成熟度レベルをサブプロセスの評価項目ごとに評価した結果は，**表-4.1.6**の3つの方法で分析する必要がある．

- 現状でほとんどのサブプロセスがレベル3を超えている組織はベストプラクティスであるレベル5を目指すことができる．
- アセットマネジメントを整備し始めた組織であれば，最初は初期程度と見なされるレベル2を目指すことが無理のない方法である．
- 組織の特性，規模によってはベストプラクティスであるレベル5を目指すのではなく，標準的なレベルであるレベル3を最終ゴールとして目指すことも無理がなく，有効な場合が多い．

表-4.1.6　評価結果の分析方法

ゴール到達率	定義	15 点満点法での計算例	利用する組織
レベル 5 への到達率	現状の点数/レベル 5 の点数	現状の点数 6/ゴール点数 15＝40％	現状でほとんどのサブプロセスがレベル 3 を超えている組織
レベル 3 への到達率	現状の点数/レベル 3 の点数	現状の点数 6/ゴール点数 8 ＝75％	現状でサブプロセスがレベル 1 か，レベル 2 であるため，標準的なアセットマネジメントまで到達したい組織
組織で決めたレベルへの到達率	現状の点数/組織で決めたレベルのゴール点数	現状の点数 6/ゴール点数 7 ＝86％	標準的なレベル 3 を目指したいが，まずはレベル 3 の下位までは到達したい組織

(3)　成熟度についての総合評価方法

　成熟度評価の目的は，組織の強み，弱みを評価により明らかにし，弱みを強化するために資源を重点的に投入することである．このためには，成熟度評価の結果から，ゴールに定める成熟度と現状の成熟度のギャップをサブプロセス毎に明確にして，この結果に基づき，ゴールとのギャップが大きいサブプロセスの改善を行う必要がある．

1)　サブプロセス毎の評価

　この一つの方法を表-4.1.7 と図-4.1.8 に示す．図-4.1.8 は表-4.1.7 をグラフ化したものである．これはプロセス 1 組織の到達点と目標の設定で，どのサブプロセス，どの評価項目にギャップが大きいかを計算した例である．この例では 15 点満点で評価を行っている．ギャップはゴール到達率で示しており，レベル 5 をゴール（ベストプラクティスゴール）とした場合と，レベル 3 をゴール（組織決定ゴール）としている場合を示している．

　当然であるが，組織決定ゴールに対する到達率の方がギャップは小さく，ゴールに到達する努力を現実的に行うことができる．また，組織決定ゴールを決める際には無理のないゴールを決める必要がある．

表-4.1.7　サブプロセスの評価方法

No	プロセス	No	サブプロセス	No	習熟度の評価項目	ベストプラクティスゴール 評価結果 ゴール	ベストプラクティスゴール 評価結果 現状	ベストプラクティスゴール ゴール到達率	組織決定ゴール 評価結果 ゴール	組織決定ゴール 評価結果 現状	組織決定ゴール ゴール到達率
1	組織の到達点と目標の設定	1.1	組織の到達点のレビューとその定義の明確化	1.1.1	組織ビジョンの確立	15	4	27％	8	4	50％
				1.1.2	外部と内部の課題	15	4	27％	8	4	50％
				1.1.3	利害関係者のニーズ及び期待の理解	15	2	13％	8	2	25％
				1.1.4	経営課題の解決方向の決定	15	5	33％	8	5	63％
				1.1.5	組織ビジョンの文書化と組織文化への組み込み	15	2	13％	8	2	25％
		1.2	目標の展開とアセットマネジメントの枠組みの選択	1.2.1	目標展開ロジック	15	5	33％	8	5	63％
				1.2.2	目標の記述の具体性	8	5	63％	8	5	63％
				1.2.3	アセットマネジメントの枠組みの選択	15	3	20％	8	3	38％

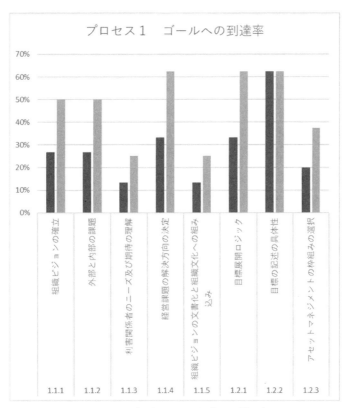

図-4.1.8　サブプロセス評価の棒グラフ化

2)　プロセス毎の評価

　サブプロセスの成熟度評価がすべて終了すると，その結果をプロセス毎に平均してプロセスに対する現状の評価が可能となる．**表-4.1.8** と**図-4.1.9** では 15 点満点でレベル 3 の点数 8 に対して，現状の点数を比較している．

　図-4.1.9 はレーダーチャートであり，どのプロセスがゴールに対してギャップが大きいか，どのプロセスがゴールに対して到達しているかなどが分かりやすくなっている．

表-4.1.8　プロセスごとの評価方法

No	プロセス	ゴール	現状
1	組織の到達点と目標の設定	8	5
2	自己評価とアセットマネジメントの適用領域の決定	8	3
3	アセットマネジメント組織・体制の確立	8	5
4	アセットマネジメント戦略の確立	8	5
5	アセットマネジメント計画の作成	8	6
6	アセットマネジメントの実施	8	9
7	パフォーマンス評価	8	5
8	アセットマネジメントの改善	8	4

図-4.1.9　プロセス評価のレーダーチャート化

4.2　導入プロセス別詳細と成熟度評価基準

4.2.1 プロセスと成熟度評価の体系

　本ガイドブックでは 8 個のプロセス，24 個のサブプロセスを設定している．また，サブプロセス毎に成熟度の評価項目を設定し，その評価項目数は全部で 68 項目になる．また，概略を把握するため成熟度自己評価を行う場合は，評価項目を 31 個の重点評価項目に絞ることもできる．この数を表-4.2.1 に示す．

　また，プロセス，サブプロセスおよび成熟度の評価項目の体系を表-4.2.2 に示す．　表-4.2.2 の重点欄に○がついている評価項目は重点項目を示している．

表-4.2.1　プロセス数，サブプロセス数，評価項目数，重点項目数

	導入プロセス	サブプロセス数	評価項目数	重点項目数
Plan	1　組織の到達点と目標の設定	2	8	4
	2　自己評価とアセットマネジメントの適用領域の決定	2	3	1
	3　アセットマネジメント組織・体制の確立	3	10	5
	4　アセットマネジメント戦略の確立	2	8	3
	5　アセットマネジメント計画の作成	4	12	5
Do	6　アセットマネジメントの実施	6	15	9
Check	7　パフォーマンス評価	3	6	3
Action	8　アセットマネジメントの改善	2	6	1
	計	24	68	31

表-4.2.2　プロセスと成熟度評価の体系

No	プロセス	No	サブプロセス	No	重点	成熟度の評価項目
1	組織の到達点と目標の設定	1.1	組織の到達点のレビューとその定義の明確化	1.1.1	○	組織ビジョンの確立
				1.1.2	○	外部と内部の課題
				1.1.3	○	利害関係者のニーズ及び期待の理解
				1.1.4		経営課題の解決方向の決定
				1.1.5		組織ビジョンの文書化と組織文化への組み込み
		1.2	目標の展開とアセットマネジメントの枠組みの選択	1.2.1	○	目標展開ロジック
				1.2.2		目標の記述の具体性
				1.2.3		アセットマネジメントの枠組みの選択
2	自己評価とアセットマネジメントの適用領域の決定	2.1	自己評価の実施と改善	2.1.1	○	自己評価の実施
		2.2	アセットマネジメントの適用領域の決定	2.2.1		アセットマネジメント導入プロジェクトの推進
				2.2.2		アセットマネジメント適用領域の妥当性
3	アセットマネジメント組織・体制の確立	3.1	リーダーシップによる組織と組織文化の改善	3.1.1	○	アセットマネジメント変革のためのリーダーシップ
				3.1.2		アセットマネジメントの方針の確立
				3.1.3		アセットマネジメントのビジネスプロセスへの統合
		3.2	アセットマネジメントの役割とパフォーマンス評価の確立	3.2.1	○	アセットマネジメントの役割の確立
				3.2.2	○	パフォーマンス評価の確立
		3.3	アセットマネジメントのための支援体制の整備	3.3.1		アセットマネジメントを支える支援体制の整備
				3.3.2	○	適切な力量を備える要員確保の方法
				3.3.3		アセットマネジメントに係る要員が持つべき認識内容
				3.3.4	○	内部及び外部との適切なコミュニケーション
				3.3.5		アセットマネジメントに係る文書と記録の管理体制の整備
4	アセットマネジメント戦略の確立	4.1	アセットマネジメント戦略とサービスレベルによるパフォーマ	4.1.1		アセットマネジメント戦略
				4.1.2	○	サービスレベルによるパフォーマンス評価

					ンス評価		
		4.2	アセットマネジメントに必要な情報戦略の確立	4.2.1	○	アセットマネジメントに必要な情報
				4.2.2		財務データとの一貫性とトレーサビリティ
				4.2.3	○	情報管理プロセスの構築
				4.2.4		既存の基幹系情報システムとの統合された運用
				4.2.5		ERP(Enterprise Resource Rlanning)システムとの統合
				4.2.6		アセットマネジメントを支えるデータ
5	アセットマネジメント計画の作成	5.1	リスク管理体制と意思決定基準の確立	5.1.1	○	リスクマネジメントのアセットマネジメントへの適用
				5.1.2		クリティカルなアセットと道路ネットワークの強靭性
				5.1.3	○	組織全体のリスクマネジメントの枠組みへの整合
		5.2	サステナビリティ	5.2.1	○	リスクアセスメントと意思決定の枠組み
				5.2.2		サステナビリティの定義とゴール・目標設定
				5.2.3		パフォーマンス指標設定と利害関係者とのコミュニケーション
				5.2.4		ライフサイクルごとのサステナビリティのための活動
		5.3	長中期計画の作成	5.3.1	○	組織ビジョン，アセットマネジメント戦略などとの整合性
				5.3.2		組織全体での共有と利害関係者へのコミュニケーション
				5.3.3		状況に応じたレビューと改定
		5.4	短期計画の作成	5.4.1	○	長中期計画との整合性
				5.4.2		計画内容の妥当性
6	アセットマネジメントの実施	6.1	基準に基づくサービスの提供と記録，変更の管理	6.1.1	○	管理マニュアルに基づいた作業の実施
				6.1.2	○	作業記録の保存
				6.1.3		変更の影響評価と対策
		6.2	資源の業務委託戦略	6.2.1	○	適切な調達方法の選択
				6.2.2		サービスプロバイダーとの契約形態
				6.2.3		契約の終了に伴う情報の引継ぎ
		6.3	アウトソーシング	6.3.1	○	実施前のプロバイダーの評価
				6.3.2	○	実施後のパフォーマンス評価
				6.3.3		プロバイダーとの情報共有

		6.4	アセットのパフォーマンス監視	6.4.1	○	アセットインベントリの整備状況
				6.4.2	○	アセットの状態とパフォーマンス監視
				6.4.3		技術，ツール，手法と基準
		6.5	ライフサイクルマネジメント	6.5.1	○	ライフサイクルマネジメント基準の整備
				6.5.2		ライフサイクルコストの最適化
		6.6	メンテナンスプロセス	6.6.1	○	保全方式
7	パフォーマンス評価	7.1	組織全体の戦略的パフォーマンス評価	7.1.1	○	パフォーマンス指標の内容の妥当性，カバー範囲と共通化
				7.1.2		パフォーマンス評価のシステム化レベル
		7.2	自己評価の見直しと内部監査	7.2.1	○	自己評価の見直し
				7.2.2		内部監査
		7.3	トップマネジメントによる総合評価	7.3.1	○	トップマネジメントによる総合評価
				7.3.2		マネジメントレビュー
8	アセットマネジメントの改善	8.1	不具合と事故，危機と事業継続	8.1.1	○	不具合と事故への対処
				8.1.2		危機と事業継続への対処
		8.2	継続的改善の実施	8.2.1		管理過程と目標管理
				8.2.2		プロセスと情報システムの再構築
				8.2.3		リスクマネジメント
				8.2.4		リーダーシップとコミュニケーション

4.2.2 項は次の構成で記述している．この構成についてプロセス 1 を例にして**図-4.2.1** に示す．
・　第 3 章で定義したプロセスに従い，サブプロセスを定義している．
・　このサブシステムごとに「プロセスの解説」を行い，さらに「キーワードの解説」で補足している．
・　成熟度自己評価はサブプロセス一つに対し複数個の評価項目を設定している．

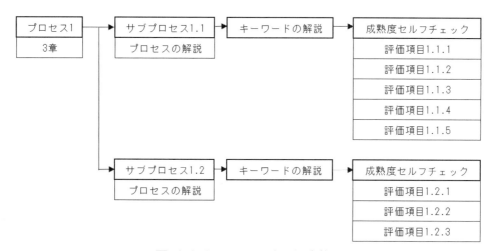

図-4.2.1　4.2.2 項の記述体系

4.2.2 プロセスの解説，成熟度自己評価

プロセス	1	組織の到達点と目標の設定
サブプロセス	1.1	組織の到達点のレビューとその定義の明確化

プロセスの解説

　組織にとってアセットマネジメントを導入するための出発点は，組織の全ての階層の人員と利害関係者に対して組織の目的，方向性を示した組織の到達点と目標を持つことである．これらは組織ビジョンとも言われ，これにより組織のすべての階層と利害関係者に経営の目的，方向性を示すことができる．すなわち，組織ビジョンは組織が自己実現したいと願っている自己像を抽象的なレベルで記述したものである．このため，組織ビジョンは経営層から現場の職員などの内部要員のみならず，さらに外部の利害関係者にも明確に理解される必要がある．組織の事業が社会に受容され，そのサステナビリティを確保するためには，明確な組織ビジョンの確立とその継続的なブラシュアップが重要である．

　組織ビジョンのレビューとその定義の明確化の手順は次の 3 つのステップである．

(1) 組織ビジョンのレビューと経営環境の課題把握：現在の経営環境に既存の組織ビジョンが対応できているかどうかを確認する．このため，次の二つの視点から経営環境を客観的に分析する．

- 外部と内部の経営課題について分析する．
- 利害関係者のニーズと期待を理解する．
  - SDGs（Sustainable Development Goals），ESG (Environmental, Social, Governance) などの時代の要請をなど社会全体の流れ．
  - 顧客，その他の利害関係者とのコミュニケーション（組織から財務的情報と非財務的情報の必要な報告，利害関係者からの要望，クレームと組織からの回答など）．

(2) 課題解決の方向を決定：上記の経営環境の分析から把握できた課題について，組織が持っている強み，弱さを考慮して，取り組み優先度を決める．取り組み優先度を決める場合にはリスクマネジメントを土台に行う必要がある．この取り組み優先度に従い戦略的な方向性を決める．

(3) 組織ビジョンのブラシュアップと共有化：上記で決めた戦略的方向性を組織ビジョンへ反映する．また，組織ビジョンを組織の内部，外部の利害関係者が明確に理解できるように新たな組織ビジョンとして定義し，文書として記述する．さらに，これを使って組織内で認識を共有化し，統合された組織文化を作り，組織の外部に対しても共感と理解を得る．

キーワードの解説

(1) 経営環境の把握

【外部の課題の分析】

　外部の課題とは，関連法規制や周辺環境，社会情勢，地域，技術など組織の外部の要因を指す．

≪外部の課題の例≫

－住民の関心（苦情を含む）

－環境，サステナビリティ

　－人口減少

　－国の事業制度

　－法令・基準

　－アカウンタビリティ

【内部の課題の分析】

　　内部の課題とは，組織が管理するアセットやサービスを行うための組織体制，人員，予算，目標など組織内部の要因を指す．

≪内部の課題の例≫

－自然災害に対する脆弱性

－施設の老朽化

－サービスレベルの維持

－組織方針，組織文化

－予算制約

【利害関係者のニーズと期待】

- 利害関係者のニーズと期待の中には，ISO などの標準，関連する法律，道路分野での各種ガイドも含まれる．利害関係者には取引先（発注先）も含んでいる．

- 取引先の場合，取引先からのニーズや期待は明示的に示されないことが多いため，潜在的なニーズと期待を如何にして顕在化させるか課題がある．

- 利害関係者の要求と期待の例（**表-4.2.3**)

表-4.2.3　利害関係者のニーズ及び期待の例

利害関係者		ニーズ及び期待
顧客	利用者	事故防止，料金値下げ
取引先（発注先）	外部委託先	委託契約に基づいた範囲の業務指示
	発注先	急な短納期発注や発注取消しが少ない発注の安定運用
	協業先	協業時の取り決めの遵守
組織内	経営陣	事故撲滅，迅速な報告
	一般従業員	情報システムの安定運用
関係当局等	所管の官庁	法令・規制に基づく報告及び対処
	関連業界団体	情報収集
その他（自治体）	議員・議会	住民との利害調整
社会的要請	社会動向	サステナビリティ，ESG 経営（ボトルネックの解消，CO_2 排出量の縮減，他産業発生材の有効活用など）

(2)　課題解決の方向を意思決定

　　組織の事業戦略を決めるための数々のフレームワークの中から自らの事業環境に適したフレームワークを選択する必要があるが，フレームワークが多すぎて選択は困難な場合が多い．このような場合

は視覚化が分かりやすく，比較的普及している SWOT 分析を試してみることが一つの方法である．

SWOT 分析はハーバード・ビジネス・スクールのケニス・アンドリューズ，スタンフォード研究所のアルバート・ハンフリーが考案したもので，Strength（強み），Weakness（弱み），Opportunity（機会），Threat（脅威）を 2 次元の 4 つの象限で表現して，事業の成功要因を決める手法である．SWOT 分析のアウトプットは，組織の戦略や意思決定の優先順位付けに役立つ．実際に SWOT 分析を行うときの注意点としては，単純に思いつきで SWOT の各項目を並べずに，次のとおりの基準で体系的に項目をリストアップすることである．例を図-4.2.2 に示す．

- Opportunity（機会），Threat（脅威）は，政治動向，規制，経済・景気，社会動向，技術動向，業界環境の変化や顧客ニーズなど，自組織の努力で変えられない外部環境から抽出する．
- Strength（強み）と Weakness（弱み）は自組織でコントロールできる内部環境から抽出する．

Opportunity（機会） 組織のチャンスとなる外部要因 ・住民の関心（苦情含む） ・国の事業制度の変更	Threat（脅威） 組織を脅かす外部要因 ・人口減少による収入の落ち込み ・外部からの予算削減要請 ・自然災害
Strength（強み） 組織の武器となる強み ・精度の高い劣化予測 ・アセット台帳のシステム化 ・業務効率化による生産性向上	Weakness（弱み） 組織が苦手なこと ・管理するアセットの老朽化の進行 ・ベテラン職員の減少 ・意思決定の個人依存度が高い組織文化

図-4.2.2　SWOT 分析の例

(3)　組織ビジョンの記述

組織ビジョンは，組織のすべての階層と利害関係者に経営の目的，方向性を示すことが目的である．このため，組織ビジョンは組織が自己実現したいと願っている自己像を抽象的なレベルであるが，説得性を持った記述である必要がある．

NEXCO 東日本グループの組織ビジョンを図-4.2.3 に示す．

▌グループ経営理念

　NEXCO東日本グループは、高速道路の効果を最大限発揮させることにより、地域社会の発展と暮らしの向上を支え、日本経済全体の活性化に貢献します。

▌グループ経営ビジョン

　NEXCO東日本グループは、地域・国・世代を超えた豊かな社会の実現に向けて、「つなぐ」価値を創造し、あらゆるステークホルダーに貢献する企業として成長します。

図-4.2.3　NEXCO 東日本グループ企業理念 [7]

（出典：NEXCO 東日本ホームページ https://www.e-nexco.co.jp/company/strategy/vision/）

成熟度自己評価

評価項目	1.1.1	視点	組織ビジョンの確立
		質問	組織のすべての階層と利害関係者に経営の目的，方向性を示すことができる組織ビジョンを持っているか．

成熟度	評価基準
レベル 5	（レベル 4 に加え）組織は経営環境の変化に応じて，組織ビジョンのブラシュアップを継続的に行っている．
レベル 4	（レベル 3 に加え）組織ビジョンが現在の経営環境に対応できているかを組織は確認

	する．また，外部の利害関係者にもインターネットを含む手段で公開されている．
レベル3	当該組織の組織目的が，さらに上位の組織の組織目的とも整合した内容で導かれており，組織ビジョンとして明確にされている． また，組織ビジョンは組織内部だけではなく，組織の外部の利害関係者にも分かりやすく記述されている．
レベル2	当該組織の組織ビジョンは存在するが，さらに上位の組織の組織目的とは十分に整合していない．
レベル1	明確に定められた組織ビジョンは存在していない．

評価項目	1.1.2	視点	外部と内部の課題
		質問	組織が置かれている内外の課題を把握しているか．

成熟度	評価基準
レベル5	（レベル4に加え）分析結果を継続的に組織ビジョンのブラシュアップに反映している．
レベル4	（レベル3に加え）体系的な手法で組織は外部と内部の経営課題を分析している．
レベル3	組織ビジョンの視点に沿って，組織は経営環境（外部と内部の経営課題）を分析している．
レベル2	組織は外部と内部の経営課題を分析しているが，分析視点が曖昧で組織ビジョンの視点が十分に反映されていない．
レベル1	組織は外部と内部の経営課題の分析に，組織ビジョンが反映されていない．

評価項目	1.1.3	視点	利害関係者のニーズ及び期待の理解
		質問	組織の利害関係者のニーズ及び期待を理解し，必要なコミュニケーションがとれているか．

成熟度	評価基準
レベル5	（レベル4に加え）分析結果を継続的に組織ビジョンのブラシュアップに反映している．
レベル4	（レベル3に加え）体系的な手法で組織は利害関係者のニーズ及び期待を分析し，組織は利害関係者のニーズと期待の変化を継続的に把握している．
レベル3	組織ビジョンの視点に沿って，社会全体の流れを含めて利害関係者を決めて，アセットマネジメントに関するニーズ及び期待を分析している．また，利害関係者のニーズ及び期待に応えるため，利害関係者と組織との必要なコミュニケーションを決めて，次のように行っている． ・　組織は利害関係者に必要な財務的及び非財務的情報を記録し，報告している． ・　顧客満足度調査，クレームなどから利害関係者のニーズ及び期待を把握している．
レベル2	組織は利害関係者のニーズ及び期待を分析しているが，組織ビジョンの視点が十分に反映されていない，または分析内容が十分ではない．
レベル1	組織は利害関係者のニーズ及び期待の分析に組織ビジョンを反映されていない．

評価項目	1.1.4	視点	経営課題の解決方向の決定
		質問	組織が持っている強み，弱さを考慮した優先度に従い，経営課題の解決の方向を決めているか．

成熟度	評価基準
レベル5	（レベル4に加え）組織は組織ビジョンを継続的にブラシュアップしている．また，取り組み優先度を適切に利害関係者に開示し，利害関係者との議論を踏まえ見直しを行っている．
レベル4	（レベル3に加え）組織はリスクマネジメントに基づき，取り組み優先度を体系的な手法で決めている．
レベル3	組織は経営環境（外部と内部の課題，利害関係者のニーズ及び期待）の分析に基づき経営課題を把握し，その取り組み優先度を意思決定することにより，組織が持っている強みを生かし，弱さを補う戦略的な方向性を決めている．
レベル2	組織は経営課題を把握するため，経営環境の分析を組織的に行っているが，組織が持っている強みを生かし，弱さを補う戦略的な方向性までは決め切れていない．
レベル1	経営課題を把握するための経営環境の分析と戦略的な方向性の意思決定は組織的に行われておらず，個人に依存しており，一貫性がない．

評価項目	1.1.5	視点	組織ビジョンの文書化と組織文化への組み込み
		質問	組織ビジョンとその土台となった経営課題の解決方向の方向性を文書化して，組織内部で認識を共有化し，組織の外部に対しても理解と共感を得ているか．

成熟度	評価基準
レベル5	（レベル4に加え）組織ビジョンは内部と外部の利害関係者から共感を持って受け止められ，全ての業務に生かされている．
レベル4	（レベル3に加え）組織ビジョンは体系的なコミュニケーション手法により，内部と外部の利害関係者に明確に理解されている．
レベル3	組織は内部と外部の利害関係者が理解できるように組織ビジョンを定義している．また，必要に応じた適切なコミュニケーション手法を採用しているため，内部と外部の利害関係者が組織ビジョンを的確に理解している．
レベル2	組織は組織ビジョンを定義し，記述しているが，その記述とコミュニケーション手法が十分ではなく，この組織ビジョンは内部と外部の利害関係者にその役割に応じた内容では十分に理解されていない．
レベル1	組織は組織ビジョンを文書として記述していない．このため，組織ビジョンは経営者の口頭訓示レベルに留まっている．

プロセス	1	組織の到達点と目標の設定
サブプロセス	1.2	目標の展開とアセットマネジメントの枠組みの選択

プロセスの解説

　組織ビジョンを記述した後は，そのビジョンを達成するための道筋を明らかにする必要がある．このためには，組織ビジョンをいくつかの大きな目標に分解し，さらにその大きな目標を小さな目標に分解するという作業を繰り返し，道筋を具体化する必要がある．すなわち，アセットマネジメントの到達点と目標について，戦略目標，作戦目標，戦術目標というように，大局的目標から局所的目標，長期的目標から短期的目標，組織目標から部門目標へ具体化する目標展開ロジックを作る必要がある．

　目標展開ロジックは唯一ではなく多数存在するため，ロジックの選択を組織内部で十分検討を行う必要がある．また組織外部の関係者が理解できることも必要である．このため，組織内部だけではなく，組織外部の利害関係者も理解できるように目標展開ロジックを分かりやすい視覚表現にすることが重要である．これにより，

- ・ロジックのメリット，デメリットも分かりやすく指摘できるようになり，多くのロジックから最善のものを関係者が選択できるようになる．
- ・事業の目標達成状況をモニターし，管理することにより，推進中のロジックをレビューし，見直し，是正を行うことで，取り組み方法の調整や，ロジック変更もすることが可能となる．

　ロジックの視覚表現の方法として普及している方法にはロジックモデル，VE(Value Engineering)などがある．

　目標展開ロジックを開発した次に，目標達成に関連あるいは影響する要素を体系的に測定するためパフォーマンス測定に関するアセットマネジメントの枠組みを決める必要がある．ただし，組織の戦略的方向性が少ししか定義できていない場合は，アセットマネジメントの枠組みは，法律順守と既存のアセットのメンテナンスのレベルにとどまってしまう．

　目標の記述を作成する時には，SMART の法則（Specific，Measurable，Achievable，Relevant，Time bound）を用いて到達点を設定することが必要である．

　枠組みの選択肢としては，組織の戦略的方向性が明確に定義できている場合にはアセットマネジメントシステム要求事項 ISO 55001 が最適である．また，既存のマネジメントシステム（品質マネジメントシステム要求事項 ISO 9001，バランススコアカードなど）を組織が運用している場合は，それらを ISO 55001 の下に有効な部分を体系的に取り込んでゆくことが有効である．

　（補足）

　戦略：組織ビジョンを達成するためのシナリオ

　作戦：シナリオを実現するためのプロジェクト

　戦術：プロジェクトを成功に導く具体的な方法・手段

キーワードの解説

(1)　ロジックモデル

- ● ケロッグ財団が米国の社会政策の評価のために開発した図解手法である．わが国でも政策評価の手法として利用されているが，民間の事業評価についても利用されている．（W．K．Kellogg Foundation (2004) Logic Model Development Guide ）
- ● ロジックモデルの視覚化の構成要素は次の通りであり，組織ビジョンを実現するための活動全体をロジックモデルではプログラムと言っている．ロジックモデルの構成要素の定義を次に示す．

1) 資源・インプット：人的，財政的，組織的な資源，及び地域の資源．
2) プログラム活動：資源を利用して行う活動．
3) アウトプット：活動の直接の成果であるサービスなど．
4) アウトカム：利害関係者が受ける恩恵．短期のものは1~3 年以内，長期なものは4~6 年以内に達成可能なもの．
5) インパクト：活動の成果として7~10 年以内 に起きる組織，地域社会又は制度内で生じる意図した変化と予想外の変化．

- ロジックモデルを左から右に読むときは，「もし・・・ならば，どうする．」という表現に従って，原因から結果を推論する．ロジックモデルを右から左に読むときは，「もし・・・実現を意図するならば，まず・・・をする．」という表現に従って，結果を実現するための手段を推論することになる．

- 図-4.2.4 では活動とアウトプット，アウトカムとインパクトが分離されているが，活動とアウトプットの両者をまとめてアウトプット，アウトカムとインパクトの両者をまとめてアウトカムという用語を使う場合も多い．その理由は，活動，アウトプット，アウトカム，インパクトという区別は相対的なものであり，インパクトという最終成果を出す以前に何段階も存在する中間段階をまとめ区分してアウトカム，アウトプット，活動と呼んでいるだけだからである．アセットマネジメント分野では，アウトプットはアセットの稼働率などの組織の具体的な業務成果の活動指標であり，アウトカムはサービスレベルの向上など組織ビジョンと直接的に関係する成果の活動指標であることが一般的である．

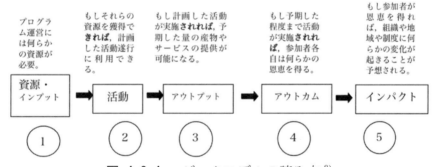

図-4.2.4 ロジックモデルの読み方 [8]

（出典：農林水産奨励会農林水産政策情報センター，Logic Model Development Guide W.K.Kellogg Foundation ロジックモデル策定ガイド，p.3，政策情報レポート 066，農林水産政策研究所，2003.8）

(2) VE (Value Engineering)

- VE は，1947 年米国 GE 社の L.D.イルズによって開発され，当初は製造会社の資材部門に導入され，そのコスト低減に利用された．その後，建設業などへと適用範囲が広がり，社会資本整備の原価低減にも利用されている

- VE では，製品やサービスの果たすべき「機能」をユーザーの立場から分析し，その達成手段について様々なアイデアを出すことにより最適な方法を選択する．この VE の視覚化の手法は，機能系統図である．また，VE は機能だけではなく，その機能を実現するコストも考慮に入れて機能とコストのバランスが取れた選択肢を検討することができる．

- 国営公園の機能整理例を図-4.2.5 に示す．

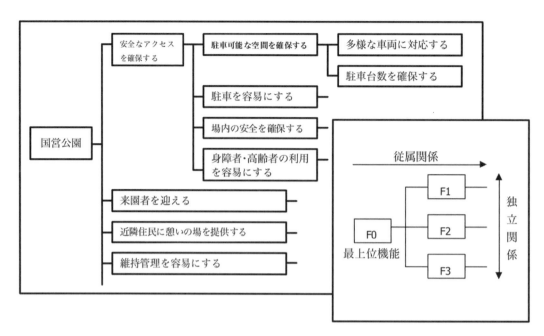

図-1.2.5　国営公園機能整理例 [9)]

（出典：国土技術政策総合研究所　建設マネジメント技術研究室,設計 VE ガイドライン(案), p.15, 国土技術政策総合研究所, 2004.10）

(3)　SMART の法則

- SMART の法則は，1981 年にジョージ・T・ドランが初めて発表し，経営コンサルタントなどが目標設定を行う際に使用され，様々な展開形が開発されている．
- SMART の法則の具体例 [10)]
  - ➢ Specific（具体性）：漠然とした目標ではなく，明確で具体的な目標を設定する．
    例）路面の不具合による被害の低減
  - ➢ Measurable（計量性）：目標設定は定量的に行い，実績の把握も定量的に行う．
    例）路面凍結による事故件数＊＊（件/年）以下
  - ➢ Achievable（達成可能性）：達成不可能な目標は，目標達成のモチベーションを低下させるため，達成可能な目標を設定する．
    不適切例）路面凍結による事故件数ゼロ（件/年）
    適切例）路面凍結による事故件数（件/年）10%低減
  - ➢ Relevant（関連性）：目標を達成すると，どのような成果につながるのかを明確に意識していると，目標達成のモチベーションを維持できる．ロジックモデルで言えば，上位のアウトカムとの関連付けが重要である．
    例）路面の不具合による被害の低減のために路面凍結による事故件数（件/年）10%低減
  - ➢ Time-bound（期限）：具体的な行動を起こすには，目標に期限が必要である．
    例）来年度に路面凍結による事故件数（件/年）10%低減

成熟度自己評価

評価項目	1.2.1	視点	目標展開ロジック

		質問	組織ビジョンから目標展開ロジックが体系的に展開されているか．また，目標展開ロジックは組織内部の検討及び組織外部の利害関係者が的確に理解できるような表現になっているか．
成熟度			評価基準
レベル5			（レベル4に加え）事業の目標達成状況をモニターし，管理することことにより，推進中のロジックをレビューし，見直し，是正を行うことで目標展開ロジックの継続的改善がなされている．また，目標展開ロジックは組織外部の関係者も理解できるようになっている．
レベル4			（レベル3に加え）目標展開ロジックは具体的に視覚化されており，組織内部で十分検討されている．
レベル3			組織ビジョンからアセットマネジメントの到達点と目標について，戦略目標，作戦目標，戦術目標というように，大局的目標から局所的目標，長期的目標から短期的目標，組織目標から部門目標へ具体化する目標展開ロジックが作られている．
レベル2			各部門の目標は設定されているが，組織ビジョンなどの上位目標との整合性は十分ではないため，全体的な関連性が組織内部で認識されていない．
レベル1			各部門の目標は設定されているが，個人に依存している部分が大きい．また，上位組織，他部門との関係も考慮されていない．

評価項目	1.2.2	視点	目標の記述の具体性
		質問	SMART（Specific, Measurable, Achievable, Relevant, Time bound）を踏まえた明確な記述が行われているか．
成熟度			評価基準
レベル5			未定義
レベル4			未定義
レベル3（ゴール）			目標はSMART（Specific, Measurable, Achievable, Relevant, Time bound）を踏まえた明確な記述が行われている．
レベル2			目標の記述はSMARTの要素が考慮されているが，内容的に不十分である．
レベル1			目標の記述はSMARTの要素が少ない．

評価項目	1.2.3	視点	アセットマネジメントの枠組みの選択
		質問	組織はパフォーマンスを体系的に測定するためのアセットマネジメントの枠組みを決め，導入しようとしているか．
成熟度			評価基準
レベル5			（レベル4に加え）組織はISO 55001認証取得の有無に関わらず，ISO 55001要求事項だけではなく，ISO 9001などの他のマネジメントシステムを包摂したトータルなマネジメントシステムを運用しており，有効な成果を生み出している．
レベル4			（レベル3に加え）組織はISO 55001認証取得の有無に関わらず，ISO 55001要求事項に基づくアセットマネジメントの枠組みを既に導入し，長期間の運用実績を維持し

		ている.
レベル3		組織は ISO 55001 認証取得の有無に関わらず，アセットマネジメントの枠組みとして ISO 55001 を選択し，組織に適切な形で導入している.
レベル2		組織はアセットマネジメントの枠組みとして ISO 55001 を参考としているが，組織に適切な形での導入をどのように行えば良いのかが十分には検討されていない.
レベル1		組織はアセットマネジメントの枠組みについて認識が十分ではなく，その必要性を感じていない.

プロセス	2	自己評価とアセットマネジメントの適用領域の決定
サブプロセス	2.1	自己評価の実施と改善

プロセスの解説

いずれの組織でも何らかのアセットマネジメントを実践している．アセットマネジメントの実践は，自ら新しいニーズを開拓し，これに基づいて行うケースや，重大事故を契機に是正を目的に行うケースがある．後者の場合，アセットマネジメントはまだ体系的には導入されていない状況である．アセットマネジメントを体系的に導入しようとする組織は，既存のアセットマネジメントについて自己評価を行う必要がある.

自己評価については，次の二つのレベルがある.

(1) 概略評価：アセットマネジメントの重要なプロセスに絞った評価であり，組織のアセットマネジメントの戦略的方向性を決めるために利用される．また，概略評価は目標の達成，未達などの簡易的な尺度でも行われる.

(2) 成熟度評価：アセットマネジメントの全体を総合的に評価し，組織のアセットマネジメントに必要なプロセス，要員，データと技術などを具体的に改善，強化するために利用される．また，成熟度評価はプロセス毎に具体的に評価するための成熟度レベル（5段階が一般的）という尺度を使用し，現時点のマネジメントレベルと目標とするレベルの差異（ギャップ）を評価する．これにより，目標とする成熟度レベルを達成していないプロセスを発見し，目標とする成熟度レベルに到達するため改善を体系的かつ的確に行うことができる.

自己評価により組織は期待する成熟度レベルと現状の成熟度レベルのギャップを把握することができる．ギャップがあるプロセスに対しては，組織が期待するアセットマネジメントの到達点（目標）から判断して優先度が高ければ，強化領域として改善計画を作成し，ギャップの解消を図る必要がある.

＊注：本ガイドブックの成熟度評価のためのツールは概略評価にも利用できる．この場合は，**表-4.2.2** プロセスと成熟度評価の体系の重点欄に○が付いている評価項目に絞って成熟度評価を行えば良い.

キーワードの解説

4.1 節参照

成熟度自己評価

評価項目	2.1.1	視点	自己評価の実施とアセットマネジメントへの組み込み
		質問	アセットマネジメントを体系的に導入するために，組織は既存のアセットマネジメントについて自己評価を行っているか．また，この結果に基づき改善を行っているか．

成熟度	評価基準
レベル 5	（レベル 4 に加え）組織は成熟度評価を定期的に行っている．また，この時点における組織のほとんどのプロセスは，成熟度がレベル 3 を超えている．
レベル 4	（レベル 3 に加え）組織は成熟度評価を行い，プロセスごとに組織としてのゴールを設定し，現状とゴールのギャップを埋めるための改善活動を行っている．ただし，この時点における組織のプロセスの成熟度は，レベル 4 のプロセスは少なく，レベル 2，レベル 3 が主体である．
レベル 3	組織は定期的に実施する内部監査を行っている．これとは別に，アセットマネジメントを体系的に導入するために，一時的に概略評価を行い，その結果に基づいたプロセス改善が行われている．
レベル 2	概略評価を行ったが，その結果が十分にはプロセス改善に生かされていない．
レベル 1	概略評価による業務改善は行われておらず，法規制，事故，クレームなどの対応のための是正活動のみが行われている．

プロセス	2	自己評価とアセットマネジメントの適用領域の決定
サブプロセス	2.2	アセットマネジメントの適用領域の決定

プロセスの解説

　組織がアセットマネジメントを導入しようとする場合，ある特定の適用領域をアセットマネジメントの変革モデルとして定め，人，モノ，金，情報などの資源を集中させることが効果的である．この導入プロジェクトを成功させるためには，次項が必要である．
- 　適用領域の明確な記述による適用領域とその他の領域の境界が曖昧になることの防止．
- 　導入のためのスケジュール，コストと資源の明確化と定期的見直し．
- 　リスクをミニマムにする具体的な計画．
- 　プロジェクトの参加者と利害関係者とのリアルタイムな信頼あるコミュニケーション．

　適用領域を決めるためには，サブプロセス 2.1（自己評価の実施と改善）で得た評価結果を利用することにより，到達点としての成熟度レベル，意思決定に必要なアセットに関する情報収集レベル，資源配分の最適化，アセットの状態改善とサービス期間の延長，リスクの低減，アセットマネジメント導入のコスト/効果の予想などについて目標を明確に決めておく必要がある．

　この適用領域を決める場合は，次の視点を考慮する．
- 　どのアセットか？（舗装，橋梁，トンネル，道標，ITS(Intelligent Transport Systems)，休憩エリア，景観など）

- ・　どの活動か？
- ・　どの事業プロセスか（サービス提供の方法，形態を含む）？
- ・　どのアセットマネジメントプロセスか？
- ・　何のデータか？

また，次の課題解決への対応を想定して上記の適用領域を決める．

- ・　交通ネットワークの特性：　都市対郊外，高トラフィック対低トラフィック．
- ・　アセットのポートフォリオ：　重要アセット
  - ➢　舗装，橋梁，トンネル，ITS など．
- ・　アセットのライフサイクル：　アセットの状態とパフォーマンス．
- ・　ユーザーと利害関係者の問題：安全性，渋滞，車両荷重，ネットワークの接続性及び顧客満足度
- ・　財務的問題：資金の不足，より良い資金価値の獲得
- ・　環境影響とサステナビリティ
- ・　地理的，気候的な環境

キーワードの解説

(1)　アセットマネジメントとアセットマネジメントシステム

- ● ISO 55001 では，ISO 55001 の要求事項をすべて満たしたアセットマネジメントをアセットマネジメントシステムと呼んでいる．この考え方は，ISO 55001 だけではなく，ISO 9001 などのすべての ISO マネジメントシステムに共通した考え方である．
- ● 第1章の**図-1.2.1**で示した ISO 55001 の集合図は組織のマネジメントの領域の中に，アセットマネジメントがあり，さらにアセットマネジメントの領域の中に ISO 55001 の要求事項を満たしたアセットマネジメントシステムがあることを示している．この関係を**図-4.2.6**に示す．
  - ➢　アセットマネジメントシステムの領域：「アセットマネジメントの方針，目標，目標を達成するプロセスを確立するための，相互に関連し，又は影響し合う一連の要素」が ISO 55001 の要求事項を満たしていることを示す．本章の成熟度評価はレベル 3 を ISO 55001 適合レベルとして調整しているため，この領域はアセットマネジメントが成熟度レベル 3 以上の領域であると言える．
  - ➢　アセットマネジメントの領域：アセットマネジメントが成熟度レベル 3 以上の領域（アセットマネジメントシステム）に成熟度レベル 1，レベル 2 の領域を加えたアセットマネジメント全体の領域である．

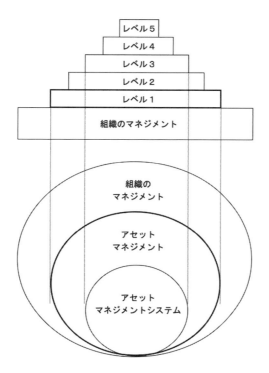

図-4.2.6　アセットマネジメントの成熟度と ISO 55001 に適合するアセットマネジメントシステム

(2)　アセットマネジメントの適用領域

- アセットマネジメントの適用領域を決めることは，アセットマネジメントの領域の中で成熟度が初期のレベル 1 の領域の中で，レベル 2 以上を目指す領域を決めることである．
- この領域を決める方法としてプロセスの解説で示したように次の視点がある．例えば，アセットマネジメントの領域の中から，大型車交通量が多い高負荷地区道路の中の舗装についてアセットマネジメントの成熟度を高める適用領域とした例を**図-4.2.7**に示す．
  - ➤　どのアセットか？（舗装，橋梁，トンネル，道標，ITS，休憩エリア，景観など）
  - ➤　どの活動か？
  - ➤　どの事業プロセスか（サービス提供の方法，形態を含む）？
  - ➤　どのアセットマネジメントプロセスか？
  - ➤　何のデータか？

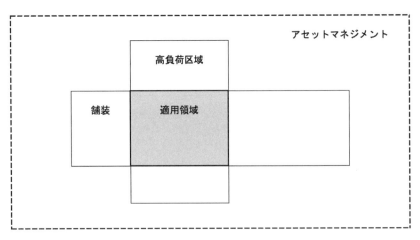

図-4.2.7　アセットマネジメントの適用領域の決定

成熟度自己評価

評価項目	2.2.1	視点	アセットマネジメント導入プロジェクトの推進
		質問	費用対効果を考慮しながら，人，モノ，金，情報などの資源を集中させることにより，アセットマネジメント導入のプロジェクトをどのように成功させようとしているか．

成熟度	評価基準
レベル5	（レベル4に加え）プロジェクトの参加者と利害関係者とタイムリーなコミュニケーションを行い，信頼関係を築いている．
レベル4	（レベル3に加え）プロジェクトに関するリスクを考慮し，導入プロジェクトのスケジュール，コストと資源は定期的に見直されている．
レベル3	適用領域の明確な記述を文書化している．これにより，適用領域とその他の領域の境界が曖昧になることの防止し，プロジェクトの推進が順調に行われている．
レベル2	適用領域の記述は文書化しているが，どのような理由で適用領域を決めたのかなどの記述が十分ではないため，プロジェクト参加者と利害関係者が十分に理解できていない．このため，適用領域とその他の領域の境界が曖昧になり，プロジェクトの人，モノ，金，情報などの資源が集中できていない．
レベル1	適用領域の記述は文書化されていないため，プロジェクトは手探りで適用領域を試行錯誤で想定しながら推進されている．

評価項目	2.2.2	視点	アセットマネジメント適用領域の妥当性
		質問	適用領域を決める際に，アセットマネジメントが費用対効果で導入メリットが生まれるように，どのような考慮をしているか．

成熟度	評価基準
レベル5	（レベル4に加え）定めた適用領域に対しアセットマネジメントを導入するためのコスト/効果を見積り，目標を明確に決めている．
レベル4	（レベル3に加え）サブプロセス2.1（自己評価の実施と改善）で得た評価結果を利

		用することにより，到達点（ゴール）としての成熟度レベルを決めている．
レベル3		適用領域を決めるための必要な考慮事項が分析されており，分析結果が文書化されている． （適用対象） ・　どのアセットか？（舗装，橋梁，トンネル，道標，ITS，休憩エリア，景観など） ・　どの活動か？ ・　どの事業プロセスか（サービス提供の方法，形態を含む）？ ・　どのアセットマネジメントプロセスか？ ・　何のデータか？ （課題解決） ・　交通ネットワークの特性：　都市対郊外，高トラフィック対低トラフィック． ・　アセットのポートフォリオ：　重要アセット（舗装，橋梁，トンネル，ITSなど）． ・　アセットのライフサイクル：　アセットの状態とパフォーマンス． ・　ユーザーと利害関係者の問題：安全性，渋滞，車両荷重，ネットワークの接続性及び顧客満足度 ・　財務的問題：資金の不足，より良い資金価値の獲得 ・　環境影響とサステナビリティ ・　地理的，気候的な環境
レベル2		適用領域は文書化されているが，適用領域を決めるための考慮事項が不足している．
レベル1		適用領域は文書化されていない．適用範囲は曖昧であり，何故，その適用領域を決めたのかという理由も個人に依存している．

プロセス	3	アセットマネジメント組織・体制の確立
サブプロセス	3.1	リーダーシップによる組織と組織文化の改善

プロセスの解説

　自己評価で組織の現状と組織が望む将来の状態に著しいギャップが見出された時，その変革のためのリーダーシップが要求される．何故なら，リーダーシップはアセットマネジメント変革の成功にとって一番重要な要素となるからである．特に大きな組織では既存の管理体制を踏襲する傾向が強く，変革のためには，それを打ち砕く強いリーダーシップが必要である．

　組織が望む将来の状態（組織ビジョン）が明確になれば，次はどうやって実現するかが課題となる．このためには，組織内外のコミュニケーションとすべての利害関係者の参加意識（コミットメント）の2つが重要となる．変革プロセスを推進するためには新しい文化，新しい考え方が必要であり，新しい文化，新しい考え方は変革プロセスを継続することにより強化される．この手段として，組織のトップマネジメントは組織ビジョンを踏まえ，アセットマネジメントの方針を簡潔に定義し，変革プロセスを推進する必要がある．

　次に，変革したプロセス，新しい文化，新しい考え方をどのように維持してゆくかが課題となる．変革したプロセス，新しい文化や考え方を組織に根付かせるため，アセットマネジメントを組織の

ビジネスプロセスに統合する必要がある.

　具体的には，次項が重要である.

- ・　変革したプロセス，新しい文化，新しい考え方を関係者の日々の役割，業務手順の中に組み込み，新しい従業員に，これらについてトレーニングする.
- ・　組織の職務記述書に新しいアセットマネジメントの役割を明確に書き込む．これにより，組織内で異動が生じても，アセットマネジメントのプロセスを維持することができる.
- ・　内部ニュースレター，イントラネット，アセットマネジメント推進チームと従業員との対話集会などでコミュニケーションする.
- ・　組織のリスクマネジメントにもアセットマネジメントのリスクが明確に位置付けられている.

キーワードの解説

(1)　リーダーシップとマネジメントの違い

- ●　アセットマネジメント変革の成功にとって一番重要な要素であるリーダーシップは単なるマネジメントではない．**表-4.2.4**に示すように変革を創造するための経営層の権限と責任でしかなし得ない経営能力である.

表-4.2.4　リーダーシップとマネジメントの違い

リーダーシップ	マネジメント
変革を創造する	プロセスを維持する
新しい方向を示す	既存の方向を維持する
戦略を作る	戦略を具体化する
関係者の価値観，認識を揃える	関係者を訓練し，組織化する
成果に向けて人々を鼓舞する	成果を出すための阻害要因を取り除く
関係者の力量とプロセスの能力を強化する	関係者の力量とプロセスの能力を管理する

(2)　アセットマネジメント方針

- ●　ISO 55001の5.2では，リーダーシップを発揮するため（の基準となる考え方として）以下の事項を要求している.

a) 組織の目的に対して適切であること.

b) アセットマネジメントの目標を設定するための枠組みを提供すること.

c) 適用可能な要求事項を満たすことへのコミットメントを含むこと.

d) アセットマネジメントシステムの継続的改善へのコミットメントを含むこと.

アセットマネジメントの方針は，次の事項を満たさなければならない.

- - 組織の計画と一貫したものであること.
- - 他の関連する組織の方針と一貫したものであること.
- - 組織のアセット及び運用の性質及び規模に対して適切であること.
- - 文書化した情報として利用可能であること.
- - 組織内に伝達すること.

> - 適切に，ステークホルダーが入手可能であること．
> - 実施され，定期的にレビューされ，必要があれば，更新されること．

(3)　アセットマネジメントを組織のビジネスプロセスに統合する

- アセットマネジメントを組織のビジネスプロセスに統合することは次の二つの要素から実現される．
  - ➢ プロセスの統合
  - ➢ リスクマネジメント統合
- プロセスの統合
  - ➢ 組織のビジネスプロセスとは，アセットマネジメントを導入する適用分野，事業部門だけではなく，全組織の業務プロセスを指している．
  - ➢ 「アセットマネジメントを組織のビジネスプロセスに統合する」ためには，全組織のビジネスプロセス図の中に，導入するアセットマネジメントの新しいプロセス図が明示されている必要がある．ただし，最初から詳細な記述を行う必要はなく，プロセスの階層化モデルを利用して，有用な結果が認識された階層まで，上位の階層から詳細化することが効果的である．
- リスクマネジメントの統合
  - ➢ 組織の内部統制として実施している全社的リスクマネジメント（ERM: Enterprise Risk Management）の一部として，アセットマネジメントのリスクマネジメントを明確に位置付ける必要がある．
  - ➢ 具体的には，組織が投資家に向けて発信する経営状況や財務状況，業績動向に関するIR（Investor Relations）情報に記載するリスクにアセットマネジメントに関するリスクが明確に位置付けられている必要がある．道路事業などのアセットを使ったサービス事業者については，組織のIR情報にアセットマネジメントのリスクを明確に表記すべきである．

成熟度自己評価

評価項目	3.1.1	視点	アセットマネジメント変革のためのリーダーシップ
		質問	トップマネジメントはアセットマネジメントのための変革のリーダーシップをとっているか．アセットマネジメントの新しい文化と新しい考え方を伝えるために組織の内外と必要なコミュニケーションを行っているか．この結果，すべての利害関係者に新しいアセットマネジメントへの参加意識を持ってもらえているか．

成熟度	評価基準
レベル5	（レベル4に加え）未定義
レベル4	（レベル3に加え）未定義
レベル3 （ゴール）	トップマネジメントはアセットマネジメントのための変革のリーダーシップを次の項目で示している．これにより，アセットマネジメントの新しい文化と新しい考え

	方を伝えるために組織の内外と必要なコミュニケーションを行っている．この行動により，すべての利害関係者に新しいアセットマネジメントへの参加意識が高まっていることが確認できる．
	6)　成果（パフォーマンス）の獲得への強い意識
	7)　整合性と統合
	・　アセットマネジメントを組織のビジネスプロセスに統合する．
	・　組織全体のリスクマネジメントに対し，アセットマネジメントでのリスクマネジメントを整合させる．
	8)　環境整備
	・　アセットマネジメントに必要な資源を確保する．
	・　各分野のアセトマネジメントの管理者がその役割を果たし，彼らがリーダーシップを発揮できるようにする．
	・　クロスファンクショナルな協調を組織内で推進する．
レベル 2	トップマネジメントはアセットマネジメントのための変革のリーダーシップをとっており，熱意も伝わってくるが，レベル 3 で記述された項目について部分的にしか示していない．また，利害関係者の一部にしか新しいアセットマネジメントへの参加意識が高まっていない．
レベル 1	トップマネジメントはアセットマネジメントのための変革のリーダーシップを形式的にしかとっておらず，熱意が伝わってこない．また，利害関係者のほとんどで新しいアセットマネジメントへの参加意識が高まっていない．

| 評価項目 | 3.1.2 | 視点 | アセットマネジメントの方針の確立 |
| | | 質問 | 組織のトップマネジメントはアセットマネジメント方針を明確に定義し，組織内部と外部との関わり合い（コミットメント）をもっているか． |

成熟度	評価基準
レベル 5	（レベル 4 に加え）未定義
レベル 4	（レベル 3 に加え）未定義
レベル 3 (ゴール)	アセットマネジメント方針に，ISO 55001，業界基準などの適用可能な要求事項を満たすことへのコミットメント，アセットマネジメントの継続的改善へのコミットメントが含まれており，組織ビジョンと整合し，組織のアセット及び運用するアセットの特性と規模を反映した具体的な内容となっている．また，アセットマネジメント方針は内部と外部の状況と利害関係者のニーズと期待の変化に対し，適切に変更がなされている．
レベル 2	アセットマネジメント方針に，ISO 55001，業界基準などの適用可能な要求事項を満たすことへのコミットメント，アセットマネジメントの継続的改善へのコミットメントが含まれているが，内容が具体的ではない．
レベル 1	アセットマネジメント方針に，ISO 55001，業界基準などの適用可能な要求事項を満たすことへのコミットメント，アセットマネジメントシステムの継続的改善へのコミットメントが含まれていない．

評価項目	3.1.3	視点	アセットマネジメントのビジネスプロセスへの統合
		質問	アセットマネジメントの意思決定は組織全体のリスクマネジメントと整合した基準で行われているか．また，アセットマネジメントの業務はアセットのライフサイクルを通じたすべての段階で，組織ビジョンから論理的に展開された部門目標，役割が職務記述書などに記載されることにより，個人の判断に依存することなく組織の改編後にも継続的にアセットマネジメントのプロセスが継続されているか．

成熟度	評価基準
レベル 5	（レベル 4 に加え）アセットマネジメントを，組織の業務プロセスに組みこむために，業務プロセスを分かりやすく記述したワークフロー図などの視覚化された文書が整備されている．これにより，アセットマネジメントのビジネスプロセスへの統合が容易に確認できる．
レベル 4	（レベル 3 に加え）組織の改編後にも個人の判断に依存することなく継続的にアセットマネジメントのプロセスが継続されていることが容易に確認できる．
レベル 3	アセットマネジメントの業務はアセットのライフサイクルを通じたすべての段階で，組織ビジョンから演繹された部門目標と役割が定められ，職務記述書などに記載されている． また，アセットマネジメントでの意思決定は組織全体のリスクマネジメント（内部統制システムなど）と整合した基準で行われており，組織の IR 情報にアセットマネジメントに関するリスクが表記されている．
レベル 2	部門目標と役割を定めた職務記述書などにはアセットマネジメントの業務が部分的にしか反映されていない． また，アセットマネジメントでの意思決定は組織全体のリスクマネジメント（内部統制システムなど）と部分的に整合しているが，十分ではなく，組織の IR 情報にアセットマネジメントに関するリスクが表記されていない．
レベル 1	部門目標と役割を定めた職務記述書などにはアセットマネジメントの業務は反映されておらず，個人の善意と積極性に依存している． また，アセットマネジメントでの意思決定は組織全体のリスクマネジメント（内部統制システムなど）と無関係に行われている．

プロセス	3	アセットマネジメント組織・体制の確立
サブプロセス	3.2	アセットマネジメントの役割とパフォーマンス評価の確立

プロセスの解説

　アセットマネジメントを担当する役割は，個人であっても，チームであっても既存の組織の中の重要な機能を部門間にまたがって調整することである．トップマネジメントは，アセットマネジメントのために，そのような調整の枠組みを組織体制に組み込み，必要な資源を確保しなければならない．また，アセットのライフサイクルのステージごとにアセットマネジメントの役割の違いを認識し，役割を定義する必要がある．アセットマネジメントは専門分野にまたがる性格のため，チー

ムリーダーであるアセットマネジメントリーダーは，技術部門，管理部門など出身分野は様々でよいが，一番重要なスキルは技術力よりもチームをまとめる調整力とトップマネジメントから現場部門までの様々な立場の人々とのコミュニケーション能力である．

　トップマネジメントはパフォーマンス評価をベースにしたマネジメントの枠組みとパフォーマンス指向の組織文化を導入する必要がある．パフォーマンス評価によりアセットマネジメントの役割を受け持つ部門，個人は報われ，活動の動機づけとなる．また，活動の失敗が把握できないと，その失敗を教訓とした改善活動ができない．最終的には，活動の成功を明確にパフォーマンス評価として実証することにより，サービスを受ける利用者，その他の利害関係者からの支持を組織は受けることができる．

　パフォーマンス評価に用いる指標はKPI (Key Performance Indicator)とも言われ，次の二つの種類がある．アウトプット指標とアウトカム指標である．
- ・　アウトプット指標は，組織が実施した施策（舗装の整備延長など）である．この指標は測定が簡単であり，定量化しやすい．
- ・　アウトカム指標は，組織が実施した施策の成果（渋滞の緩和など）であり，それらは顧客，利用者の満足度に直接関係している．

参照：サブプロセス2　目標の展開とアセットマネジメントの枠組みの選択

キーワードの解説

(1)　アセットマネジメントの組織体制と役割

- ●　本質的には複数の部門に影響する内容のため，各部門から選定されたアセットマネジメント担当者で構成されるチームにより，組織の中のアセットに関する重要な機能を部門間にわたって調整することが求められる．このアセットマネジメントチームにおける**図-4.2.8**の事例ではアセットマネジメント管理責任者，事務局，アセットマネジメント部門リーダーから構成される．

- ●　組織はアセットマネジメントのために，そのような調整のフレームワークを組織体制に組み込まなければならない．**図-4.2.8**に組織体制の例を示す．それぞれの役割は次のとおりである．

  - ➤　トップマネジメント：リーダーシップを発揮し，コミットメントを確実にする．
  - ➤　アセットマネジメント管理責任者：組織全体のアセットマネジメントリーダーである．トップマネジメントから委任を受け，アセットマネジメントの戦略計画に責任を持つ．課題を調整しながら，実行計画を推進し，アセットマネジメントの改善，運営に責任を持つ．
  - ➤　事務局：アセットマネジメント管理責任者を補佐するために必要に応じて設置する．成熟度評価など組織の成熟度評価の実務も担う．
  - ➤　アセットマネジメント部門リーダー：各部門の現場最前線でアセットマネジメント導入，実施，維持の責任を持つ．各現場の職員を意図する業務手続とおりに動かす必要があり，アセットマネジメントの成功の鍵は，このアセットマネジメント部門リーダーの活躍を保証することである．
  - ➤　アセットマネジメント運営委員会：各現場部門の部門管理者とアセットマネジメント管理責任者から構成され，アセットマネジメント管理責任者は部門管理者にアセットマネ

ジメントの計画などを部門管理者に提案し，部門管理者は現場のニーズと期待をアセットマネジメント管理責任者に提案することにより，組織全体の管理層の中でアセットマネジメントの計画・運用の合意形成と調整を行う．これにより，現場でのアセットマネジメント部門リーダーの活動を支援する．

> 部門管理者：事業部門の管理者であり，事業運営ではトップマネジメントの指揮を受けるが，アセットマネジメントの運営ではアセットマネジメント管理責任者の指揮を受け，アセットマネジメント部門リーダーの活動を保証し，支援する．

> 内部監査責任者：ライン権限とは独立しアセットマネジメントが適正に運用されているかを定期的に監査する．

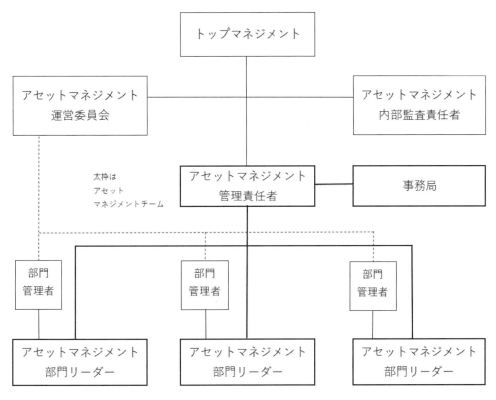

図-4.2.8　アセットマネジメント組織体制の例

(2)　組織体制で定めたアセットマネジメントチームの必要なスキル

● アセットマネジメントは専門分野にまたがる性格のため，アセットマネジメント管理責任者は，技術部門，管理部門など出身分野は様々でよいが，一番重要なスキルは技術力よりもチームをまとめる調整力とトップマネジメントから現場部門までの様々な立場の人々とのコミュニケーション能力である．

● アセットマネジメント部門リーダーはアセットマネジメントの戦略，自部門の成熟度レベルを認識し，計画に従い現場の職員を意図する業務手続とおりに動かす必要があるため，自部門の専門分野だけではなく，アセットマネジメントの戦略を理解するための視野と現場の職員を意図する業務手続とおりに動かすコミュニケーション能力が必要である．

● それぞれの業務記述書（知識と経験，スキル，資格と教育）に明確に上記の役割を記述し，教育，訓練などを通じてスキルを要請する必要がある．

(3)　パフォーマンス指標 KPI（アウトプット指標，アウトカム指標）：

　サブプロセス 1.2 の**図-4.2.4** ロジックモデルの読み方，5 章参照．この実際の例を**図-4.2.9** に示す．

図-4.2.9　ロジックモデルの一例 [11]

（出典：小林潔司,田村敬一,藤木修, 国際標準型アセットマネジメントの方法, p.204, 日刊建設工業新聞社, 2016.8）

（原典：坂井康人，上塚晴彦，小林潔司，ロジックモデル(HELM)に基づく高速道路維持管理業務のリスク適正化，建設マネジメント研究論文集，土木学会，vol.14，p.127，2007）

● 　パフォーマンス評価を行う基本的な目的
　　➤ 　パフォーマンス評価はなるべく定量的に測定できることが望ましい．これにより，パフォーマンスが測定できると目的が達成されたことが分かる．
　　➤ 　パフォーマンス評価によって，成功と失敗を利害関係者に対し明確に伝えることができるため，利害関係者からアセットマネジメントに対する支持が得られる．
　　➤ 　パフォーマンス評価により，失敗したかどうかが分かることで課題を是正できる．
　　➤ 　パフォーマンス評価により，成功したかどうかが分かることで，関係者が学習でき，関係者が報われる．

成熟度自己評価

評価項目	3.2.1	視点	アセットマネジメントの役割の確立
		質問	アセットマネジメントシステムに関わる責任者が任命されているか．また，その責任と権限は明確であり，組織全体を責任者が十分に動かすことができるか．この土台としてトップマネジメントは組織の中で重要な機能を部門間にまたがって調整することができる枠組みを組織体制に組み込み，必要な資源を確保しているか．
成熟度			評価基準

レベル5	未定義
レベル4	未定義
レベル3 （ゴール）	アセットマネジメントシステムに関わる責任者が任命されている．また，その責任と権限は明確であり，組織全体を責任者が十分に動かすことができる．この土台としてトップマネジメントは組織の中で重要な機能を部門間にまたがって調整することができる枠組みを組織体制に組み込み，必要な資源を確保している．
レベル2	アセットマネジメントシステムに関わる責任者が任命されている．しかし，その責任と権限があいまいなために，組織全体を責任者が十分に動かすことができていない．
レベル1	アセットマネジメントシステムに関わる責任者が任命されていない．また，アセットマネジメントシステムに関わる担当者は部門ごとに必要に応じて存在しているが，全体的には統括されていない．

注：責任者とは，トップマネジメント自身またはトップマネジメントから権限を委譲された管理者を言う（**図-4.2.8** のアセットマネジメント管理責任者）．

評価項目	3.2.2	視点	パフォーマンス評価の確立
		質問	パフォーマンス評価によりアセットマネジメントの役割を受け持つ部門，個人が報われ，活動の動機づけとなるマネジメントの枠組みとパフォーマンス指向の組織文化をトップマネジメントは導入しているか．また，活動の成功と失敗はパフォーマンス評価により実証されているか．

成熟度	評価基準
レベル5	（レベル4に加え）活動の成功を明確にパフォーマンス評価として実証することにより，組織内部の職員だけではなく，サービスを受ける人々，その他の利害関係者からの支持を組織は受けている．
レベル4	（レベル3に加え）活動の成功と失敗はパフォーマンス評価により実証され，継続的改善活動がなされている．
レベル3	パフォーマンス評価によりアセットマネジメントの役割を受け持つ部門，個人が報われ，活動の動機づけとなっている．この土台としてマネジメントの枠組みとパフォーマンス指向の組織文化をトップマネジメントは意欲的に導入しようとしている．このための全組織にまたがった組織体制を確立している． また，多くの活動の成功と失敗が定量的なパフォーマンス評価により実証されている．
レベル2	パフォーマンス評価によりアセットマネジメントの役割を受け持つ部門，個人が報われ，活動の動機づけとなるマネジメントの枠組みとパフォーマンス指向の組織文化をトップマネジメントは導入しているが不十分である．また，活動の成功と失敗はパフォーマンス評価では部分的にしか実証されていない．
レベル1	パフォーマンス評価によりアセットマネジメントの役割を受け持つ部門，個人が報われ，活動の動機づけとなるマネジメントの枠組みとパフォーマンス指向の組織文化を

		トップマネジメントは導入していない．この結果，活動の成功と失敗はパフォーマンス評価では認識ことができず，管理者の恣意的な判断に依存している．

プロセス	3	アセットマネジメント組織・体制の確立
サブプロセス	3.3	アセットマネジメントのための支援体制の整備

プロセスの解説

　アセットマネジメント組織・体制を確立し，これを維持しながらアセットマネジメントを実践して継続的改善を達成するためには，支援体制が必要である．この支援体制は，アセットマネジメント業務遂行に必要な直接的資源と情報システムなどから構成される．

- 直接的資源：要員（人），物的資源（モノ），資金（カネ）．
- 支援体制：情報システム，要員に対する教育システム，文書管理体制など．

　現在利用可能な資源と比較して，不足する直接的資源については組織の内部または外部から調達して確保し，不足する支援体制については整備強化を図る必要がある．

　ただし，情報システムについてはプロセス4のサブプロセス4.2アセットマネジメントに必要な情報戦略，資金と物的資源についてはプロセス5のアセットマネジメント計画の作成で取り扱う．ここでは要員の力量・認識，内部及び外部のコミュニケーション及び文書管理について取り扱う．

(1) 適切な力量を備える要員確保の方法．
 1) アセットマネジメントに係る要員に必要な力量の決定（トップ，管理者，担当者など）
 2) 必要な力量を備えている組織メンバーの確保（新規雇用，内部要員の配置換えなど）
 3) 力量を養成する行動（教育など）とその力量の確認

(2) アセットマネジメントに係る要員が持つべき認識内容．
 1) アセットマネジメントシステムを有効に運用するための組織人員自身の役割と貢献
 2) 業務活動，リスクと機会，それらの相互関係
 3) アセットマネジメントシステムの不具合またはインシデントの意味

(3) 内部及び外部との適切なコミュニケーション．
 1) アセットマネジメントに関する内部及び外部のコミュニケーションの必要性と手段を決定する．
 2) 何を伝えるか，いつ伝えるか，誰に伝えるか，どのように伝えるかを適切に決定する．

(4) アセットマネジメントに係る文書と記録の管理体制の整備．
 1) 文書化する情報と保存する記録を決める．
 2) 文書の作成と更新：文書番号などの識別，形式と媒体，内容の妥当性に関するレビューと承認など．
 3) 文書化した情報と記録の管理
  - 文書管理の目的：文書の機密性，完全性，可用性の確保．
  - 文書管理の内容：配布，アクセス，検索と使用，保管，変更管理，保存と廃棄．
  - 外部文書の管理：アセットマネジメントのために組織が必要と決定した外部文書の適切な識別と管理．

キーワードの解説

(1)　力量

- 組織は，アセットマネジメントに関わる組織人に対し，どのような力量が必要とされるかを決定し，教育や訓練によりそれらの人々が力量を備えさせる必要がある．
  - ➢ 組織は，成熟度評価により，必要とされる力量に対する現在の力量とのギャップを決定する．
  - ➢ 成熟度評価の結果に基づき力量改善及び訓練計画を実施する．例えば，人材開発プログラムの作成，訓練及びメンタリングの提供，知識共有等がある．
- このために，次項を行う必要がある．
  - ➢ 　アセットマネジメントの業務に従事する人々の力量を管理するためのプロセス整備．
  - ➢ アセットマネジメントの力量改善及び訓練計画の定期的レビュー，更新．

(2)　認識

- パフォーマンス評価によりアセットマネジメント改善の動機付けを行うためには，アセットマネジメントに対する組織人員自身の役割と貢献を明確に伝え，認識してもらう必要がある．
- 組織人員が担当する業務活動がマイナスのリスクとプラスの機会を生み出すことについて理解し，それらの相互関係に基づき，緊急事故などの不具合またはインシデントが発生した時に適切な対処を行えるための認識を担当者に持たせる必要がある．

(3)　内部及び外部との適切なコミュニケーションの例

- 外部
  - ➢ 業界団体での発信．
  - ➢ ホームページへの掲載．
  - ➢ アセットの見学会などの普及イベントの開催など．
- 内部
  - ➢ アセットマネジメント運営委員会での議論．
  - ➢ アセットマネジメント部門リーダーによる朝礼など．

(4)　アセットマネジメントに係る文書と記録の管理体制の整備

ISO 55001 箇条 7.6 参照

成熟度自己評価

評価項目	3.3.1	視点	アセットマネジメントを支える支援体制の整備
		質問	アセットマネジメントシステムを導入，実施，維持，継続的改善を行うため及びアセットマネジメント目標を実現するために必要な人，物，金，支援体制が整備されているか．
成熟度	評価基準		
レベル5 （ゴール）	（レベル4に加え）必要な人，物，金，支援体制の確保について，プロセスデータの分析に基づく予測による手法が幅広く用いられており，将来の資源についても確保のための計画と対策が継続的に実行されている．		
レベル4	（レベル3に加え）必要な人，物，金，支援体制の確保について，プロセスデータの		

	分析に基づく予測による手法が部分的に導入されており，将来の資源についても確保のための準備を行っている．
レベル3	アセットマネジメントシステムを導入，実施，維持，継続的改善を行うため及びアセットマネジメント目標を実現するために必要な人，物，金，支援体制が計画され，現時点では確保されている．
レベル2	アセットマネジメントシステムを導入，実施，維持，継続的改善を行うため及びアセットマネジメント目標を実現するために必要な人，物，金，支援体制が十分計画されていないため，特定の領域で資源が不足することが時々ある．
レベル1	アセットマネジメントシステムを導入，実施，維持，継続的改善を行うため及びアセットマネジメント目標を実現するために必要な人，物，金，支援体制の計画がなされておらず，事故対応などで場当たり的に資源を投入するだけで，基本的には現存の資源と支援体制を維持しているだけである．

評価項目	3.3.2	視点	適切な力量を備える要員確保の方法
		質問	アセットマネジメントに影響を与える業務を遂行する要員が備えるべき力量が適切に定義され，それに基づいた要員の確保と教育が行われているか．その結果，要員の力量も確認され，記録されているか．

成熟度	評価基準
レベル5 （ゴール）	（レベル4に加え）プロセスデータに基づく負荷予測と技術革新への対応を考慮した長期的な要員確保計画が策定され，それに基づいた要員の確保と教育が行われている．状況変化に対する対応も，計画実行上の課題もアセットマネジメントの一環として行われ，計画が見直されている．
レベル4	（レベル3に加え）長期的な要員確保計画が策定されているが，プロセスデータに基づく予負荷測と技術革新への対応への考慮が十分ではない．
レベル3	アセットマネジメントに影響を与える業務を遂行する要員が備えるべき力量が適切に定義され，それに基づいた要員の確保と教育が行われている．その結果，要員の力量も確認され，記録されている．
レベル2	アセットマネジメントに影響を与える業務を遂行する要員が備えるべき力量は曖昧にしか定義されておらず，要員の教育も実施したり，しなかったりなど体系的には行われていない．
レベル1	アセットマネジメントに影響を与える業務を遂行する要員が備えるべき力量は定義されておらず，要員の教育も行われておらず，個人の力量に依存している．

評価項目	3.3.3	視点	アセットマネジメントに係る要員が持つべき認識内容
		質問	アセットマネジメント業務または関連する業務を遂行する組織人員は，アセットマネジメント方針，アセットマネジメントとそれに対する自らの役割と貢献等の次の知識を持ち，その意義を十分認識しているか．

成熟度	評価基準

レベル 5	未定義
レベル 4	未定義
レベル 3 (ゴール)	アセットマネジメント業務または関連する業務を遂行する組織人員は，アセットマネジメント方針，アセットマネジメントとそれに対する自らの役割と貢献等の次の知識を持ち，その意義を十分認識している． ・　アセットマネジメントシステムを有効に運用するための組織人員自身の役割と貢献 ・　業務活動，リスクと機会，それらの相互関係 ・　アセットマネジメントシステムの不具合またはインシデントの意味
レベル 2	アセットマネジメント業務または関連する業務を遂行する組織人員は，アセットマネジメント方針，アセットマネジメントシステムとそれに対する自らの役割と貢献等の知識を持ち，その意義を一通り認識しているが，理解が不十分な場合が多い．
レベル 1	アセットマネジメント業務または関連する業務を遂行する組織人員の，アセットマネジメント方針，アセットマネジメントシステムとそれに対する自らの役割と貢献等の知識，意義の認識がほとんどない．

評価項目	3.3.4	視点	内部及び外部との適切なコミュニケーション
		質問	アセットマネジメントに関する内部及び外部のコミュニケーションの必要性を決定しているか．また，何を伝えるか，いつ伝えるか，誰に伝えるか，どのように伝えるかを適切に決定している．また，計画した通り実施しており，有効なコミュニケーションになっているか．

成熟度	評価基準
レベル 5	未定義
レベル 4	未定義
レベル 3 (ゴール)	内部と外部の利害関係者との必要なコミュニケーション（内容，実施時期，対象者，方法など）が定義され，利害関係者ごとに最適な内容，実施時期，方法で行われている．
レベル 2	内部と外部の利害関係者との必要なコミュニケーション（内容，実施時期，対象者，方法など）が十分には定義されていない．このため，利害関係者ごとのコミュニケーションの内容，実施時期，方法も変動が大きい．
レベル 1	内部と外部の利害関係者との必要なコミュニケーションは定義されておらず，実施はトップマネジメント，管理者の個人に依存している．

評価項目	3.3.5	視点	アセットマネジメントに係る文書と記録の管理体制の整備
		質問	アセットマネジメント業務の手順，様式などが整備されて，下記の文書管理を行う仕組みがあり，確実に実行されているか． (1)　文書化する情報と保存する記録を決める． (2)　文書の作成と更新：文書番号などの識別，形式と媒体，内容の妥当性に関するレビューと承認など．

		(3) 文書化した情報と記録の管理 ・ 文書管理の目的：文書の機密性，完全性，可用性の確保． ・ 文書管理の内容：配布，アクセス，検索と使用，保管，変更管理，保存と廃棄． ・ 外部文書の管理：アセットマネジメントのために組織が必要と決定した外部文書の適切な識別と管理．

成熟度	評価基準
レベル5	未定義
レベル4	未定義
レベル3 (ゴール)	アセットマネジメント業務を行うための手順，様式などが整備されて，下記の文書管理を行う仕組みがあり，確実に実行されている．（規制，業界基準，ISO 55001 で要求されている情報と記録など） (1) 文書化する情報と保存する記録を決める． (2) 文書の作成と更新：文書番号などの識別，形式と媒体，内容の妥当性に関するレビューと承認など． (3) 文書化した情報と記録の管理 ・ 文書管理の目的：文書の機密性，完全性，可用性の確保． ・ 文書管理の内容：配布，アクセス，検索と使用，保管，変更管理，保存と廃棄． ・ 外部文書の管理：アセットマネジメントのために組織が必要と決定した外部文書の適切な識別と管理．
レベル2	アセットマネジメント業務を行うための手順，様式などが整備されており，文書管理を行う仕組みはあるが部分的であり，確実には実行されていない．
レベル1	アセットマネジメント業務を行うための手順，様式などが整備されておらず，文書管理を行う仕組みもない．このため，管轄官庁から要求された文書，記録だけを組織的に管理している．その他の内部の業務プロセスに関する文書はほとんどなく，個人に依存している状況である．

プロセス	4	アセットマネジメント戦略の確立
サブプロセス	4.1	アセットマネジメント戦略とサービスレベルによるパフォーマンス評価

プロセスの解説
組織ビジョンを達成するための道筋を描くために目標の展開を行った（サブプロセス 1.2 目標の展開とアセットマネジメントの枠組みの選択）．この上位の目標はアセットマネジメント方針の中に反映される．次に，これらの展開された目標を受けて，それを達成するための具体的シナリオを作．この具体的シナリオが広い意味でのアセットマネジメント計画である． 　上位の目標に対応する計画は抽象的であり，対象範囲も広い．アセットマネジメント戦略とは，上位の目標を具体化するシナリオである．アセットマネジメント戦略には，実現したいと強く考え

ている組織ビジョン，その組織ビジョンを実現する変革の合理的な根拠，及び変革のための道筋が描かれている．すなわち，組織のビジネスモデルを変革する計画であり，トップマネジメントのリーダーシップから，計画，維持管理，運用，及びパフォーマンス評価などのガバナンスまでを含む組織全体が対象となる．このアセットマネジメント戦略は，ISO 55001 では戦略的アセットマネジメント計画（SAMP：Strategic Asset Management Plan)という用語で示されている．

アセットマネジメント戦略に含むべき内容は次のとおりである．

- 　組織変革の容易性の評価（パフォーマンスデータのシェア状況，変革への信頼と受け入れる文化など）．
- 　変革が与えるポジティブ，ネガティブな影響評価（プロセス，システム，顧客，要員）とリスクの軽減計画．
- 　リーダーシップの階層構造の定義．
- 　変革を成功させるため，段階的であることに留意しながらの変革スケジュールとレビュー，要員が失敗し，学び，そして前へ進むことを許容した変革スケジュール．
- 　変革がもたらす各要員への影響，変化の認識の促進，要員への必要な教育計画の立案と様々なコミュニケーション（アセットマネジメントリーダーによる1対1，小グループごとの対話など）．
- 　モチベーションのための職員のパフォーマンスへの報償

また，このシナリオを継続し，維持するためには目標の達成状況を把握することが必須である（サブプロセス 3.2 アセットマネジメントの役割とパフォーマンス評価の確立）．このため，トップマネジメントが判断するための戦略的パフォーマンス評価の枠組みを整備する必要があり，その中核は，サービスに関する満足度などサービスレベルに係るパフォーマンス評価である．サービスレベルは組織のアセットマネジメント戦略から詳細計画の各階層のパフォーマンスが統合されることによりサービスレベルが実現できるため，サービスレベルはそれらの計画と整合している必要がある．戦略的パフォーマンス評価の枠組みは一番下の階層のパフォーマンスのデータを体系的に積み上げて最上位のサービスレベルのパフォーマンスのデータを把握する階層的なデータシステムでもある．

サービスレベルを開発するためには顧客，ユーザー，パートナーなどの利害関係者を明確にし，彼らのニーズと期待を理解する必要がある．このためには，顧客にとっての価値とは次の算式で表現しているように費用対効果であることを認識しておく必要がある．

- 　顧客にとっての価値＝顧客が獲得する便益－顧客が支払うコスト

サービスレベルには顧客，ユーザーの視点から見た顧客サービスレベルと組織ビジョンを実現するための技術的視点から見た技術サービスレベルの次の2種類がある．

顧客サービスレベル：道路利用者・住民などのニーズを反映し，施設の状態等をわかりやすく説明するサービス指標

技術サービスレベル：道路管理者が施設の状態等を専門的に把握・評価する管理指標

サービスレベルを開発する時には両者の違いを踏まえ，SMART（Specific, Measurable, Achievable, Relevant, Time bound）を踏まえた明確なサービスレベルの記述を行う必要がある．

キーワードの解説

(1)　アセットマネジメント戦略と戦略的アセットマネジメント計画（SAMP）

● アセットマネジメント戦略は，ISO 55001 では戦略的アセットマネジメント計画（SAMP：Strategic Asset Management Plan)と読んでいる．

● 戦略的アセットマネジメント計画とは，組織の目標に沿ったアセットマネジメント計画を立案するための戦略的計画である．戦略的アセットマネジメト計画はアセットマネジメント方針，アセットマネジメント（AM）目標，及びその AM 目標が導かれる理由などを記述している．その概念図を**図-4.2.10** に示す．戦略的アセットマネジメト計画が十分に記述されていると，具体的な計画であるアセットマネジメント計画を的確に作成することができる．

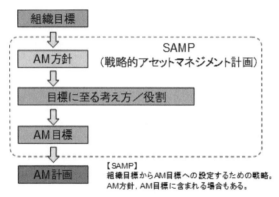

図-4.2.10　戦略的アセットマネジメント計画(SAMP)の概念図 [13]

（出典：下水道分野における ISO 55001 適用ガイドライン検討委員会，下水道分野の ISO 55001 適用ユーザーズガイド(素案改訂版), p.33, 国土交通省, 2014.3)

● 戦略的アセットマネジメント計画の内容と位置付けを**表-4.2.5** に示す．横軸は組織計画から個別のアセットに対する計画までの計画の手順を示す．戦略的アセットマネジメント計画はこの表の横軸の中間に位置している．これは下水道分野の例であるが，戦略的アセットマネジメント計画に記述すべき内容と，その記述のインプットとなる組織目標，アウトプットとなるアセットマネジメント計画（AM 計画）との関連を具体的に記述している．

表-4.2.5　戦略的アセットマネジメント計画(SAMP)の位置づけ [13]

（出典：下水道分野における ISO 55001 適用ガイドライン検討委員会，下水道分野の ISO 55001 適用ユーザーズガイド(素案改訂版), p.33, 国土交通省, 2014.3)

組織目標（組織計画）		AM分野の抽出	戦略的AM計画（SAMP）包括的な計画	個別アセットへの展開	AM計画（AMP）		
地方公共団体（仙台市の例）	民間事業者（水ingの例）				A処理場	B処理場	管路
市政方針	社長事業方針	➡	**AM方針、AM目標**下水道ビジョンサービスレベル	➡	**個別アセット目標**KPIなど	同左	**道路陥没事故削減**
外的課題（震災からの復興）内的課題（人、物、金、IT等)	外的課題（市場、競合等）内的課題（人、物、金、IT等)	➡	**下水道事業の現状と課題**利害関係者の期待O&M事業の現状と課題	➡	**監視測定分析評価**	同左	**50年以上経過80%**
上記のための諸計画（減災、省エネ、自立自助、経済活力)	開発、生産、人員、IT、資金など	➡	**適用範囲****意思決定基準****個別AM計画への包括的な指針**アセットポートフォリオごとの指針予算計画との整合方針	➡	**点検/保守/更新などのプロセス実施のための予算計画**	同左	同左

(2)　サービスレベルに係るパフォーマンス評価（顧客視点，技術視点）

● サービスレベルに係るパフォーマンス評価を行うためには，サービスレベルに関わるパフォーマンス評価指標（KPI）を決める必要がある．このためには，サブプロセス3.2アセットマネジメントの役割とパフォーマンス評価の確立で例として取り上げた**図-4.2.9**ロジックモデルが参考になる．**図-4.2.9**でサービスレベルのパフォーマンス評価指標（KPI）は，**図-4.2.11**に示す枠で囲った最終アウトカムが顧客視点のサービスレベル評価指標であり，中間アウトカムが技術視点のサービスレベル評価指標である．

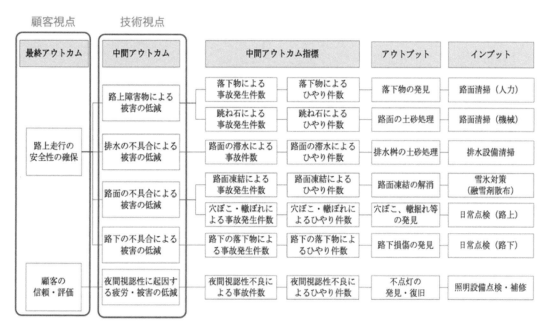

図-4.2.11　サービスレベルに関わるパフォーマンス指標 [11) を加筆して転載]

（出典：小林潔司,田村敬一,藤木修，国際標準型アセットマネジメントの方法, p.204, 日刊建設工業新聞社, 2016.8）

（原典：坂井康人，上塚晴彦，小林潔司，ロジックモデル(HELM)に基づく高速道路維持管理業務のリスク適正化，建設マネジメント研究論文集，土木学会，vol.14, p.127, 2007）

成熟度自己評価

評価項目	4.1.1	視点	アセットマネジメント戦略
		質問	組織はアセットマネジメントを導入するために，既存の組織のビジネスプロセスにアセットマネジメントを組み込むリスクを評価し，それを乗り越えるためのアセットマネジメント戦略を作成し，実行しているか．

成熟度	評価基準
レベル5 (ゴール)	（レベル4に加え）アセットマネジメント戦略に組織変革のための鍵となる実現容易性，必要なリーダーシップ，適切なスケジュール，リスク評価とその対策，職員とのコミュニケーション，教育計画，モチベーションのための報償制度などが含まれている．
レベル4	（レベル3に加え）アセットマネジメント戦略は，トップマネジメントのリーダーシ

	ップから，計画，維持管理，運用，及びパフォーマンス評価などのガバナンスまでを含む組織全体がカバーされている．
レベル3	アセットマネジメント戦略に，実現したいと強く考えている組織ビジョン，その組織ビジョンを実現する変革の合理的な根拠，及び変革のための道筋が記述されている．
レベル2	アセットマネジメント戦略に，実現したいと強く考えている組織ビジョン，その組織ビジョンを実現する変革の合理的な根拠，及び変革のための道筋が描かれているが，十分ではなく，具体的なアセットマネジメント計画の実現のリスクがまだ大きい．
レベル1	アセットマネジメント戦略に相当する文書が明確には作成されておらず，個人に依存し，アセットマネジメントの整備がなされている．

評価項目	4.1.2	視点	サービスレベルによるパフォーマンス評価
		質問	サービスレベルは利害関係者のニーズと期待を理解して明確に記述されており，パフォーマンス評価に適切に使われているか．

成熟度	評価基準
レベル5（ゴール）	（レベル4に加え）サービスレベルには顧客視点から見たサービスレベルと技術的視点から見たサービスレベルの2種類が明確に区別されている．
レベル4	（レベル3に加え）サービスレベルは組織のアセットマネジメントの戦略計画，作戦計画，戦術計画は，ロジックモデルなどの体系的な手法を使うことにより十分整合している．
レベル3	サービスレベルは，顧客，ユーザー，パートナーなどの利害関係者のニーズと期待を理解して，明確に記述されている（前述のSMARTの法則）．また，トップマネジメントが判断するための戦略的パフォーマンス評価の枠組みが整備されており，サービスレベルのパフォーマンスについて意志決定がなされている．サービスレベルは組織の戦略的アセットマネジメント計画，アセットマネジメント計画とある程度は整合している．
レベル2	サービスレベルは，顧客，ユーザー，パートナーなどの利害関係者のニーズと期待を理解して記述され，パフォーマンスも測定しているが，サービスレベルを実現するための戦略的アセットマネジメント計画が曖昧であるため，具体的なアセットマネジメント計画の内容とあまり整合していない．サービスレベルのパフォーマンスはトップマネジメントの意思決定には部分的にしか利用されていない．
レベル1	サービスレベルは定義されておらず，サービスレベルによるパフォーマンス評価も行われていない．

プロセス	4	アセットマネジメント戦略の確立
サブプロセス	4.2	アセットマネジメントに必要な情報戦略の確立

プロセスの解説
情報戦略とは，組織目標とアセットマネジメントの達成を支援するために，必要な情報を決定し，

意思決定時に利用できるように情報システムを整備することである（ISO 55001 7.5 情報に関する要求事項参照）.

　情報システムは付加的な支援システムではなく，アセットマネジメントのコアになる意思決定を行うための業務プロセスであり，全ての業務プロセスの中核である. このため，情報システムはアセットマネジメント活動の結果として出来上がるのではなく，アセットマネジメントの良質な活動を実現するための重要な武器とみるべきである. このため，情報システムはアセットマネジメントを導入すると同時に，戦略的な変革と整備計画を立案し，開発を行ってゆく必要がある.

(1) アセットマネジメント情報システム（AMIS）はハードウェア，ソフトウェア，データ，アセットマネジメントビジネスを支えるプロセスから構成されており，取り扱うデータは一般的に次のカテゴリーである.

　　　・　アセット ID と場所情報，アセットの特性，アセットの価値，構成，メンテナンス，状態，予測，パフォーマンス，リスク，ライフサイクル，最適ライフサイクル

(2) アセットマネジメント情報システムは組織の基幹系情報システムと統合された運用を行うべきである. 統合されていないアセットマネジメント情報システムではデータ入力の重複，他の情報システムからマニュアルでデータを抽出するなどの大きな手間が発生する. また，情報システム間のデータの同期が困難なため，データの一貫性を維持することが難しい. このため，アセットマネジメント情報システムは開発する最初から組織の他のシステムとの統合枠組みを作り，統合計画を準備しておくべきである. アセットマネジメント情報システムの構築の段階と統合すべき他のシステムを次に示す.

　1) 第 1 段階の範囲：アセットデータマネジメント（インベントリ，検査，状態監視，作業履歴），分析ツール（処置ルール，コストモデル，劣化モデル，経済分析，最適化）.

　2) 第 2 段階の範囲：メンテナンス管理，投資プログラム，予算管理，ネットワーク記述，場所情報管理.

(3) アセットマネジメント情報システムとデータベース，インターフェイスなどを統合すべき他の情報システムには次のシステムがある. 投資プロジェクト管理（スケジュール，支払い），資源管理（機器，材料，労働時間と労務費，調達），財務会計（予算管理，プロジェクトコスト管理，現金など）.

(4) 基幹系情報システムとして ERP（Enterprise Resource Planning）システムは組織のコアビジネスの流れを簡素化，集中化する. ERP システムの導入は多くの場合，ビジネスプロセスのリエンジニアリングと情報システムの統合・強化を伴う. ERP システムは作業計画，スケジューリング，作業実績管理，コスト見積りの分野でアセットマネジメントシステムへの土台を提供している. ERP システムをアセットマネジメントのために効果的に利用するには，特定のアセットカテゴリー，場所と目的に関連付けられた作業と費用の会計コードを用意し，ERP システムとアセットマネジメントシステムのデータをリンクさせる必要がある.

(5) アセットマネジメントは一貫性があり，高品質で，統合されたデータによって支えられている. また，このデータを変換することにより戦略的アセットマネジメント計画などでの意思決定に大きな影響を与えている. このため，組織はこの情報システム領域で成熟度を高める必要がある.

キーワードの解説

(1) アセットマネジメントのための情報システムの基本形

- インプットするデータ
  - ➤ アセット台帳
  - ➤ アセットの状態情報（点検結果など）
  - ➤ 作業履歴（点検実績など）
  - ➤ 活動プログラムと予算
- アウトプットするデータ
  - ➤ 将来のアセットのパフォーマンス予測
  - ➤ 投資シナリオ
  - ➤ 活動プログラムの作業指示
- 情報システムに必要なデータ項目の例（**表-4.2.6**）

表-4.2.6　アセットマネジメント情報システムのデータ項目例

データ区分	データ例
アセット ID とロケーション	アセット ID，位置情報，アセット区分，他のアセットとの関係など
アセットの特性	アセットタイプ，アセットの材料，設計型式，寸法など
アセットの価値	経過年数，初期建設コスト，減価償却方法，残存価値など
アセットの構成	ID，要素タイプ，材料，数量など
メンテナンス作業	作業オーダー番号，作業状況，作業開始完了日，作業時間，設備利用時間，利用した材料数量と単価など
アセットの状態	状態評価結果，状態評価年月日など
アセットの劣化予測	劣化モデル，予想残存期間，将来の状態予測，将来のコストとパフォーマンスなど
リスク	ハザードの特定と特性，ハザードの発生確率，ハザードの影響と被害，事故コストなど
ライフサイクルとライフサイクルの最適化	補修計画，補修方法，優先順位，補修コスト，補修頻度など

(2) アセットマネジメント情報システムと組織の ERP システムの統合ステップ

- 統合されていない単独のアセットマネジメント情報システムだけでは，組織の財務システムとの連携などが困難なためデータを重複して生成する手間，データを間違ってインプットするリスクが発生する．このため，意思決定に必要な情報を提供できる組織全体規模の包括的な情報システムへの発展が必要である．
- ERP システムは組織のコアビジネスの流れを簡素化，集中化するが，組織の既存 ERP との統合，新規 ERP の導入には多くのリスクが存在しているため，このリスク対策を周到に準備する必要がある．ERP を導入する際に予想されるリスクは，導入時期の遅延とこれに起因した予算超過が多い．導入時期が遅れる理由は，現場の業務プロセスと ERP が前提とするプロセスが合わないため，想定していないカスタマイズ開発が発生するからである．これを予防する

には，ERP の導入の前に，業務プロセスの変革を現場と調整し，導入後に反発が無いように開発を進めることが重要である．

● 組織の基幹系情報システム（ERP システム）とアセットマネジメント情報システムの関係を図-4.2.12 に示す．図の点線枠の領域は情報システムを統合することがデータの入力の重複，データの信頼性を高めるために重要である．

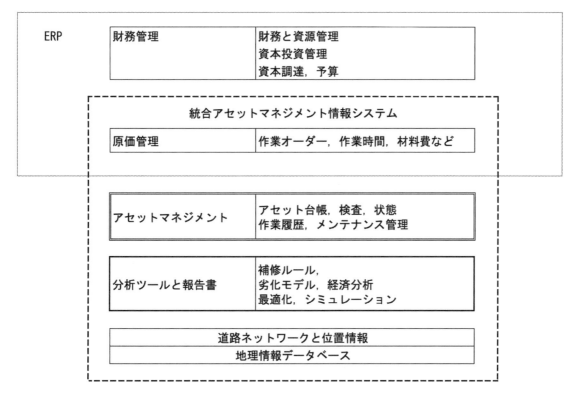

図-4.2.12　統合アセットマネジメント情報システム

成熟度自己評価

評価項目	4.2.1	視点	アセットマネジメントに必要な情報
		質問	アセットマネジメントに必要な情報が体系的に網羅され，整理されているか．

成熟度	評価基準
レベル5	（レベル4に加え）未定義
レベル4	（レベル3に加え）未定義
レベル3 (ゴール)	アセットマネジメントに必要な情報項目が適切に，体系的に網羅され，整理されている．
レベル2	アセットマネジメントに必要な情報項目が体系的に網羅され，整理されているが十分ではない．
レベル1	アセットマネジメントに必要な情報項目が体系的に網羅されていないし，整理されていない．

評価項目	4.2.2	視点	財務データとの一貫性とトレーサビリティ
		質問	アセットマネジメントの技術データ（点検データなど）がアセットの財務データとリンクされ，時系列的に追跡できるか．

成熟度	評価基準
レベル 5 (ゴール)	（レベル 4 に加え）アセットマネジメントの技術データ（点検データなど）がアセットの財務データとリンクされ，時系列的に追跡できる． アセットマネジメント情報システムは ERP と適切に統合され，データの二重入力の防止，データの信頼性の向上に役立っている．
レベル 4	（レベル 3 に加え）アセットマネジメントの技術データ（点検データなど）がアセットの財務データとリンクされ，時系列的に追跡できる． アセットマネジメント情報システムと基幹系情報システムとの統合は部分的に実現している．
レベル 3	法律と規制の要求事項がある場合は，アセットマネジメントの技術データ（点検データなど）がアセットの財務データとリンクされ，時系列的に追跡できる． アセットマネジメント情報システムと基幹系情報システムとの統合はできておらず，データは二重入力しているが，データの信頼性は必要な程度は維持している．
レベル 2	アセットマネジメントの技術データ（点検データなど）がアセットの財務データとリンクは限定的である．データは二重入力しているが，データの信頼性は必要な程度は維持している．
レベル 1	アセットマネジメントの技術データ（点検データなど）がアセットの財務データとリンクはない．データは二重入力し，データの信頼性も良くない．

評価項目	4.2.3	視点	情報管理プロセスの構築
		質問	上記の情報に関して，生成，保管，変更・編集，伝達，廃棄などの情報のライフサイクルに沿って，データの一貫性，完全性，可用性を確保するための管理がなされているか．

成熟度	評価基準
レベル 5 (ゴール)	（レベル 4 に加え）アセットマネジメント情報システムとその他の ERP などが統合的に運用され，データの一貫性，完全性，可用性を維持する技術も継続的に採用されている．データを検査しても高い割合（90%以上）で一貫性，完全性，可用性が維持されている．
レベル 4	（レベル 3 に加え）ほとんどの情報がデータ化され，情報システムで処理されている．また，情報システム稼働後にも古い紙媒体のデータも情報システムに移行しているため，アセットマネジメントの予測業務に使用するための十分なデータ量を持っている．
レベル 3	情報に関して，情報システム化されているデータと紙媒体などのデータが混在している．アセットマネジメントは一貫性があり，高品質で，統合されたデータによって支えられているため，情報に関して，データの一貫性，完全性，可用性を確保する意図を持っている．

	データは一貫性，完全性，可用性を確保できる情報システムを導入しており，情報システムへのインターフェイスなどの運用の部分でもデータの一貫性，完全性，可用性を確保するためのマニュアルが定められている．データを検査すると高い割合（70%程度）で一貫性，完全性，可用性が維持されている 紙媒体などの管理は伝統的な図面管理（作成，照査，保管，変更管理など）が行われ，図面以外の紙媒体についてもマニュアルが定められ，データの一貫性，完全性，可用性が確保しようとしているが，どの程度の割合で一貫性，完全性，可用性が確保されているかは不明である． また，古い紙媒体のデータの情報システムへの移行は進んでいない．
レベル2	情報に関して，情報システム化されているデータと紙媒体などのデータが混在している．データについては，パッケージのアセットマネジメントシステムを導入しているだけで，データの一貫性，完全性，可用性の確保は不十分である． 紙媒体などの管理は伝統的な図面管理（作成，照査，保管，変更管理など）は行われているが，図面以外の紙媒体については，取り扱いは個人に任されている．
レベル1	情報に関して，データの一貫性，完全性，可用性を確保するためプロセスは用意されておらず，その問題意識もない．

評価項目	4.2.4	視点	既存の基幹系情報システムとの統合された運用
		質問	基幹系情報システムからアセットマネジメントに必要なデータを効率的にアセットマネジメント情報システムに取り入れているか．また，両方の情報システムの間でデータの同期などデータの一貫性を維持する工夫をしているか．このために，組織はアセットマネジメント情報システムと基幹系情報システムとの統合枠組みを作っており，統合化計画を実施しているか．

成熟度	評価基準
レベル5 (ゴール)	（レベル4に加え）アセットマネジメント情報システムと基幹系情報システムの機能，役割分担，統合などについて，アセットマネジメントの視点で戦略的な改善計画を立案し，実行している．
レベル4	（レベル3に加え）アセットマネジメント情報システムは原価管理，予算管理，道路ネットワークデータ，場所情報管理なども含めて統合されている．
レベル3	組織は，アセットマネジメント情報システムと基幹系情報システムとの統合を部分的に行っているため，データ入力の重複，他の情報システムからマニュアルでデータを抽出するなどの大きな手間はかかっていない．また，データは部分的に同期されている．しかし，アセットマネジメント情報システムの範囲はアセットマネジメントのアセットデータマネジメント，分析ツールなどの基本的な部分にとどまっている．
レベル2	アセットマネジメント情報システムはアセット毎（舗装と橋梁など）にパッケージソフトを導入しているが，財務情報システムなどの組織の基幹系情報システムからのデータ受け取りは部分的である．

レベル1	アセットマネジメント情報システムはアセット毎（舗装と橋梁など）にパッケージソフトを導入しており，組織の他の情報システムとは独立して運営されている．

評価項目	4.2.5	視点	ERP システムとの統合
		質問	ERP システムは組織のコアビジネスの流れを簡素化，集中化することに利用されているか．ERP システムは作業計画，スケジューリング，作業実績管理，コスト見積りの分野でアセットマネジメント情報システムへのデータを提供しているか．ERP システムとアセットマネジメント情報システムの間のデータの同期は行われているか．

成熟度	評価基準
レベル5 (ゴール)	（レベル4に加え）マスターデータ，作業計画，作業履歴，作業に必要な資源要求とコスト管理，プロジェクトと契約管理などの多くの機能が ERP システムに一元化されており，アセットマネジメント情報システムは分析，予測，継続的改善などの活動に集中している．
レベル4	（レベル3に加え）ERP システムとアセットマネジメント情報システムのデータベースは同期しており，データの一貫性が維持されている．
レベル3	ERP システムは組織のコアビジネスの流れを簡素化，集中化することに利用されている．ERP システムは作業計画，スケジューリング，作業実績管理，コスト見積りの分野でアセットマネジメントシステムへのデータを提供しているが，データの同期は行われていない． ただし，アセットマネジメントの視点で ERP システムから価値を最大化する手段が工夫されている（アセットカテゴリー，場所関連付けられた作業と費用の会計コードなど）．
レベル2	ERP システムは作業計画，スケジューリング，作業実績管理，コストモデリングの分野でアセットマネジメントシステムへのデータを部分的に提供しているが，相互のデータの同期は行われていない．
レベル1	ERP システムとアセットマネジメント情報システムは独立に運用されており，データも二重に持っている．

評価項目	4.2.6	視点	アセットマネジメントを支えるデータ
		質問	アセットマネジメントは一貫性があり，高品質で，統合されたデータによって支えられているか．また，このデータを処理することにより戦略的，作戦的，戦術的レベルでの意思決定に大きな影響を与えているほど利用されているか．

成熟度	評価基準
レベル5 (ゴール)	（レベル4に加え）アセットマネジメント情報技術は新しく，より効果的なツールとプロセスを日常的に設計するために利用されている．組織のすべてのレベルで情報と意思決定の品質と継続的改善に対するコミットメントが存在する．
レベル4	（レベル3に加え）共通した，一般的なアセットパフォーマンスへの理解が，組織の

		垂直，水平方向のすべてのレベルに存在している．パフォーマンス情報は進行している活動を制御するために利用され，特に資源配置とコスト管理に利用されている．予測モデルは代替案を採用したときの成果を予測するために利用されている．現状と将来のパフォーマンス指標は，外部の利害関係者にも伝えられており，資金獲得のために確実に利用されている．管理者はこのパフォーマンス情報のための技術を大変，信頼している．
レベル 3		情報システムは組織の業務の中核を形成している．意思決定者は定量的なパフォーマンス予測を認識しており，組織のミッションに関するパフォーマンスについて基本的な情報を受け取っている．縦割り組織の中を垂直に，データはパフォーマンス指標に処理され，上方向のコミュニケーションに利用される．また，パフォーマンス目標は下方向にコミュニケーションされる．パフォーマンス情報は，組織の水平方向である部門，専門分野の間では共通性，コミュニケーションは部分的である．
レベル 2		基礎的なデータ収集と処理はなされている．パッケージとしてのアセットマネジメントソフトウェア(舗装または橋梁マネジメントシステム)がデータベース管理用途に利用されている場合もある．
レベル 1		アセットマネジメントには有効な技術支援がない．義務付けられたデータは収集されるが，内部管理，利害関係者とのコミュニケーションのためにデータが収集されることはない．

プロセス	5	アセットマネジメント計画の作成
サブプロセス	5.1	リスク管理体制と意思決定基準の確立

プロセスの解説
リスクは，「目的に対する不確かさの影響」と定義されている（ISO 31000 リスクマネジメント–原則及び指針）．不確かさの影響には，好ましい影響と好ましくない影響があるが，ここでは好ましくない影響について記述する．この意味は，リスク源である地震などのハザードは事象として発生するまでは客観的事実であるが，その結果の影響は組織目的により異なるということである．例えば，地震で道路が陥没し通行できなくなれば，道路を運営する組織にとっては組織のミッションが直接的に果たせなくなり，組織へのダメージは甚大である．しかし，道路を利用する頻度が少ない組織にとっては，ダメージが少ない可能性もある．また，インターネットを利用する企業では影響がほとんどない場合もある．このように，リスクは組織のミッションにより異なり，組織のミッションが達成できるかどうかがリスクの評価基準となることに注目すべきである． 　リスク管理のプロセスはリスク源を特定し，そのリスクを分析し，分析した結果を評価することにより，リスクに対処するプロセスである．リスク管理は組織にとって，事業から独立したものではなく，また付加的なプロセスでもない．リスク管理は事業プロセスの中に一体として組み込まれる必要がある．道路ネットワークサービスが長期に停止するような事業継続に重大な影響があるリ

スクについては，発生源であるクリティカルなアセットに優先的にリスク軽減策を実施し，道路ネットワークの強靱性を確保する必要がある．このため，道路ネットワークサービスにおけるリスク管理の運用のためには，どの程度のリスクであれば，その低減策を実施するかどうかを判断するための意思決定基準を決める必要がある．

　アセットマネジメントに適用するリスク管理は組織のリスク管理の枠組みに一体化され，組み込まれる必要がある．組織のリスク管理の枠組みには，内部統制のための ERM（Enterprise Risk Management），事業継続計画などがある．組織の中には株主向けの IR 報告書，CSR 報告書として公開されている場合もある．この場合は，公開している内容と実態の乖離があってはならない．

[キーワードの解説]

（1）　リスク管理のプロセス

- アセットマネジメントの分野でもリスク管理のプロセスは**図-4.2.13** で示す ISO 31000 の定義と概念を採用している．また，この内容を**表-4.2.7** に示す．

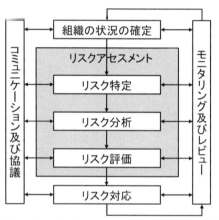

図-4.2.13　リスクマネジメントのプロセス [14] を一部修正して転載

（出典：日本規格協会，対訳 ISO 31000:2009 (JIS Q 31000 : 2010) リスクマネジメントの国際規格[ポケット版]，p.109，日本規格協会，2010.11）

表-4.2.7　リスクプロセスの内容

プロセス	内容
リスクの特定	・　アセットを分類し，適用範囲を明確にする． ・　潜在的な事象とそれらの原因についての表を作成し，リスクを特定する
リスクの分析	・　既存のリスク管理策を特定する． ・　適切な手順でリスクを分析する．
リスクの評価	・　リスク評価はリスク分析に基づき，どのリスクへの対応が必要か，対応の実践の優先順位を決める． ・　リスク評価には，組織が決めているリスク基準（(2)参照）に基づき，リスク分析で発見されたリスクへの対応の必要性を決める．
リスクの対応	・　リスクへの対応を決める．対応策には次の選択肢がある． 　➢　回避すること：リスクを発生させる活動を中止する． 　➢　軽減すること：適切なリスク対策を行う．

	➢ 許容すること：リスクが小さいと判断した場合，リスク発生時に損失を負担する．
	➢ 移転すること：保険，契約などで第三者に損失を移転する．

- 道路分野でのリスク源例
  - ・ 自然災害：洪水，台風，山火事，地滑り，地震など．
  - ・ 他組織のサービス停止：道路信号などへの電力会社からの電源供給停止など．
  - ・ アセットの損傷・破壊：トンネル崩落，橋梁の崩落など．
  - ・ アセット利用時の事故：交通事故など．

(2) 意思決定基準とリスク評価基準

- 組織は自らのビジョンに従って価値判断を行う意思決定基準を作成する．組織は組織ビジョンに照らしてみて，どのようなリスクが組織の目的達成をどの程度まで妨害するのかを判断する．これが，リスク評価基準である．

- リスク評価には様々な方法があるが，よく利用されている方法は，リスクの発生確率とリスクの結果の影響の大きさを段階的に評価し，リスクマトリックスを使って判断する方法である．この方法を図-4.2.14 に示す．組織として発生確率と影響の大きさにより「対策不要」，「対策が望ましい」，「要対策」に分けて意思決定基準を定めている．例えば，リスク評価の結果，あるリスクが 2B であれば，対策が望ましいと判断される．

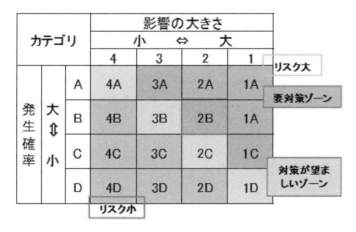

図-4.2.14 リスクマトリックス [11] を一部修正して転載

（出典：小林潔司,田村敬一,藤木修, 国際標準型アセットマネジメントの方法, p.144, 日刊建設工業新聞社, 2016.8）

(3) 組織全体のリスクマネジメントへの組み込み

- ERM（Enterprise Risk Management）：米国 COSO（トレッドウェイ委員会支援組織委員会）により，リスクマネジメントの枠組みとして世界で最も広く認識されている全社的リスクマネジメントのフレームワークである．我が国で上場会社の内部統制のフレームワークとして広く利用されている．COSO の内部統制フレームワークでは，内部統制の機能は，業務の有効性・効率性，報告（財務報告，非財務報告），コンプライアンスの3つである．COSO は2013 年の改定により，報告について，従来は財務報告だけであったが，非財務報告も含め

ることとした．これによって，例えば，老朽化などの現状も含めたアセットマネジメントの適切な実施状況などについても，内部統制の報告の一部として開示する必要がある．

- 事業継続計画：事業の中断・阻害を引き起こすインシデントへの組織の総合的な対応能力を活かすための管理策及び手段の導入及び運用を定めている．我が国では地震，台風により道路が被害を受け，社会生活が阻害される場合に備えて，周到な事業継続計画を用意しておくことが重要である．また，最近では事故やテロ対策も含む事業継続計画の作成が必要になってきている．

成熟度自己評価

評価項目	5.1.1	視点	リスクマネジメントのアセットマネジメントへの適用
		質問	リスクの特定，分析，及び影響度評価をどのような手順で行っているか．優先的にリスク対策を行うための基準を定めているか．そのプロセスはアセットマネジメントのプロセスにどのように組み込まれているか．

成熟度	評価基準
レベル5（ゴール）	（レベル4に加え）リスクマトリックスだけではなく，重要なアセットについては定量的なリスクアセスメントが実施され，有効に生かされている．また，リスクアセスメントに顧客，ユーザーなどの利害関係者が参加し，顧客，ユーザーの価値観を結果に反映させている．リスク対策の費用対効果について利害関係者と合意をした上でリスク対策を進めている．
レベル4	（レベル3に加え）リスクマトリックスの考え方によって，リスクの特定，分析，評価が行われている．
レベル3	アセットマネジメント目標を実現するための阻害要因としてのリスクが特定，分析され，リスクの性質と大きさにより事業への影響度が評価されている．この結果に基づき，必要なリスク対策が計画されている．また，その計画はアセットマネジメント計画に反映され，効果の有効性を評価した上で実施されており，実施後にその有効性がモニタリングされている．
レベル2	リスクの特定，分析はされているが，アセットマネジメント目標を実現するための阻害要因としてのリスクを特定している意識はあまりなく，一般的にリスクと言われるものをリストアップしている．このため，事業への影響度は評価されているが，アセットマネジメントの目標の達成にどの程度影響するのかは不明確である．また，必要なリスク対策が計画されているが，効果の有効性は評価していない．このため，リスク対策が確実には実施されていない部分もある．
レベル1	リスクは明確に特定されておらず，リスク対策は個人の判断に依存している．

評価項目	5.1.2	視点	クリティカルなアセットと道路ネットワークの強靱性
		質問	クリティカルなアセットの特定，分析，及び影響度評価をどんな手順で行っているか．リスク対策を行う優先順位をどのように決めているか．

			そのプロセスはアセットマネジメントにどのように組み込まれているか.

成熟度	評価基準
レベル5 （ゴール）	（レベル4に加え）クリティカルアセットの特定に顧客，ユーザーなどの利害関係者が参加し，顧客，ユーザーの価値観を結果に反映させている．クリティカルアセットに対する強靭化対策の費用対効果について利害関係者と合意をした上でリスク対策とを進めている．
レベル4	（レベル3に加え）体系的なリスクマネジメントの考え方によって，クリティカルなアセットが特定されている．
レベル3	アセットマネジメント目標を実現するための阻害要因としてのリスクが特定，分析され，リスクの性質と大きさにより事業への影響度が評価されている．この結果に基づき，クリティカルなアセットが特定され，道路ネットワークを強靭化するためのリスク対策が計画されている． また，その計画はアセットマネジメント計画に反映され，効果の有効性を評価した上で実施されており，実施後にその有効性がモニタリングされている．
レベル2	リスクの特定，分析はされているが，アセットマネジメント目標を実現するための阻害要因としてのリスクを特定している意識はあまりなく，一般的にリスクと言われるものをリストアップしている．このため，事業への影響度は評価されているが，信頼性が十分ではない．このため，道路ネットワークを強靭化するためのリスク対応計画の優先度が的確ではない場合がある．この結果，有効な強靭化対策ができているのか，組織も判断できていない．
レベル1	リスクは明確に特定されておらず，クリティカルなアセットの特定は個人の判断に依存している．

評価項目	5.1.3	視点	組織全体のリスクマネジメントの枠組みへの整合
		質問	リスクマネジメントの概念，方法，内容が，アセットマネジメント部門と組織全体のリスクマネジメント部門（内部統制部門）で整合しているか.

成熟度	評価基準
レベル5	未定義
レベル4	未定義
レベル3 （ゴール）	組織全体のリスクマネジメントの一環としてアセットマネジメントのリスク管理が行われている．このため，リスクマネジメントの概念，方法，内容については，アセットマネジメント部門と組織全体のリスクマネジメント担当部門と考え方が整合している．
レベル2	組織全体のリスクマネジメントとアセットマネジメントのリスク管理は異なる部門で推進されているが，ある程度の情報共有がなされている．しかし，事業継続と危機管理の分野での整合性が十分ではない．
レベル1	組織全体のリスクマネジメントとアセットマネジメントのリスク管理は異なる部門

で推進されているため，アセットマネジメントのリスク管理担当部門は組織全体のリスクマネジメントの概念，方法，内容を知らない． また組織全体のリスクマネジメント担当部門は，アセットマネジメント分野でのリスクについてアセットマネジメント部門のリスクアセスメント結果を知らない．

プロセス	5	アセットマネジメント計画の作成
サブプロセス	5.2	サステナビリティ

プロセスの解説

　組織は輸送サービスの提供と利用が環境にどの程度影響を与えるかという認識を持って，事業を行う．例えば，ガスや石油などのエネルギーの消費，原材料などの資源の消費とこれに伴う温室効果ガスや廃棄物の放出による気候変動の視点である．気候変動は輸送インフラに長期スパンで大きな影響を与える．例えば，海面レベルに近い高速道路のリスクアセスメントでは短期では影響しないが，長期では深刻な影響がある．このため，組織は気候変動に対応し，長期に渡ってサービスを提供できる能力を持つことが重要である．このために，クリティカルなインフラへのリスクの影響を評価し，アセットの強靭化，適切なメンテナンスサイクルの設定，資源の有効活用（リサイクルなど）を意思決定枠組みに入れた長期的投資計画を行う．

　サステナビリティには，社会（Social, people），環境（environmental, planet），経済（economic, profit）の3つの領域がある．アセットマネジメントと適切なポートフォリオの投資プロジェクトの実施のためには，組織はこの3つの領域に与える影響を考慮する．

　重要なことは，組織のビジネスプロセスの中に明確にサステナビリティの目標を織り込むことである．幅広いサステナビリティのゴールと目標は，輸送サービスのライフサイクルの段階ごとに目標，戦略，計画まで具体的に展開する．

　また，これを土台にサステナビリティのパフォーマンス指標を設定し，アセットマネジメントのプロセスの中で監視し，改善活動を行う．このパフォーマンス指標と実績は利害関係者に適切に開示し，利害関係者とのコミュニケーションにより透明性と説明責任を果たすことができる．

キーワードの解説

(1) **輸送サービスのライフサイクルの段階ごとの環境的サステナビリティに関する意思決定の例**
　1) 計画・設計段階
　　・ インフラ寿命の長期化手段，環境保護の手段を考慮して計画と設計．
　2) 建設段階
　　・ 建設用資材の搬入に必要なエネルギー消費と建設のための廃棄物の削減，及び周囲の交通渋滞への配慮．
　　・ 建設現場での水，エネルギー消費の削減，生物多様性への配慮
　3) 運用段階
　　・ 適切な管理方針により，環境負荷とコストを最小化する．
　4) 廃棄段階
　　・ パフォーマンス基準による利用継続判断．

- 将来のパフォーマンス低下を評価し上での修繕，更新の判断．
- 廃棄する場合は，リユース，リサイクルの考慮．

成熟度自己評価

評価項目	5.2.1	視点	リスクアセスメントと意思決定の枠組み
		質問	組織は，ガスや石油などのエネルギーの消費，原材料などの資源の消費とこれに伴う温室効果ガスや廃棄物の放出による気候変動の視点でサステナビリティに関する状況変化を定期的に把握しているか．状況変化への対応が必要であれば，関連するクリティカルなアセットへのリスクの影響を評価しているか．これをアセットマネジメントの意思決定枠組みの中で対策を立案しているか．

成熟度	評価基準
レベル5（ゴール）	（レベル4に加え）外部の利害関係者とのコミュニケーションも含めて，サステナビリティに関する状況変化を把握しようとしている．
レベル4	（レベル3に加え）外部の専門家を含むチームを作り，クリティカルなインフラへのリスクの影響を評価している．計画は短期だけではなく，中長期の対策を立案し，比較的大きな投資も計画している．
レベル3	組織はサステナビリティに関する状況変化を定期的に把握し，対応が必要であれば，クリティカルなインフラへのリスクの影響を評価し，アセットマネジメントの意思決定枠組みの中で対策を立案している．
レベル2	組織はサステナビリティに関する状況変化を定期的に把握していないが，気が付いた範囲でクリティカルなインフラへのリスクの影響を評価している．しかし，アセットマネジメントの意思決定枠組みの中には埋め込まれていないため，必要な投資判断がなされていない場合がある．
レベル1	組織は一般的なごみの分別などのサステナビリティ活動は行っているが，中長期的なサステナビリティに関する状況変化には関心がなく，この分野でのリスクアセスメントも行っていない．

評価項目	5.2.2	視点	サステナビリティの定義とゴール・目標設定
		質問	組織のビジネスプロセスの中に明確にサステナビリティ目標が織り込まれているか．これらのサステナビリティの目標は，組織ビジョンから個別の部門の目標まで具体的に展開されているか．

成熟度	評価基準
レベル5（ゴール）	（レベル4に加え）外部の利害関係者も参加して，組織ビジョンから個別の部門の目標まで具体的に展開している．
レベル4	（レベル3に加え）組織ビジョンから個別の部門の目標まで具体的に展開するために，体系的な手法を使っている．

レベル 3	組織のビジネスプロセスの中に明確にサステナビリティ目標が織り込まれている.これらのサステナビリティの目標は,組織ビジョンから個別の部門の目標まで具体的に展開されている.
レベル 2	サステナビリティの目標は個別の部門が独自に考えている.
レベル 1	サステナビリティに関する目標はアセットマネジメントとしては設定されていない.

評価項目	5.2.3	視点	パフォーマンス指標設定と利害関係者とのコミュニケーション
		質問	サステナビリティのパフォーマンス指標を設定し,アセットマネジメントのプロセスの中で監視し,改善活動を行っているか.このパフォーマンス指標と実績は利害関係者に適切に開示され,利害関係者とのコミュニケーションにより透明性があり,説明責任が果たされているか.

成熟度	評価基準
レベル 5 (ゴール)	(レベル 4 に加え)利害関係者を含めてパフォーマンス指標を設定している.
レベル 4	(レベル 3 に加え)サステナビリティの専門的報告書を参照してパフォーマンス指標を決めている.
レベル 3	サステナビリティのパフォーマンス指標を設定し,アセットマネジメントのプロセスの中で監視し,改善活動を行っている.このパフォーマンス指標と実績は利害関係者に適切に開示され,利害関係者とのコミュニケーションにより透明性があり,説明責任が果たされている.
レベル 2	サステナビリティの全組織範囲でのパフォーマンス指標を設定しているが,アセットマネジメントのプロセスの中で運用していないため,各部門のアセットマネジメントのパフォーマンス指標までには十分に展開されていない.このパフォーマンス指標と実績は利害関係者に適切に開示されているが,利害関係者とのコミュニケーションは市場への決算・財務報告書の開示にとどまっている.
レベル 1	サステナビリティのパフォーマンス指標を組織として設定していない.

評価項目	5.2.4	視点	ライフサイクルごとのサステナビリティのための活動
		質問	環境的サステナビリティの場合のライフサイクルの段階ごとに適切に意思決定がなされ,サステナビリティへの対策が織り込まれているか.

成熟度	評価基準
レベル 5	未定義
レベル 4	未定義
レベル 3 (ゴール)	ライフサイクルの段階(計画・設計,建設,運用,廃棄)ごとに適切に意思決定がなされ,サステナビリティへの対策が織り込まれている.
レベル 2	ライフサイクルの段階(計画・設計,建設,運用,廃棄)ごとに不十分ではあるが,サステナビリティへの対策が織り込まれている.
レベル 1	ライフサイクルの段階(計画・設計,建設,運用,廃棄)の全部または特定の段階で,サステナビリティへの対策が織り込まれていない.

プロセス	5	アセットマネジメント計画の作成
サブプロセス	5.3	長中期計画の作成

サブプロセスの概要

　アセットマネジメントのための長中期計画は，組織ビジョン，アセットマネジメント戦略（SAMP）などの上位の目標から展開された計画であり，具体的なサービス提供を行うための短期計画を上位の目標に沿って具体化することを支援するためのツールである．これにより，外部，内部の利害関係者と組織ビジョンやアセットマネジメント戦略などの組織の方向性を情報共有できる．

　ただし，実務的には，アセットマネジメント戦略と長中期計画，長中期計画と短期計画の境界は曖昧な場合がある．長中期計画の形態は，方針，戦略的目標を達成するためのシナリオを記述したアセットマネジメント戦略（SAMP）として独立している場合もあるが，アセットマネジメント戦略（SAMP）に含まれている場合もある．

　長中期計画は次の内容を含んでいる．

- 　戦略的成果と目標，組織の現在と将来のサービス内容とサービスレベル，組織が将来のサービス内容とサービスレベルを目指す理由．
- 　アセットと現在のパフォーマンス，将来の需要変化，リスク，その他の動向を考慮したアセットの拡張性．
- 　ライフサイクルを通じたアセットのコスト効率の良い稼働．
- 　長期的な技術予測と採用する新技術に関わる予算計画．
- 　計画的な改善（アセットマネジメント・ビジネスプロセス，ゴール，資源の利用可能性，生産性，計画の実施による将来のパフォーマンス）．

　長中期計画は顧客，管轄官庁，ファンド及び内部スタッフに対する重要なコミュニケーションや説明責任を果たすためのツールにもなっている．この計画を組織が持つことにより，アセットマネジメントのプロセスが加速され，円滑なコミュニケーションにより組織変革に対する協力が期待できる．

　成功する長中期計画は，組織全体が共有しており，ある特定の部門だけのものではない．長中期計画は利害関係者に伝える物語として活用すべきである．長中期計画によって組織は，顧客に提供するサービスを実現することを長中期計画という名称の物語で利害関係者に伝えるべきである．

　長中期計画は状況の変化に対応して変更する必要があるため，定期的にレビューし，更新する．多くの組織では年度ベースで見直しを行っており，年度の予算編成プロセスに織り込んでいる．長中期計画のレビューサイクルは，状況変化に計画を対応させるため3年以下の周期で実施することが望ましい．

キーワードの解説

(1)　長中期計画の構成例（表-4.2.8）

表-4.2.8　長中期計画の構成例

章	内容
総括	・経営者視点による総括 ・特に外部の利害関係者と管轄官庁とのコミュニケーションが目的.
サービスレベル	・　組織の現状のサービスレベルと望まれるサービスレベル. ・　組織として決めたサービスレベル（安全，保全，成長など）の計画. ・　サービスレベルへの組織の価値観，活動の重点の反映. ・　利用者，管轄官庁とのコミュニケーションへの利用.
負荷能力計画	・　将来の負荷予測. ・　アセットのメンテナンスと更新ニーズ. ・　将来の負荷変動に対する戦略. ・　組織の現状と将来望まれる能力.
ライフサイクルマネジメント	・　アセットとその状態，パフォーマンス，残存寿命など. ・　ライフサイクルマネジメントの方針と手法 　　➢　運用，メンテナンス. 　　➢　アセットの更新. 　　➢　状態とパフォーマンスモニタリング. 　　➢　リスクマネジメント. 　　➢　調達. ・　舗装と橋梁などのマネジメントの現状能力と望まれる能力 ・　優先順位に関する考え方
アセットマネジメント	・　組織が運用しているアセットマネジメントの意思決定プロセス. ・　成熟度評価による組織のアセットマネジメントの現状. ・　情報システムとツール.
改善計画	・　成熟度を目指すレベルまで高める改善計画. ・　改善計画にともなうリスク.
財務	・　長中期のキャッシュフロー. ・　財務管理方針. ・　アセットの価値付けと減価償却. ・　長期資金計画.

(2)　長中期計画を読んでもらいたい利害関係者の例（表-4.2.9）

表-4.2.9　長中期計画を共有すべき利害関係者

	総括	サービスレベル	負荷能力計画	ライフサイクルマネジメント	アセットマネジメント	改善計画	財務
外部							
利用者	✓	✓	✓				
納税者	✓	✓	✓				
議会	✓	✓					✓
管轄官庁	✓	✓	✓			✓	✓
監査人	✓	✓	✓	✓	✓	✓	✓
内部							
上級管理者	✓	✓	✓			✓	✓
計画部門		✓	✓	✓	✓	✓	✓
現場管理者		✓	✓	✓	✓	✓	✓
財務管理者	✓						✓

成熟度自己評価

評価項目	5.3.1	視点	組織ビジョン，アセットマネジメント戦略などとの整合性
		質問	アセットマネジメントのための長中期計画は，組織ビジョン，アセットマネジメント戦略などの上位の目標から展開されているか．

成熟度	評価基準
レベル5（ゴール）	（レベル4に加え）次の内容が十分含まれている. ・　戦略的成果と目標，組織の現在と将来のサービス内容，組織が将来のサービス内容を意図する理由. ・　サービスに必要なアセットと現在の状態とパフォーマンス，将来の需要，リスク，その他トレンドを考慮し計画されているアセットの改善と能力拡張. ・　ライフサイクルを通じたアセットのコスト効率の良い稼働. ・　長期的な技術予測とその利害関係者への開示プログラムと年度ごとの予算への反映. ・　計画的な改善（アセットマネジメント・ビジネスプロセス，ゴール，資源の利用可能性，生産性，計画の実施による将来のパフォーマンス）.
レベル4	（レベル3に加え）体系的な手法で，上位の目標から体系的な手法で展開されている. また，短期計画は長中期計画から立案されている.
レベル3	アセットマネジメントのための長中期計画は，組織ビジョン，アセットマネジメント

	戦略などの上位の目標と整合している．また，具体的なサービス提供を行うための短期計画は長中期計画を参考にして立案されている．
レベル 2	アセットマネジメントのための長中期計画と組織ビジョン，アセットマネジメント戦略などの上位の目標とは整合している部分もあるが，整合していない部分もある．また，具体的なサービス提供を行うための短期計画作成に，長中期計画は十分には参考にされていない．
レベル 1	組織ビジョン，アセットマネジメント戦略，長中期計画，短期計画は相互に関係なく，ばらばらに作成されている．

評価項目	5.3.2	視点	組織全体での共有と利害関係者へのコミュニケーション
		質問	長中期計画は，ある特定の部門だけのものではなく，組織全体で共有しているか．

成熟度	評価基準
レベル 5	（レベル 4 に加え）組織は顧客に将来に提供するサービスを長中期計画により利害関係者に伝えている．
レベル 4	（レベル 3 に加え）組織は管轄官庁，ファンドなどに長中期計画を伝えることにより説明責任を果たしている．
レベル 3	長中期計画は，組織全体が共有しており，関連ある部門では認識され，利用されいてる．
レベル 2	長中期計画は存在するが，組織全体では十分に共有されていない．
レベル 1	長中期計画は存在するが，内容が不十分である．

評価項目	5.3.3	視点	状況に応じたレビューと改定
		質問	長中期計画は定期的にレビューされ，更新されているか．また，年度の予算編成プロセスにも反映されているか．

成熟度	評価基準
レベル 5	未定義
レベル 4	未定義
レベル 3 （ゴール）	長中期計画は定期的にレビューされ，更新されている．また，年度の予算編成プロセスにも反映されている．
レベル 2	長中期計画は定期的にレビューされ，更新されているが，不定期に更新され，更新すべき時期に更新されていない場合もある．
レベル 1	長中期計画は長期にわたりレビューも更新もされていない．

プロセス	5	アセットマネジメント計画の作成
サブプロセス	5.4	短期計画の作成

> プロセスの解説
>
> 　短期計画は長中期計画の内容を反映して作成される．また，短期計画は長中期計画のような包括的な計画ではなく，個別の活動（プログラム，プロジェクト）に即した現場サイドの計画である．計画の内容が良ければ，計画に基づく活動も成功するし，計画の内容に漏れがあれば，活動は直ぐに頓挫してしまう．
>
> 　このため，短期計画には，実行する詳細な手順，実行するための資源（人，材料，資金など），実行のための道具・意思決定を支援する分析ツール，実行のための後方支援（輸送，作業環境整備など）を的確に記述する必要がある（SMART）．
>
> 　アセットマネジメントでは，ライフサイクルマネジメント，メンテナンスプロセスの多くの部分が短期計画に相当する．この短期計画を支援するための意思決定ツールとして劣化モデルなどの各種分析ツールを整備する必要がある．

キーワードの解説

(1)　短期計画の例（表-4.2.10）

表-4.2.10　道路分野での活動例

アセット	維持	修繕と更新
舗装	クラックシーリング，ラベリングポットホールの補修	切削オーバーレイ及び再舗装
橋梁	塗装，劣化した橋梁高欄の更新付属品の軽微な部品交換など	支承など主要付属品の交換など補強工事，橋梁全体の更新（床版の打ち替えを含む）

(2)　短期計画が具備すべき要件　　（ISO 55001　6.2.2 ②）
- ・アセットマネジメント計画，アセットマネジメント目標を達成するための意思決定や資源の優先順序付けのための方法と基準を選択する．
- ・ライフサイクルを通じたアセットを管理するためのプロセスと方法を決める．
- ・実施事項，そのために必要な資源，責任者，達成期限を明確にする．
- ・結果の評価方法を決める（パフォーマンス評価）．
- ・アセットのライフサイクルに応じた適切な計画期間を決める．
- ・予想される財務的，非財務的な影響を評価し，ネガティブな影響に対しては対策を講じる．
- ・計画のレビューサイクルと期間を計画内容に即して決める．

成熟度自己評価

評価項目	5.4.1	視点	長中期計画との整合性
		質問	短期計画は長中期計画の内容を反映して作成されているか．

成熟度	評価基準
レベル5	（レベル4に加え）未定義
レベル4	（レベル3に加え）未定義
レベル3 （ゴール）	短期計画は長中期計画の内容を反映して作成されている．
レベル2	長中期計画の内容は十分に反映されていない．
レベル1	長中期計画の内容は反映されていない．

評価項目	5.4.2	視点	計画内容の妥当性
		質問	短期計画に織り込むべき項目が織り込まれているか．

成熟度	評価基準
レベル5	（レベル4に加え）未定義
レベル4	（レベル3に加え）未定義
レベル3 （ゴール）	必要な項目が体系的に網羅されており，個別の項目も内容が的確に記述されている（SMART）．
レベル2	必要な項目は体系的に網羅されているが，個別の記述は部分的に不十分なところがある．
レベル1	必要な項目が体系的に網羅されず，漏れている項目が多い．

プロセス	6	アセットマネジメントの実施
サブプロセス	6.1	基準に基づくサービスの提供と記録，変更の管理

プロセスの解説

　短期計画に基づいてアセットによるサービスの提供業務，またはサービスを継続させるための保全業務を行う場合には，予め定めた管理マニュアルに基づき実施しなければならない．この理由は，作業する人の個人差を防ぐだけではなく，管理マニュアルに基づき作業を行えば，正しく業務を遂行したことの証明の一つになるからである．組織としても，管理マニュアルを整備することが，正しく業務を遂行していることの第三者への説明責任の一端を果たすことになるからである．

　しかし，管理マニュアルを整備することだけでは正しく業務を遂行していることの十分な証明にはならない．このためには，管理マニュアルに従い業務を行ったことを証明できる必要な記録を残す必要がある（すべての記録を残す必要はない）．さらに，管理マニュアルに従い正しく業務を遂行することに対する支援として，第三者チェック，ITによる自動化などを同時に推進する必要がある．また，管理マニュアルに従い，記録は定めた期間内は機密性，完全性，可用性を維持し保管しなければならない．

　正しく業務を遂行することに対する大きなリスクとして変更がある．変更とは業務プロセス，アセットそのもの，配置人員などの変更を指すが，業務プロセスを変えると馴れないため誤りが発生しやすくなるし，人員などを変更すれば力量が異なるため，今までの能力が発揮できなくなる可能性がある．このため，変更を行う場合は，その影響を事前にリスクアセスメントする必要がある．

> 変更の実施後もモニタリングを行い，もし悪影響を発見したら改善策を打つ必要がある．

キーワードの解説

(1)　管理マニュアルとコントロール

- 業務は公式なプロセスとして文書化を行う必要がある．この文書が管理マニュアルである．管理マニュアルの内容は，プロセスの定義と実施に関する判断基準のことである．主な内容は次のとおりである（ 4.1.3(3)**図-4.1.5** 参照 ）．
  - ➤ プロセスに対する責任者と権限．
  - ➤ プロセス基準（開始終了条件，手順，ツールなど）．
  - ➤ プロセスの意図したアウトプットを達成するために必要な活動，及び意図しないアウトプットのリスク．
- 管理マニュアルに従い業務プロセスをコントロールする．基準に従い業務プロセスがミスなく実施されるために，以下のような運用が効果的である．
  - ➤ 第三者によるチェック
  - ➤ 管理者による確認・承認の実施
  - ➤ IT 化による，人為的ミスの防止

(2)　業務プロセスの記録保持

- 業務実施結果の記録については，記録の必要性に応じて，記録する頻度，項目を決定する．
- 記録は定めた期間内は機密性，完全性，可用性を維持し保管しなければならない．すなわち，許可された必要な人だけに開示し，記録が紛失・改ざんされたりすることがないよう，また必要な時に必要な時間で容易に検索・入手できるように管理をする必要がある．人手による管理で機密性，完全性，可用性を維持することは難しく，情報システムの利用が重要である．
  - ➤ 機密性：許可していない個人，組織などに対して，情報を使用させず，また，開示しない特性．
  - ➤ 完全性：情報の正確さ及び完全さを保護する特性
  - ➤ 可用性：許可している個人，組織などが要求したときに，アクセス及び使用が可能である特性

(3)　変更に伴うリスクの監視と対応

- 変更とは，業務プロセス，アセット，配置人員などの変更をいう．
- サブプロセス 5.1 で定めたリスクアセスメント手順を用いて，リスクの監視・対応を行う．
  - ➤ 変更する場合は，事前に変更によって生じるリスクを評価し，そのリスク対策を講じる．
  - ➤ 変更後に，意図しない悪影響を招いた場合は，それを軽減する処置を実施する．
- 業務をプロセス，サブプロセスと階層的に分析し，プロセスフロー図としてまとめると，当該業務でのミスやトラブルが他のプロセスにどのような影響を与えるかが明確になる．リスク分析と対策の例を**図-4.2.15** に示す．

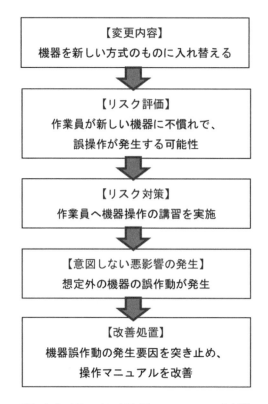

図-4.2.15 変更結果のレビュー例[13]

(出典：下水道分野における ISO 55001 適用ガイドライン検討委員会，下水道分野の ISO 55001 適用ユーザーズガイ
ド(素案改訂版), p.54, 国土交通省, 2014.3)

成熟度自己評価

評価項目	6.1.1	視点	管理マニュアルに基づいた作業の実施
		質問	短期計画に基づいてアセットによるのサービスの提供業務，またはサービスを継続させるための保全業務を行う場合には，予め定めた管理マニュアルに基づき実施しているか.

成熟度	評価基準
レベル5	未定義
レベル4	未定義
レベル3 （ゴール）	短期計画に基づいてアセットによるサービスの提供業務，またはサービスを継続させるための保全業務を行う場合には，予め定めた管理マニュアルに基づき実施している.
レベル2	予め定めた管理マニュアルはあるが，部分的に形骸化しているため，現場独自の判断で作業をしている場合もある.
レベル1	管理マニュアルは存在していない場合も多く，管理マニュアルが存在している場合でも形骸化しているため，現場独自の判断で作業している場合が多い.

評価項目	6.1.2	視点	作業記録の保存
		質問	管理マニュアルに従い業務を行ったことを証明できる必要な記録を残している

成熟度	評価基準
レベル5	未定義
レベル4	未定義
レベル3（ゴール）	管理マニュアルに従い業務を行ったことを証明できる必要な記録を残している．また，管理マニュアルに従い，記録は定めた期間内は機密性，完全性，可用性を維持し保管している．
レベル2	管理マニュアルに必要な記録を残すことが決められているが，記録を残していない場合がある．また，定めた期間内の機密性，完全性，可用性を維持した記録の保管が十分ではない．
レベル1	記録を残すことを定めた管理マニュアルがなく，記録は体系的には保存されておらず，ほとんど残っていない．また，残っている記録は担当した個人に依存している．

評価項目	6.1.3	視点	変更の影響評価と対策
		質問	変更を行う場合は，その影響を事前にリスクアセスメントする必要がある．変更の実施後もモニタリングを行い，もし悪影響を発見したら改善策を打つ必要がある．

成熟度	評価基準
レベル5	未定義
レベル4	未定義
レベル3（ゴール）	変更を行う場合は，その影響を事前にリスクアセスメントを行っているか．変更の実施後もモニタリングを行い，もし悪影響を発見したら改善策を実施している．
レベル2	変更を行う場合は，その影響を事前にリスクアセスメントを行っていない場合がある．また，変更の実施後もモニタリングを行い，もし悪影響を発見したら改善策を実施していない場合がある．
レベル1	変更を行う場合は，その影響を事前にリスクアセスメントを行っていない．変更の実施後もモニタリングを行っていない．

プロセス	6	アセットマネジメントの実施
サブプロセス	6.2	業務委託戦略

プロセスの解説
アセットマネジメントを実施する場合にアウトソーシングを含めた幅広い業務委託戦略が存在する（例えば，組織内職員ですべてを行うことから，すべての業務内容をサービスプロバイダーにアウトソーシングすることまで）．組織は適正なバランスをリスクと次の要素を考慮して決定する

必要がある.

- 組織内の従事可能な職員数，アウトソーシングするための制約，運用可能な資金，必要なサービスレベルを確保するためのプロセス.

上記により業務委託戦略を決めたうえで，組織とサービスプロバイダーとの間でリスクの分担を契約で明確に決める必要がある．さらに，サービスプロバイダーの価格と品質などのバランスを評価することにより，顧客，ユーザーのニーズと期待に応えるようにする.

サービスプロバイダーとの契約が終了した時点で，組織のアセット管理者はサービスプロバイダーが業務で利用し，獲得した次のアセットに関する情報をすべて引き継ぐことが，その後のアセットの運用にとって不可欠である．契約期間中にサービスプロバイダーに正確な運用記録を文書として残させることは必要である.

- アセットインベントリ，場所，配置，特性，状態，
- ライフサイクル，残存サービス期間，利用可能な寿命など

キーワードの解説

(1)　業務委託戦略の適正なバランス

- アウトソーシングを行う場合の形態は**図-4.2.16** のように変化する．アセットオーナーにとっては，できるだけプロバイダー側に責任を寄せる方が自らのリスクは少なくなるが，コストは高くなる．また，プロバイダーが任せるに足る能力を保有しているかを自らが評価し，責任を背負う必要がある.

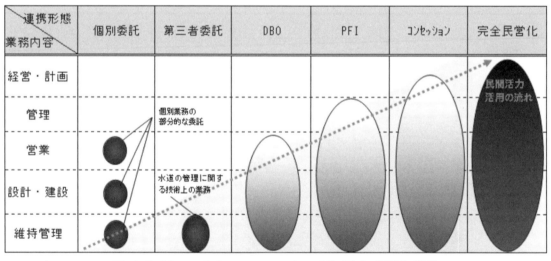

図-4.2.16　アウトソーシングの形態 [11) を一部加筆して転載]

（出典：小林潔司,田村敬一,藤木修, 国際標準型アセットマネジメントの方法, p.182, 日刊建設工業新聞社, 2016.8）

- アウトソーシングのリスクは**図-4.2.16** の右側に移るにつれて，大きくなる．リスクには次のような内容が想定される.
  - ➤ 期待したパフォーマンスが発揮されなくなるリスク.
  - ➤ サービス提供者のパフォーマンス低下を委託者側が検知できないリスク.
  - ➤ 改善されたマネジメントに係るノウハウ・知的財産が委託者側に移転されないリスク.
  - ➤ 契約期間終了時点で，委託者側に，または後継民間受託者側にマネジメントのノウハウ

が引き継がれないリスク.

>　継続的改善によるアセットマネジメントの質の向上を契約で担保する困難性

成熟度自己評価

評価項目	6.2.1	視点	適切な調達方法の選択
		質問	アセットマネジメントを実施する場合，アウトソーシングを含めた幅広い調達方法と最適なバランスについて，リスクや自組織の力量などの必要な事項を考慮して決定しているか.

成熟度	評価基準
レベル5	未定義
レベル4	未定義
レベル3（ゴール）	アセットマネジメントを実施する場合のアウトソーシングを含めた幅広い調達方法について，組織は正しいバランスをリスクと適切な事項を考慮して判断基準を作っており，これに従って個別の契約がなされている.
レベル2	アセットマネジメントを実施する場合のアウトソーシングを含めた幅広い調達方法について，組織は正しいバランスをリスクと適切な事項を考慮して判断基準を作っているが，その内容が不十分であり，個別の契約についても判断基準とは無関係に契約されている事例も多い.
レベル1	組織は正しいバランスに対する基準を持っていないため，個別の案件の調達はトップの指示，個人の判断に依存している.

評価項目	6.2.2	視点	サービスプロバイダーとの契約形態
		質問	組織とサービスプロバイダーとの間でリスクシェアを契約で明確に決めているか.

成熟度	評価基準
レベル5	（レベル4に加え）長期間の調達契約戦略とパフォーマンス指向のメンテナンス契約などの新しい契約形態で費用対効果を向上させている.
レベル4	（レベル3に加え）サービスプロバイダーの価格と品質などの効用のバランスは，顧客，ユーザーのニーズと期待の視点で評価されている.
レベル3	組織とサービスプロバイダーとの間でリスクシェアを契約で明確に決めている.
レベル2	組織とサービスプロバイダーとの間でリスクシェアは契約では定められているが，不明確である.
レベル1	組織とサービスプロバイダーとの間でリスクシェアは契約では定められていない.

評価項目	6.2.3	視点	契約の終了に伴う情報の引継ぎ
		質問	サービスプロバイダーとの契約が終了した時点で，適切な引継ぎがなされているか.

成熟度	評価基準

レベル 5	未定義
レベル 4	未定義
レベル 3 (ゴール)	サービスプロバイダーとの契約が終了した時点で，組織のアセット管理者はサービスプロバイダーが業務で利用し，獲得した情報の中で，その後のアセットの運用に組織が必要な情報はすべて引き継ぎしている．契約期間中にサービスプロバイダーに正確な操業記録を文書として残させている．
レベル 2	サービスプロバイダーとの契約が終了した時点で，組織のアセット管理者からサービスプロバイダーから引き継いだ情報は不完全であり，サービスプロバイダーに不利な情報は何も伝えられていない．操業記録も部分的にしか残っていない．
レベル 1	サービスプロバイダーとの契約が終了した時点で，組織のアセット管理者からサービスプロバイダーから引き継いだ情報はなく，操業記録も残っていない．

プロセス	6	アセットマネジメントの実施
サブプロセス	6.3	アウトソーシングの実施

プロセスの解説

【アウトソーシング実施時のリスク評価】

　アセットマネジメント目標を達成するために重要なプロセスをアウトソーシングする場合，それに関するリスクを評価し，アウトソーシングされたプロセスをコントロールする．

【アウトソーシングプロセスの管理方法】

　アウトソーシングしたプロセスのコントロール方法を，決定して文書化し，アウトソーシングしたプロセスをアセットマネジメントシステムに組み込む．

- ・　アウトソーシングする範囲と方法を決める．（範囲と方法）
- ・　アウトソーシング（外部委託）をマネジメントする組織内の責任と権限を決める．
- ・　契約しているサービスプロバイダーと知識と情報を共有するための手順を決める．

【サービスプロバイダーの評価】

- ・　アウトソーシングされる業務を行う受託者が，ISO 55001 の力量，認識，文書化された情報に関する要求事項を満たす．
- ・　アウトソーシングした業務のパフォーマンスを定めた方法（規格 9.1）で監視する．

キーワードの解説

(1)　アウトソーシングプロセスの管理方法

- ●　アウトソーシングする範囲と方法を決める．
  - ➢　発注元自らと委託業者の力量
  - ➢　アセットの規模と性質
  - ➢　包括委託か，その他
- ●　アウトソーシング（外部委託）をマネジメントする組織内の責任と権限を決める．
  - ➢　アセットマネジメントの運営体制の中で，アウトソーシングする責任と権限を決める．
  - ➢　契約しているサービスプロバイダーと知識と情報を共有するための手順を決める．

> ➤ サービスプロバイダーとアセットポートフォリオのデータベースを共有するなど.
> ➤ 緊急体制
> ➤ 運用しているアセットマネジメントに対するサービスプロバイダーの理解（アセットマネジメント方針など）

(2) アウトソーシングにおける留意事項

● アウトソーシングした業務については，パフォーマンスを測るために定めた方法の実施，指標の監視を行うことで，そのパフォーマンス発揮状況を確認する.

● 委託先の契約事業者が ISO 55001 に基づく認証取得者である場合には，委託先のアセットマネジメント目標，パフォーマンス指標等をコントロールし，アセットマネジメントシステムの実施状況を監視，トレースすることによって，アウトソーシングを長期にわたって持続的に，かつ比較的容易に管理することが可能となる.

成熟度自己評価

評価項目	6.3.1	視点	実施前のプロバイダーの評価
		質問	アウトソーシングを実施する前に，プロバイダーの力量を十分に評価しているか．特にプロバイダーのアセットマネジメントに対する力量の確認を行っているか.

成熟度	評価基準
レベル 5	未定義
レベル 4	未定義
レベル 3 (ゴール)	アウトソーシングを実施する前に，プロバイダーの力量を体系的な方法で十分に評価している.
レベル 2	アウトソーシングを実施する前に，プロバイダーの力量を評価しているが，プロバイダーごとに内容が異なり，体系的な方法ではない.
レベル 1	アウトソーシングを実施する前に，プロバイダーの力量を評価していない.

評価項目	6.3.2	視点	実施後のパフォーマンス評価
		質問	プロバイダーの成果については予め定めたパフォーマンス評価基準に基づいて評価を行い，結果によってはプロバイダーの変更などの対策を行っているか.

成熟度	評価基準
レベル 5	未定義
レベル 4	未定義
レベル 3 (ゴール)	プロバイダーの成果については予め定めたパフォーマンス評価基準に基づいて評価を行い，結果によってはプロバイダーの変更などの対策を行っている.
レベル 2	プロバイダーの成果については評価を行っているが，明確な評価基準は持っていな

	い.
レベル 1	プロバイダーの成果についてはパフォーマンス評価を行っていない.

評価項目	6.3.3	視点	プロバイダーとの情報共有
		質問	アセットマネジメントに有効な情報共有を行っているか.

成熟度	評価基準
レベル 5	（レベル 4 に加え）プロバイダーがアセットオーナーに成り代わって組織のアセットマネジメントを実行できるような体制を整備している.
レベル 4	（レベル 3 に加え）組織のアセットマネジメントの枠内でプロバイダーとアセットマネジメントに関する情報を共有することにより，改善活動が実施されている.
レベル 3	アウトソーシング後は，組織のアセットマネジメントの枠内でプロバイダーとアセットマネジメントに関する情報を共有している.
レベル 2	アウトソーシング後は，組織のアセットマネジメントの枠内でプロバイダーとアセットマネジメントに関する情報を共有しているが，アセットマネジメントの枠組みでは共有しておらず範囲が限定的である.
レベル 1	アウトソーシング後は，組織のアセットマネジメントの枠内でプロバイダーとアセットマネジメントに関する情報を共有していない.

プロセス	6	アセットマネジメントの実施
サブプロセス	6.4	アセットのパフォーマンス監視

プロセスの解説
アセットインベントリ（アセットのリスト及びアセットのポートフォリオを記述したデータベース）のデータはアセットマネジメントの基礎であり，メンテナンスニーズの把握，作業の計画，作業の履歴，及びパフォーマンスモデルの作成に利用される．このためにはアセットインベントリにはアセット名だけではなく必要な属性（道路名，位置，幾何構造，付属物，地形，気象条件など），点検結果や交通量なども網羅されていなければならない.   　アセットのパフォーマンスは個別のアセットのパフォーマンスである．パフォーマンスはアセットがサービスを提供できる能力である．パフォーマンスは信頼性，可用性，能力，顧客のニーズへの適合などにより測定される．一方，アセットの物理的な状態は，アセットのパフォーマンスに影響する場合もあれば，影響しない場合もある．アセットのパフォーマンスと物理的な状態を監視する際には次の事項を考慮して監視の頻度，方法などを決める必要がある.   ・　アセットの損傷記録とアセットの損傷予測.   ・　現状の状態とパフォーマンスの定期的なモニタリング.   ・　アセットの建設時期，予想残存寿命，老朽化，予防保全の効果，技術的経済的陳腐化，   　アセットの状態とパフォーマンスの監視に関する管理マニュアルと新しい技術，ツール，手法は組織にとって重要である．正確な老朽化などの予測は，年度ごとの必要な投資計画を作成する際の土台となる.   　＊注：アセットマネジメントのパフォーマンスは，アセットのパフォーマンスと異なり，利用者，

株主などの組織の利害関係者に定期的に報告されるマネジメントレベルのパフォーマンスであり，重要な道路網，重要なアセットのグループなどに対する交通量，収益などを含む総合的なパフォーマンスである．

キーワードの解説

(1)　アセットのパフォーマンス監視

- アセットのパフォーマンス監視（例:施設の性能や機能，故障の件数など）は法律で定められた項目を含むアセットの運用に必要なパラメータについて定期的，継続的に監視・測定することである．監視の対象，方法，頻度などは，対象とするアセットの状況や組織の規模などを踏まえて決定する．例えば，道路設置状況，不具合の発生状況，劣化のメカニズムや進行速度，調査にかかる費用や労力などを勘案し，リスク分析手法や統計的劣化予測モデルなどを用いて監視の対象範囲や調査方法，実施サイクルなどを決定する．

- アセットの監視においては，ライフサイクルコストが重要な役割を果たす（ライフサイクルコスト: 建設から運転，修繕，改築・更新，廃棄に至るまでアセットの生涯を通じて発生する費用のこと）．ライフサイクルコストは，設備の諸元や状態に関する技術情報と組み合わせて監視するとともに，過去に遡って分析等ができるよう情報システムのデータとして管理することが必要である．

(2)　アセットのパフォーマンスに対する予防処置

アセットのパフォーマンス監視に基づき，各種のアセットについて，事前に不具合を特定して予防保全を行うことを評価し，適切に予防処置を実施する．特に，「予防保全」のためのプロセスを確立することが，予防処置である．

成熟度自己評価

評価項目	6.4.1	視点	アセットインベントリの整備状況
		質問	アセットインベントリのデータは，メンテナンスニーズの見積り，作業の計画，作業の履歴，及びパフォーマンスモデルの作成に利用されているか．

成熟度	評価基準
レベル5	未定義
レベル4	未定義
レベル3 （ゴール）	アセットインベントリのデータは整備され，メンテナンスニーズの把握，作業の計画，作業の履歴，及びパフォーマンスモデルの作成に利用される．
レベル2	アセットインベントリのデータは整備されているが，アセットの漏れが部分的に存在する．このため，メンテナンスニーズの見積り，作業の計画，作業の履歴，及びパフォーマンスモデルの作成にあまり利用されていない．
レベル1	アセットインベントリは整備されていない．

評価項目	6.4.2	視点	アセットの状態とパフォーマンスの監視
		質問	アセットの状態とパフォーマンスを監視する際には必要な事項を考慮しているか.

成熟度	評価基準
レベル5	未定義
レベル4	未定義
レベル3 (ゴール)	アセットの状態とパフォーマンスを監視する際には，次の事項を考慮して監視の頻度，方法などを決めている. ・アセットの不具合の記録とアセットの不具合の予測. ・現状の状態とパフォーマンスの定期的なモニタリング. ・アセットの建設時期，予想残存寿命，老朽化，予防保全の効果，技術的経済的陳腐化.
レベル2	アセットの状態とパフォーマンスを監視する際には，次の事項を部分的には，考慮して監視の頻度，方法などを決めている. ・アセットの不具合の記録とアセットの不具合の予想. ・現状の状態とパフォーマンスの定期的なモニタリング. ・アセットの建設時期，予想残存寿命，老朽化，予防保全の効果，技術的経済的陳腐化.
レベル1	アセットの状態とパフォーマンスを監視する際には次の事項をほとんど考慮せず，監視の頻度，方法などを決めている.. ・アセットの不具合の記録とアセットの不具合の予想. ・現状の状態とパフォーマンスの定期的なモニタリング. ・アセットの建設時期，予想残存寿命，老朽化，予防保全の効果，技術的経済的陳腐化.

評価項目	6.4.3	視点	管理マニュアルと技術，ツール，手法
		質問	アセットの状態とパフォーマンスの監視に関する技術，ツール，手法と基準が整備されているか.

成熟度	評価基準
レベル5 (ゴール)	（レベル4に加え）新しい技術，ツール，手法を継続的に取り入れているため，予測の精度が高まり効果が出ている.
レベル4	（レベル3に加え）正確な老朽化などの予測のために，新しい技術，ツール，手法を取り入れている.
レベル3	アセットの状態とパフォーマンスの監視に関する管理マニュアルと技術，ツール，手法が整備されている.
レベル2	アセットの状態とパフォーマンスの監視に関する技術，ツール，手法には関心を持っているが，管理マニュアルは十分には整備されていない.
レベル1	アセットの状態とパフォーマンスの監視に関する技術，ツール，手法には関心がなく，

		管理マニュアルも整備されておらず，個人に依存している．
プロセス	6	アセットマネジメントの実施
サブプロセス	6.5	ライフサイクルマネジメント

プロセスの解説

　道路を管理する組織にとって交通，気象，時間および環境要因による容赦のないアセットの老朽化へ対応する活動が重要な業務である．この活動には短期的なメンテナンス，長期的な機能改善，更新があり，アセットのライフサイクル（新規建設，メンテナンス，事故対応など運用，更新，機能改善，廃棄）に沿って行う必要がある．

　組織はライフサイクルに沿って行うこの活動を管理マニュアルとして文書化する必要がある．また，この活動は標準化とトップダウンの視点が必要であり，情報を計画，実行，監視の流れに沿って整理することと，活動ベースのコスト把握を行う必要がある．
- 　目標とするサービスレベルの決定．
- 　パフォーマンスの監視
- 　状態，パフォーマンス及びサービスレベルの低下の程度．
- 　改善活動の必要性判断．
- 　改善活動のコスト見積と選択肢の評価．
- 　選択肢の決定．
- 　選択された活動をグルーピングしてプロジェクト化．
- 　プロジェクトの優先順位を付ける．
- 　プロジェクトを資金が利用可能で，同じ目的を持つプログラムと対応付ける．

組織はライフサイクルコストの最適化のために次のことを実施する必要がある．
- 　コスト削減機会の特定．
- 　メンテナンス，機能改善，更新のコスト，時期などの選択肢を特定．
- 　選択肢毎のライフサイクルコストの計算
- 　上記のための適切なシミュレーションモデルの選択．

なお，ISO 55001 の箇条もライフサイクルマネジメントと対応している．

キーワードの解説

(1)　アセットのライフサイクル

　次の4つのプロセスから構成される．詳細を**図-4.2.17**に示す．
- 　調達：構想，設計，および建設を含む新規建設と資産の取得．
- 　運転・維持管理：アセットの運転，運用，維持の管理．アセットのパフォーマンス監視も含まれる．
- 　保全：保全活動，資産の耐用年数を延ばすために資産の劣化を抑止または修正するための措置を含むが，当初の設計を超えた既存の資産の構造的または運用上の改善を伴わない．修理，是正処置，事後対応型メンテナンス，日常業務などが含まれる．
- 　更新：置き換え，資産の再構築，または機能と能力の拡張を含む．

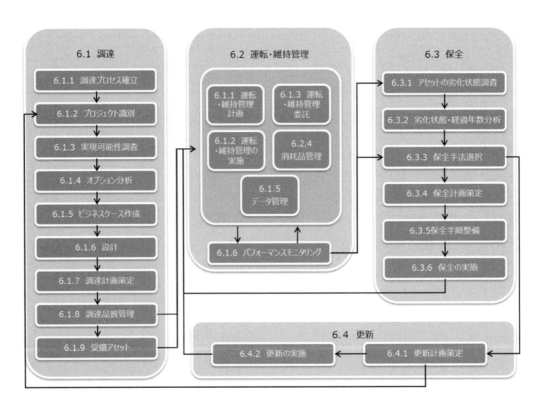

図-4.2.17　アセットのライフサイクル[4] を基に加筆修正して作図

（出典：JAAM 成熟度評価小委員会，JAAM ガイドブックシリーズ　実務者のためのアセットマネジメントプロセスと成熟度評価，p.26，日刊建設通信新聞社，2019.8）

(2)　ISO 55001 の箇条とライフサイクルマネジメントの対応（図-4.2.18）

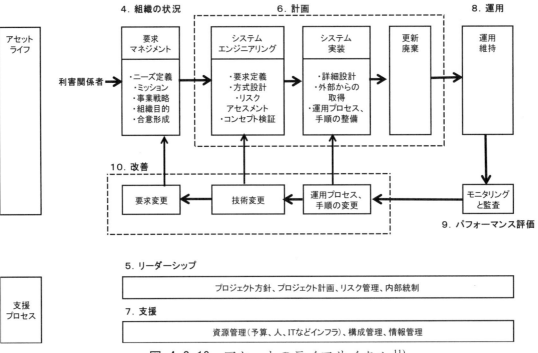

図-4.2.18　アセットのライフサイクル[11]

（出典：小林潔司,田村敬一,藤木修，国際標準型アセットマネジメントの方法, p.68, 日刊建設工業新聞社, 2016.8）

成熟度自己評価

評価項目	6.5.1	視点	ライフサイクルマネジメント基準の整備
		質問	組織はライフサイクルマネジメントの基準を持っているか．またその基準は活用されているか．

成熟度	評価基準
レベル5（ゴール）	（レベル4に加え）情報を計画，実行，監視の流れに沿って整理することと，活動ベースのコスト把握を行っている．
レベル4	（レベル3に加え）ライフサイクルマネジメントはトップダウンの視点で行われており，支援する情報システムが整備されている．
レベル3	組織はライフサイクルマネジメントの基準を，すべての段階に対し持っている．
レベル2	組織はライフサイクルマネジメントの基準を部分的に持っている．
レベル1	組織はライフサイクルマネジメントの基準を持っていない．

評価項目	6.5.2	視点	ライフサイクルコストの最適化
		質問	組織はライフサイクルコストの最適化のために何をしているか．

成熟度	評価基準
レベル5（ゴール）	（レベル4に加え）財務部門と連携して，ライフサイクル全体のキャッシュフロー，収益への影響を継続的に分析し，ライフサイクルコスト最適化を計画，運用に反映させている．
レベル4	（レベル3に加え）シミュレーションモデルによりコストを最適化する手法を導入している．
レベル3	組織はライフサイクルコストの最適化のために次のことを実施しており，基準，マニュアルなどが整備されている． ・コスト削減機会の特定． ・メンテナンス，機能改善，更新のコスト，時期などの選択肢を特定． ・選択肢毎のライフサイクルコストの計算 ・上記のための適切なシミュレーションモデルの選択．
レベル2	組織はライフサイクルコストの最適化には関心があるが，基準，マニュアルなどは整備されておらず，個人に依存している．
レベル1	組織はライフサイクルコストの最適化については関心がない．

プロセス	6	アセットマネジメントの実施
サブプロセス	6.6	メンテナンスプロセス

プロセスの解説
組織は，メンテナンス戦略を作るときに，次の事項を考慮すべきである． ・　長中期計画との整合，リスクの評価，優先順位，組織の財務計画との整合など．

　アセットの状態の検査とメンテナンスの頻度は，メンテナンス履歴，更新パターン，顧客からの苦情，職員と契約者からの報告，故障記録などから決められる．

　メンテナンスは，定期保全，予防保全，事後保全，清掃などの日常的な保全，復旧などの種類がある．

　成熟度レベルが低い組織では，詳細なパフォーマンスデータの不足，アセットの挙動に対する理解の欠如などによって，信頼性があり，コストもかからない最適なメンテナンス頻度を決めることができない．このため，固定された間隔で行う定期的保全か，事前に決めた状態に到達したときに行う状態基準保全を行うしかない．

　成熟度レベルが高い組織では，信頼性中心保全(RCM: Reliability-Centered Maintenance)を行うべきである．設計段階，さらに多くの場合，運転・稼働段階で行うリスクマネジメントを行う．機器の信頼性を高め，最適な保全方式を選択するための管理方式である．

既キーワードの解説

(1)　メンテナンスの有効性

- 故障の特性に対応してメンテナンスが有効であるかどうかを見極めて対応する必要がある．メンテナンスプロセスでは対応できない状況もある．この見極めのロジックを**図-4.2.19**に示す．

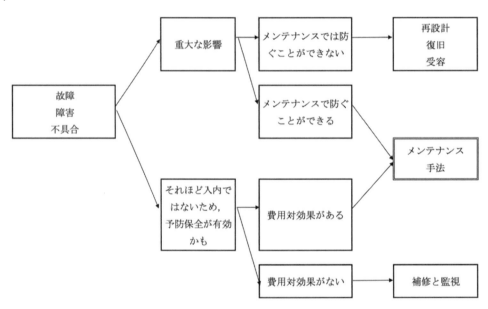

図-4.2.19　メンテナンスが有効な場合の見極め方法

成熟度自己評価

評価項目	6.6.1	視点	保全方式
		質問	どのような種類の保全方式を採用しているか．
成熟度	評価基準		
レベル5	（レベル4に加え）信頼性中心保全を導入している．		
レベル4	（レベル3に加え）アセットの状態，パフォーマンスについてデータの蓄積を利用し		

		て，重要なアセットについては予防保全を行っている．また，保全では限界がある障害に対して更新などの適切な手法を選択できる方法論を持っている．
レベル3		組織は重要度が高いアセットについては定期保全を行い，その他のアセットについては事後保全で対応している．
レベル2		組織は定期保全と事後保全を組み合わせて保全計画を実施している．
レベル1		組織は事後保全，ポットホールの処理など現場対応型のこの保全のみを行っている．

プロセス	7	パフォーマンス評価
サブプロセス	7.1	組織全体の戦略的パフォーマンス評価

プロセスの解説

　正しい情報を正しいときに利用できるように組織のマネジメントレベルが適切に保たれていることが良好なアセットマネジメントである．プロジェクトの選択，トレードオフ分析，資源配置などの意思決定の品質は，根拠となる情報の正確さに依存している．

　トップマネジメントにとってパフォーマンス測定の目的は，業務を行う人々に，個々人の特定な役割と目標に応じて，現状のパフォーマンスと将来のパフォーマンスについて改善計画の効果を伝えることであり（サブプロセス3.2参照），また，外部の利害関係者への説明責任を果たすことである．パフォーマンス指標のカテゴリーは次のとおりである．

・ 状態，ライフサイクルコスト，安全性，モビリティ，アクセス容易性，信頼性，快適性，外部要因，リスクなど．

　成熟度レベルの低い段階の組織では，パフォーマンス指標は舗装と橋梁などの分野ごとに独立して定義されているが，成熟度レベルの高い段階の組織では，より幅広い視野が必要となり，分野共通のパフォーマンス指標も定義されるようになるとともに，分野独自の指標も相互に互換性を持つようになる．組織のミッションは幅広いパフォーマンス指標の集合によって示されるようになる．組織全体の改善を行うためには，これらのパフォーマンス指標の定義はすべてのアセットで共通であり，また時間軸上で同一である必要がある．

　また，上記の組織のミッションに係るパフォーマンス指標はアウトカム指向でありアウトカム指標と言われるが，これとは別に，内部管理のためのアウトプット指向のパフォーマンス指標がアウトプット指標である．（サブプロセス3.2参照）．アウトプット指標は組織の中長期，短期の個別計画を評価するために必要となる（処置選択基準，処置の有効性評価基準，処置のコスト指標）．

　組織は成熟度の初期レベルでは舗装と橋梁のパッケージシステムを購入し，アセットインベントリ作りのデータ収集，データ管理，特別調査にしか使っていない．さらに成熟度レベルが上がるとシステムは特定のパフォーマンス指標をアセット毎，グループ毎に算出できるようになる．さらに成熟度の段階が上がると，次のことができるようになる．

・ 組織ミッションに係る組織全体のパフォーマンス指標を，全組織共通の定義を使って算出する．
・ 組織の改善活動によるパフォーマンス指標の向上度合いを予測する．
・ すべてのアセットにまたがるビジネスプロセスの評価に利用する．

もっとも高度な成熟度レベルでは，組織は改善活動とパフォーマンスの履歴データを使って，組

> 織全体のパフォーマンスを改善できる.

キーワードの解説

(1) パフォーマンス評価のステップ

● パフォーマンス評価は，アセットマネジメントにおいてきわめて重要な活動であり，アセットマネジメントの目標への達成度を測定するとともに，アセットマネジメントを支援するシステムが効果的かつ効率的であるかを評価する必要がある．パフォーマンスを評価するための測定基準や指標を明確化しておくとともに，評価に必要な記録や評価結果を過去に遡って分析・評価できるように，データとして記録・保管しておくことが必要である．

(2) アウトカム指標とアウトプット指標

● 戦略的パフォーマンス評価で利用するアウトカム指標とアウトプット指標の例を**図-4.2.20** に示す．アウトカムとアウトプットの関係も相対的であるため，最終アウトカムの前の中間アウトカムもアウトプット指標の一つになる．また，図の中間アウトカム指標はアウトプットよりの指標であり，組織内活動のパフォーマンス評価のために利用する場合はアウトプット指標である．

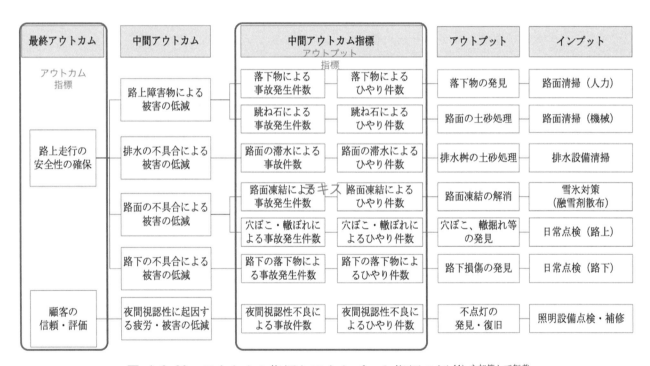

図-4.2.20　アウトカム指標とアウトプット指標の例 [11) を加筆して転載

(出典：小林潔司,田村敬一,藤木修, 国際標準型アセットマネジメントの方法, p.204, 日刊建設工業新聞社, 2016.8)

(原典：坂井康人，上塚晴彦，小林潔司，ロジックモデル(HELM)に基づく高速道路維持管理業務のリスク適正化，建設マネジメント研究論文集，土木学会，vol.14, p.127, 2007)

成熟度自己評価

評価項目	7.1.1	視点	パフォーマンス指標の内容の妥当性，対応範囲と共通化
		質問	パフォーマンス指標は，アウトカム指標とアウトプット指標を含めて，組織のミッションにとって適切な内容か．また，必要なカテゴリーが網羅されているか．

成熟度	評価基準
レベル5	未定義
レベル4	未定義
レベル3（ゴール）	アウトカム指標は，組織のミッションにとって適切な内容であり，必要なカテゴリーが網羅されているか．アウトプット指標は，組織の内部活動にとって適切な内容であり，必要なカテゴリーが網羅されているか．
レベル2	アウトカム指標は，ある程度は算出されているが，組織のミッションの視点から見ると十分ではない．アウトプット指標もある程度は算出されているが，組織の内部活動を管理する視点から見ると十分ではない．
レベル1	パフォーマンス指標は極めて限られている．

評価項目	7.1.2	視点	パフォーマンス評価のシステム化レベル
		質問	組織はパフォーマンス評価指標を算出するために，どのようなシステム化をしているか．

成熟度	評価基準
レベル5	（レベル4に加え）組織は，改善活動とパフォーマンスの履歴データを使って，組織の意思決定ルールとコスト及び老朽化を予測するモデルを改善している．
レベル4	（レベル3に加え）組織はシステムを次の用途に使っている． ・　組織ミッションに係る組織全体のパフォーマンス指標を，全組織共通の定義を使って算出する． ・　組織の改善活動によるパフォーマンス指標の変化を予測する． ・　すべてのアセットにまたがるビジネスプロセス（プログラム作成と予算化）の評価に利用する．
レベル3	（レベル2に加え）組織は，システムを使って特定のパフォーマンス指標（橋梁健全指標など）をグループ毎に集計，要約するなどの分析をしている．
レベル2	（レベル1に加え）組織は，システムを使って特定のパフォーマンス指標（橋梁健全指標など）をアセット毎に算出している．
レベル1	組織は，システムを使ってアセットインベントリ作りのデータ収集，データ管理が手であるが，必要に応じて目的対応（事故対応など）でシステムを使った特別調査を行うことがある．

プロセス	7	パフォーマンス評価

サブプロセス	7.2	自己評価の見直しと内部監査

プロセスの解説

　自己評価と成熟度評価による改善のプロセス（プロセス 2.1 参照）は，1 回限りではなく継続的に行い，弱みが改善により強くなっているか，強みがより強化されているか確認する必要がある．また，内部と外部の状況，利害関係者のニーズと期待の変化に対応できているかも確認する必要がある．

　ISO 55001 に限らず品質，環境分野等の ISO のマネジメントを導入している組織であれば，内部監査のタイミングで成熟度基準を使った自己評価を行い，マネジメントレビューにより経営の優先度を判断し，継続的な改善を図ることも可能である．自己評価も，このように内部監査と一体化して行うと効率的で，効果的である．ただし，内部監査は第三者の視点で行い，監査チームの編成もアセットマネジメント推進部門，被監査部門からの独立性が要求されるため注意が必要である．

　ISO 55001 では，内部監査により要求事項と適合していない不具合を発見し，是正すること，及びアセットマネジメントが効果的に実施され，維持されているかを確認する（有効性の確認）ことが要求されている．このためには，組織全体の目標達成状況を確認することが出発点であり，達成あるいは未達の理由を具体的に記述して組織の目標達成能力を強化することが重要である．以上の目的のため，適切な監査プログラムと対象範囲を決める必要がある．

　ISO 55001 は内部監査について次の通り要求している．
- ・ ISO 55001 の要求事項，ISO 55001 に関する組織の要求事項に対する適合性を判断する．
- ・ 監査プログラム（頻度，方法，責任，監査基準など）を前回の監査の結果を考慮して作成する．
- ・ 監査基準と対象範囲を明確にする．
- ・ 監査プロセスの客観性と公平性を確保するために適切な監査員を選任する．
- ・ 監査を定期的に実施する．
- ・ 監査の結果を関連する管理者に報告する．
- ・ 監査プログラムの実施結果と監査結果の証拠として，記録を残す．

キーワードの解説

(1) 自己評価の見直し

- ● 2.1 自己評価の実施と改善を参照．

(2) 内部監査

- ● 組織が自立的にアセットマネジメントを運用し，継続的に成果を生み出してゆくためには，運用が第 4 章のプロセスの解説で記述した要求を満たしているかを組織自身が内部監査として確認する必要がある．　第 4 章の成熟度自己評価のレベル 3 は ISO 55001 要求事項のレベルに調整しているため，この成熟度自己評価を行えば，ISO 55001 要求事項に適合しているかどうかをチェックできる．ただし，分かりやすさのため ISO 55001 要求事項をすべては網羅していないため，ISO 55001 認証の完全な準備とはならないことに注意すべきである．
- ● 内部監査により，アセットマネジメントの効果を引き出すためには，ISO 55001 要求事項への

適合性に対する監査だけではなく，有効性に重点を置いた監査を行うことが望ましい．適合性の監査だけでは，現状の業務プロセスが ISO 55001 の要求事項とそれに沿った組織内規則への遵守を確認するため，現状の業務プロセスの課題を発見して，改善してゆく視点が弱くなりがちである．このため，内部監査は，現状の業務プロセスの成熟度評価を行い，意図する成熟度からギャップのあるプロセスについては，改善を行い，成熟度を高めることにつなげることが重要である．

(3) **監査プログラムと監査基準**
● 内部監査の実施にあたっては，以下事項を含む内部監査プログラムを作成する．
  ➤ 監査頻度　※年 1 回程度が目安
  ➤ 監査方法
  ➤ 監査体制（監査責任者，監査員）
  ➤ 監査基準および範囲　※期間内で全ての対象範囲を監査，前回までの監査内容を反映
  ➤ 監査員の客観性，公平性
  ➤ 報告
● 内部監査の実施に際し，監査基準を反映したチェックリストを作成する．チェックリストは組織や対象とするアセットの特性に応じて具体的に記述する．
  ➤ 内部監査を成熟度評価の視点で行う場合は，4.2 節の成熟度自己評価がそのままチェックリストになる．
  ➤ 内部監査を ISO 55001 要求事項への適合性の視点で行う場合は，4.2 節の成熟度自己評価に加え，ISO 55001 要求事項に厳密に整合したチェックリストを作成する必要がある．

(4) **監査チームと監査員の選任**
● 成熟度評価により組織を改善する視点で行う場合は，改善に責任を持つアセットマネジメント管理責任者と事務局が行うことが望ましい．
● 一方，ISO 55001 要求事項への適合性の視点で行う場合は，内部統制を完全にするため内部監査責任者をアセットマネジメント管理責任者とは別に選任しなければならない．

(5) **監査結果の報告**
● 監査員は，監査結果を踏まえて内部監査報告書を作成する．監査責任者は，内部監査報告書を基に，トップマネジメント及び被監査対象部門長など関連する管理者に監査結果を報告する．

(6) **監査の証拠の保持**
● 内部監査報告書及び監査チェックリストを監査記録として保持する．

成熟度自己評価

評価項目	7.2.1	視点	自己評価の見直し
		質問	自己評価は見直されているか．
成熟度			評価基準

レベル5 （ゴール）	（レベル4に加え）組織は成熟度評価を定期的に行い，見直している．
レベル4	（レベル3に加え）組織は定期的な概略評価を行い，見直している．
レベル3	組織はアセットマネジメントを体系的に導入するために，一時的に概略評価を行っている．
レベル2	概略評価を行ったが，アセットマネジメントを体系的には導入されていない．
レベル1	概略評価も行われていない．

評価項目	7.2.2	視点	内部監査
		質問	内部監査をどのように実施しているか．

成熟度	評価基準
レベル5	（レベル4に加え）未定義
レベル4	（レベル3に加え）未定義
レベル3 （ゴール）	ISO 55001が内部監査要求している事項を実施している． ・　ISO 55001の要求事項，ISO 55001に関する組織の要求事項に対する適合性を判断する． ・　監査プログラム（頻度，方法，責任，監査基準など）を前回の監査の結果を考慮して作成する． ・　監査基準と対象範囲を明確にする． ・　監査プロセスの客観性と公平性を確保するために適切な監査員を選任する． ・　監査を定期的に実施する． ・　監査の結果を関連する管理者に報告する． ・　監査プログラムの実施結果と監査結果の証拠として，記録を残す．
レベル2	ISO 55001の要求事項については内部監査を実施していないが，組織が決めたアセットマネジメントに関する要求事項についての適合性をレベル3の事項に準じて内部監査を実施している．組織が決めたアセットマネジメントに関する要求事項はISO 55001の要求事項をすべて満たしている訳ではないが，相当程度オーバーラップしている．
レベル1	定期的な内部監査を実施していない．実施される内部監査は管轄官庁など外部から要請された事項の確認にとどまっている．内部のマネジメントの改善のためには実施されていない．

プロセス	7	パフォーマンス評価
サブプロセス	7.3	トップマネジメントによる総合評価

プロセスの解説
トップマネジメントによる総合評価は，トップマネジメントがアセットマネジメントに責任をもって関わる重要な局面である．トップマネジメントは組織ビジョンの視点から，アセットマネジメントの全体の取り組みを定期的に確認し，アセットマネジメントが組織目的，アセットマネジメン

ト方針などとの不整合がないかを評価して，改善（変更）する必要がある．特に，サービスレベルによるパフォーマンス評価（サブプロセス4.1）の実績が目標未達の場合はリーダーシップを発揮して解決策を検討し，実施する必要がある．

　ISO 55001では総合評価は，マネジメントレビューと呼ばれ，次の要求がある．
・　トップマネジメントは，定期的にマネジメントレビューを実施し，アセットマネジメントシステムの適切性，妥当性，有効性が継続していることを確実にする．
・　マネジメントレビューでは次の事項を考慮する．
　➢　アセットマネジメントシステムに関連する外部と内部の課題の変化
　➢　アセットマネジメントのパフォーマンスに関する情報
　　・　不具合と是正処置
　　・　モニタリングと測定の結果
　　・　監査結果(内部，外部)
　➢　アセットマネジメント活動
　➢　リスクと機会の状況の変化
・　マネジメントレビューの記録を作成し，保持する

キーワードの解説

(1)　トップマネジメントによる総合評価での考慮事項とインプット
● 前回のトップマネジメントによる総合評価結果のフォローアップが実施されていること．
● アセットマネジメントに関連している内部及び外部の課題の変化に関する情報がトップマネジメントによる総合評価に反映されていること．
● アセットマネジメントの実施状況における以下の視点．
　➢　不具合性と是正処置：
　　・事故調査，是正措置および予防処置に対処することにおける実施状況の評価
　➢　監視と測定結果：
　　・雇用者や他のステークホルダーとのコミュニケーション，参加及び相談の結果
　　・不具合や是正処置，モニタリングや計測の結果，監査所見の明らかな傾向を含み，アセット，アセットマネジメントの手順及びアセットマネジメントシステムの実施状況
　　・状態や能力等のようなアセットあるいはアセットマネジメントシステムの他の評価結果
　　・組織が受け入れた適用可能な法律や制度的要求への順守や他の要求事項への遵守の評価
　➢　監査結果：
　　・内部監査，自己評価，第三者監査，顧客の監査，供給者の監査など
　➢　アセットマネジメントに関する活動
　➢　継続的改善
　➢　新たなリスクや特定されていたリスクの変化に関する情報がマネジメントレビューにインプットされていること．

(2)　トップマネジメントによる総合評価のアウトプット
● トップマネジメントによる総合評価の結果に基づき，トップマネジメントが指示すべき事項には，次の例が挙げられる．

> ➢ 適用範囲，方針および目標の変更
> ➢ アセットマネジメントの意思決定のための基準
> ➢ 性能の要求事項の更新
> ➢ 財務，人材，物的資源を含む資源
> ➢ 役割，責任および権限を含み，管理及びそれらの有効性を計測する方法の変更

(3)　記録の作成と保持

● 組織は，トップマネジメントによる総合評価結果の証拠として記録を保持する.

+---+
|成熟度自己評価|
+---+

評価項目	7.3.1	視点	トップマネジメントの総合評価
		質問	トップマネジメントの総合評価はどのように行われているか.
成熟度	評価基準		
レベル5	（レベル4に加え）未定義		
レベル4	（レベル3に加え）未定義		
レベル3 （ゴール）	トップマネジメントは組織ビジョンの視点から，アセットマネジメントの全体の取り組みを定期的に確認している. アセットマネジメントが組織目的，アセットマネジメント方針などとの不整合がないかを評価して，改善（変更）を指示している. サービスレベルによるパフォーマンス評価（サブプロセス4.1）の実績が目標未達の場合はリーダーシップを発揮して解決策を検討し，実施している.		
レベル2	トップマネジメントによる総合評価は定期的には行われていない.		
レベル1	トップマネジメントによる総合評価は行われていない.		

評価項目	7.3.2	視点	ISO 55001の視点でのマネジメントレビュー
		質問	マネジメントレビューはどのように行われているか.
成熟度	評価基準		
レベル5	（レベル4に加え）未定義		
レベル4	（レベル3に加え）未定義		
レベル3	トップマネジメントは，定期的にマネジメントレビューを実施し，アセットマネジメントシステムの適切性，妥当性，有効性が継続していることを確実にすることに対しリーダーシップを発揮している. また，マネジメントレビューでは次の事項を考慮している. 　➢　アセットマネジメントシステムに関連する外部と内部の課題の変化 　➢　アセットマネジメントのパフォーマンスに関する情報 　　・　不具合と是正処置 　　・　モニタリングと測定の結果 　　・　監査結果(内部，外部)		

		➢　アセットマネジメント活動
		➢　リスクと機会の状況の変化
		・　マネジメントレビューの記録を作成し，保持する
レベル 2		トップマネジメントは，定期的にマネジメントレビューを実施し，アセットマネジメントシステムの適切性，妥当性，有効性が継続していることを確実にすることに対しリーダーシップを発揮しているが，マネジメントレビューに必要な考慮事項が十分ではない．
レベル 1		トップマネジメントは，マネジメントレビューを実施していない．

プロセス	8	アセットマネジメントの改善
サブプロセス	8.1	不具合と事故，危機と事業継続への対処

プロセスの解説

　不具合，事故はアセットに関するものとマネジメントに関するものの 2 種類がある．アセットに関する不具合はアセットの状態とパフォーマンスが基準よりも低下している場合である．マネジメントに関する不具合は作業指示書，図面を取り違えるなどの現場の作業ミス，作業指示書，図面の内容誤りなどの情報の不具合，及び組織の管理体制の不備，リスクを軽視する組織文化などが存在する．この両者は相互に関係があり，組織の管理体制の不備が人為的なミスを引き起こし，結果としてアセットの状態とパフォーマンスに対して悪影響を及ぼすこともある．

　また，不具合と事故の差は組織の状況に応じて定義する必要があるが，事故は不具合の程度が大きいものである．次のような例が考えられる．

- ・　不具合：実害が小さく，管理マニュアルを超える内容であるが，年度計画で予想した損害の範囲内に収まるのもの．
- ・　事故：実害が大きく，管理マニュアルを超える内容であり，その結果が年度計画で予想した損害の範囲を大きく超えるもの．

不具合，事故への対応手順は次のとおりである．

(1)　初期対応：不具合，事故への応急処置（消火など）を行う．必要であれば対策本部などの組織体制を組む．

(2)　是正処置の必要性評価：根本的な原因を分析し，再発防止のための措置が必要かを評価する．

(3)　是正処置の実施：根本的な原因を除去し，不具合，事故の発生したアセット，部門以外にも横展開を行う．

(4)　是正処置の有効性のレビューとアセットマネジメントの変更：適切な期間後に実施した対策が有効であったかを確認する．また必要であればアセットマネジメントの手順などを変更する．

(5)　不具合と事故の記録の保持：不具合，事故に関する性質，取った処置，および処置の結果を全て文書化して保持する．

　事故の規模が大きく，事業継続が危ぶまれるような場合に備えて，危機管理の体制と事業継続計画を整備し，重大事故が発生した場合は速やかに危機管理体制を立ち上げ，事業継続計画を実行する必要がある．

キーワードの解説

　不具合には，アセットに関するものとマネジメントに関するものの 2 種類がある．アセットに関する不具合は，点検業務などの日常業務の中で検出されることが多い．マネジメントに関するものは，内部監査・第三者監査により検出されることが多い．

(1)　不具合と事故への初期対応

- アセットマネジメント計画で定めた，不具合の基準に基づき，初期対応方針を検討する．
- 不具合を判定については次のような判定の考え方と管理マニュアルを決めておく．
  - アセットに関する不具合
    - ✓ 正常な状態：アセットの機能，状態，性能などが管理マニュアルの決められた範囲に収まっている．
    - ✓ 不具合：アセットの機能，状態，性能などが管理マニュアルの決められた範囲から外れている．
    - ✓ 事故：事故と判定する不具合の大きさなどの判定基準．
  - マネジメントに関する不具合
    - ✓ 正常な状態：業務プロセスが管理マニュアルとおりに実施され，その状態が組織の管理体制により維持され，組織文化として根付いている．
    - ✓ 不具合：業務プロセスが管理マニュアルとおりに実施されない状態であり，その結果が損害として顕在化している．ただし，不具合が直ぐには顕在化せず，潜在的に継続している場合もある．
- ISO 55001 などのマネジメントシステムでは不具合のことを，定めた要求事項に適合していないという意味で不適合という用語を使っている．

(2)　事業継続計画の手順 [15)]

（JIS Q 22301:2013 社会セキュリティ−事業継続マネジメントシステム−要求事項）．

- 事業影響度分析による保護すべき優先事業の特定．
- リスクアセスメント：優先事業に対するリスクアセスメント．
- 事業継続戦略．
  - 優先事業活動の保護．
  - 優先事業活動を再開するための資源確保．
  - 影響の軽減，対応及び事前対策．
  - 上記のための資源計画．
- 事業継続手順の確立と実施．
  - 事故対応の体制．
  - 警告とコミュニケーション．
  - 事業継続計画の文書化．
  - 復旧．
- 演習及び試験の実施．

成熟度自己評価

評価項目	8.1.1	視点	不具合と事故への対処
		質問	不具合，事故への対応手順が適切に定められているか．

成熟度	評価基準
レベル 5	（レベル 4 に加え）不具合が過去に実績に基づいた予測によって，年度の予算，作業計画と人員計画に織り込まれている．
レベル 4	（レベル 3 に加え）不具合と事故が明確に区別され，位置づけられている． ・　不具合：実害が小さく，年度計画で予想した範囲内に収まるのもの． ・　事故：実害が大きく，年度計画で予想した範囲を超えるもの．
レベル 3	不具合，事故への対応手順が次の通りに定められている． (1)　初期対応：不具合，事故への応急処置（消火など）を行う．必要であれば組織体制を組む． (2)　是正処置の必要性評価：根本的な原因を分析し，再発防止のための対策が必要かを評価する． (3)　是正処置の実施：根本的な原因を除去し，不具合，事故の発生したアセット，部門以外にも横展開を行う． (4)　是正処置の有効性のレビューとアセットマネジメントの変更：適切な期間後に実施した対策が有効であったかを確認する．また必要であればアセットマネジメントの手順などを変更する． (5)　不具合と事故の記録の保持：不具合，事故に関する性質，取った処置，および処置の結果を全て文書化して保持する．
レベル 2	不具合，事故への対応手順が体系化されているが，十分ではない．またはレベル 3 の通りに体系化されているが，実行が伴っていない場合がある．
レベル 1	不具合，事故への対応手順が整備されておらず，個人の判断に依存している．

評価項目	8.1.2	視点	危機と事業継続への対処
		質問	危機と事業継続に対する手順が整備され，実行されているか．

成熟度	評価基準
レベル 5	（レベル 4 に加え）JIS Q 22301 に従い，次の手順が整備され，すべて実行されている． (1)　事業影響度分析による保護すべき優先事業の特定． (2)　リスクアセスメント：優先事業に対するリスクアセスメント． (3)　事業継続戦略． ・　優先事業活動の保護． ・　優先事業活動を再開するための資源確保． ・　影響の軽減，対応及び事前対策． ・　上記のための資源計画． (4)　事業継続手順の確立と実施．

	・	事故対応の体制.
	・	警告とコミュニケーション.
	・	事業継続計画の文書化.
	・	復旧.
	(5)	演習及び試験の実施.
レベル 4	（レベル 3 に加え）事故の規模が大きく，事業継続が危ぶまれるような場合に備えて，危機管理の体制と事業継続計画が整備されている．しかし，その手順が部分的に実行されていない．例えば，演習及び試験を実施していないなど．	
レベル 3	危機と事業継続への対処は不具合と事故への対処の中で行われている．	
レベル 2	不具合，事故への対応手順が体系化されているが，十分ではない．またはレベル 3 の通りに体系化されているが，実行が伴っていない場合がある．	
レベル 1	不具合，事故への対応手順が整備されておらず，個人の判断に依存している．	

プロセス	8	アセットマネジメントの改善
サブプロセス	8.2	継続的改善の実施

プロセスの解説

　継続的改善の実施は，アセットマネジメントの枠組みの中で体系的な改善を行うことである．アセットマネジメントの枠組みの中で成熟度評価などを行うことにより継続的な改善が可能になる(サブプロセス 2.1 自己評価参照)．また，プロセス 7 のパフォーマンス評価のデータを土台にして改善の必要性と機会を継続的に見つけにゆくことができる．

　継続的改善とは，組織が目指すビジョンが実現できるように成熟度レベルを継続的に高める活動である．発見された不具合を是正しているだけでは，組織が目指す成熟度とのギャップを埋めることはできない．

体系的な改善を行うためには，サブプロセス 2.1 自己評価，プロセス 7 のパフォーマンス評価の結果に対する改善活動だけではなく，次のアセットマネジメントの 4 つの視点で最初から体系的な改善活動を行うことも効果的である．

- 管理過程と目標管理（PDCA サイクル）
- プロセスアプローチと情報の改善
- リスクマネジメント
- リーダーシップとコミュニケーション

（注）

ISO 55001 の原文は「組織は，アセットマネジメント及びアセット，マネジメントシステムの適切性，妥当性及び有効性を継続的に改善しなければならない．」と記述されており，適切性，妥当性及び有効性と継続的に改善という二つのキーワードだけでは，抽象的で内容が希薄である．このため，ISO 9001 の箇条 10.3 では「組織は，継続的改善の一環として取り組まなければならない必要性又は機会があるかどうかを明確にするために，分析及び評価の結果並びにマネジメントレビューからのアウトプットを検討しなければならない．」という記述を追加している．

キーワードの解説

(1)　管理過程と目標管理

- 管理過程とは PDCA のことであるが，計画（P）については「予測」が重要であり，予測できないと計画できないという事実がある．チェック（C），アクション（A）は「統制」のことであり，広く言えば組織のガバナンスに対応する．

- 計画（P）は予測であり，予測には標準作業量などの標準単価が必要である．これによりプロジェクトのコスト見積が可能になる．また，計画部門が標準単価に基づき目標作業量を現場に指示する「目標による管理」，「計画と実行の分離」を行うことができる．

- 「目標による管理」，「計画と実行の分離」にも課題がある．例えば，不良ゼロのような目標では合理的な妥当性がないし，作業内容が複雑で個人に依存している分野では作業者個人の技能を資格認定して管理することが有効な場合がある．

(2)　プロセスアプローチと情報システムの改善

- プロセスアプローチとは，マネジメントを「システム」として認識し，システムに階層的に存在する「プロセスの相互関係」を分析することによって，システムの「パフォーマンス」を「改善，向上」させることである（ISO 9001 0.3）．

- プロセスアプローチには次の3つのレベルがある．
  - ➢ 工学的アプローチ：作業研究，時間研究，工程分析により，単独のプロセス（ポットホールの補修作業動作など）の中の無駄な動作，作業を発見することにより作業時間を削減する．
  - ➢ 全社的品質管理 TQC（Total Quality Control）：大きなプロセスを小さなプロセスに細分し，その小さなプロセスに対し KPI（Key Performance Indicator ）というパフォーマンス評価指標を設定してマネジメントを行う．
  - ➢ BPR（Business Process Reengineering）：組織変革のために既存の組織やプロセスについて組織全体を俯瞰した視点で抜本的に見直し，職務，業務フロー，管理機構，情報システムを再構築する．

(3)　リスクマネジメント

- 安全分野でのリスク・ベースド・アプローチ：安全性は，システムのライフサイクル（計画，開発設計，製造，設置，運用，保全・改修，廃棄の全フェーズ）におけるリスクに依存するため，リスク分析（プロセスハザード解析 PHA など）を行う．

- 全社的リスクマネジメント ERM（Enterprise Risk Management）：トップマネジメントが認識しておくべき重要なリスクマネジメントであり，内部統制とも言う．その機能は業務の有効性・効率性，報告（財務報告，非財務報告），コンプライアンスの3つであり，具体的活動としては，統制環境，リスク評価，統制活動，情報と伝達，モニタリング活動の 5 つである．ISO 55001 の第5章リーダーシップとコミュニケーションにおける「組織のリスクマネジメント」はこの ERM を指している．

- リスクに対する価値観の確立：航空機，列車などの安全管理分野でのリスクマネジメントでは安全性という客観的な価値観に基づいているが，組織のリスクマネジメントは組織ビジョンなどの組織の価値観により異なる．このため，リスクアセスメント専門家が数式を使って

　　リスク値などを計算する前に，トップマネジメントが組織の価値観を示す必要がある．

(4)　リーダーシップとコミュニケーション

- トップダウン視点：現場が持っていたノウハウ，知識を，組織の計画部門に集約し，標準手順，標準作業時間，標準ツールとして整備し，命令というトップダウンによって現場を指揮する．
- ボトムアップ視点：命令という権威が現場に受容されるためには，目的が明確で実行可能であることが必要である．これが集団としての組織が協働システムとして機能する必要条件である．協働システムの目的が達成された場合は，その協働システムは有効である．目的が達成されない場合は，その協働システムの効率が高くても意味がない．組織内の非公式組織を含めたコミュニケーションが有効である．
- この分野の課題：プロセスアプローチ，リスクマネジメントのようには，体系化された管理手法は存在しない．このため，組織の文化と内外の状況，利害関係者のニーズと期待に応じて，工夫することが必要である．

成熟度自己評価

評価項目	8.2.1	視点	管理過程と目標管理
		質問	保全などの計画をするために，大部分の作業について標準作業量などの標準単価が整備されているか．また，計画部門が現場部門に標準単価に基づき目標作業量を現場に指示しているか．指示された目標には合理性と信頼性があるか．

成熟度	評価基準
レベル 5 （ゴール）	（レベル 4 に加え）実績データの蓄積により，標準作業量などの標準単価の精度が継続的に向上している．
レベル 4	（レベル 3 に加え）標準単価が実績に基づき，定期的に見直されている．作業内容が複雑で個人に依存しており，標準単価が設定できない作業では，作業者個人の技能に対し資格認定を行い，作業者が計画に参加することにより，標準単価の整備を確実に補っている．
レベル 3	保全などの計画をするために，大部分の作業について標準作業量などの標準単価が整備されている．また，計画部門が現場部門に標準単価に基づき目標作業量を現場に指示している．このため，指示された目標には合理性と信頼性がある．
レベル 2	保全作業などの計画をするために，標準作業量などの標準単価が整備されている作業は部分的である．このため，標準単価が整備されていない場合は，計画部門が現場に指示する目標には合理性と信頼性がなく，しばしば作業は遅延している．
レベル 1	大部分の作業に標準単価が整備されていないため，計画は現場に任されている．このため，作業終了時期などの予測ができない場合が多い．

評価項目	8.2.2	視点	プロセスと情報システムの再構築
		質問	プロセス改善をどのような方法により行っているか.

成熟度	評価基準
レベル 5 （ゴール）	（レベル 4 に加え）BPR（Business Process Reengineering）手法により，組織変革のために既存の組織やプロセスを組織横断の視点で抜本的に見直し，職務，業務フロー，管理機構，情報システムを再構築している.
レベル 4	（レベル 3 に加え）大きなプロセスを小さなプロセスに細分し，その小さなプロセスに対しパフォーマンス指標 KPI（Key Performance Indicator ）を設定してプロセスの改善を行っている.
レベル 3	単独のプロセス（ピットホールの補修など）に対し，作業研究，時間研究，工程分析などの手法により，作業時間を組織的な取り組みで削減している.
レベル 2	プロセスの改善は行われているが，組織的な取り組みは弱く，個人に依存している.
レベル 1	プロセス改善は不良，事故などの対策だけに限定されている.

評価項目	8.2.3	視点	リスクマネジメント
		質問	リスクマネジメントはどのような方法により行われているか.

成熟度	評価基準
レベル 5 （ゴール）	（レベル 4 に加え）リスクアセスメント専門家が数式を使ってリスク値などを計算するだけではなく，トップマネジメントが組織の価値観を組織ビジョンなどで示すことにより，組織に適切なリスクマネジメントが体系的に行われている.
レベル 4	（レベル 3 に加え）全社的リスクマネジメント ERM（Enterprise Risk Management）の重要な一環として，アセットマネジメントでのリスクマネジメントが行われている.
レベル 3	システムのライフサイクル（計画，開発設計，製造，設置，運用，保全・改修，廃棄の全フェーズ）においてリスク分析（プロセスハザード解析 PHA など）を行われている. また，全社的リスクマネジメント ERM（Enterprise Risk Management）ともある程度は整合性がとれている.
レベル 2	システムのライフサイクル（計画，開発設計，製造，設置，運用，保全・改修，廃棄の全フェーズ）の一部でしかリスク分析（プロセスハザード解析 PHA など）が行われていない. また，全社的リスクマネジメント ERM（Enterprise Risk Management）への整合性には考慮がない.
レベル 1	体系的手法，客観的手法は取り入れておらず，担当者個人の経験によるリスクアセスメントが行われている.

評価項目	8.2.4	視点	リーダーシップとコミュニケーション
		質問	リーダーシップとコミュニケーションは組織内で有効に発揮されるために，どのような工夫が行われているか.

成熟度	評価基準
レベル 5 （ゴール）	（レベル 4 に加え）組織の文化と内外の状況，利害関係者のニーズと期待に応じたリーダーシップとコミュニケーションが工夫されている.

レベル4	（レベル3に加え）組織内の非公式組織を含めたコミュニケーションにより協力するという職場風土が作られており，上位管理者の指示が現場に受容されている．これにより改善提案の活発さなどのボトムアップの職場風土が維持されている．
レベル3	現場が持っているノウハウ，知識を，組織の計画部門に体系的に集約し，標準手順，標準作業時間，標準ツールなどが整備され，計画指示書というトップダウンによって現場は指揮されている．
レベル2	計画指示書というトップダウンによって現場は指揮されているが，標準手順，標準作業時間，標準ツールなどは十分には整備されていない．
レベル1	標準手順，標準作業時間，標準ツールなどはほとんど整備されていない．作業計画は現場任せである．

【参考文献】

1) AASHT, Transportation Asset Management Guide A focus on Implementation, January 2011

2) ISO 55001:2014 Asset management — Management systems — Requirements

3) CMMI® (Capability Maturity Model® Integration)：開発のための CMMI® 1.3 版　2011 年　著作権：2010 年　カーネギーメロン大学

4) JAAM 成熟度評価小委員会，JAAM ガイドブックシリーズ　実務者のためのアセットマネジメントプロセスと成熟度評価，p.26，日刊建設通信新聞社，2019.8)

5) JIS Q 9000:2015 品質マネジメントシステム−基本及び用語

6) 情報システム用語事典：SWOT 分析 https://www.itmedia.co.jp/im/articles/0706/01/news143.html

7) NEXCO 東日本ホームページ　https://www.e-nexco.co.jp/company/strategy/vision/

8) 農林水産奨励会農林水産政策情報センター，Logic Model Development Guide W.K.Kellogg Foundation　ロジックモデル策定ガイド，p.3，政策情報レポート 066，農林水産政策研究所，2003.8

9) 国土技術政策総合研究所 建設マネジメント技術研究室,設計 VE ガイドライン(案),p.15，国土技術政策総合研究所，2004.10

10) SMART の法則（スマートの法則）とは？効果的な目標設定のための 5 つのポイント https://boxil.jp/beyond/a5166/?page=2

11) 小林潔司,田村敬一,藤木修, 国際標準型アセットマネジメントの方法, 日刊建設工業新聞社, 2016.8

12) 下水道分野における ISO 55001 適用ガイドライン検討委員会，下水道分野の ISO 55001 適用ユーザーズガイド(素案改訂版)，国土交通省, 2015.3

13) 下水道分野における ISO 55001 適用ガイドライン検討委員会，下水道分野の ISO 55001 適用ユーザーズガイド(素案改訂版)，国土交通省, 2014.3

14) 日本規格協会，対訳 ISO 31000:2009 (JIS Q 31000：2010) リスクマネジメントの国際規格[ポケット版]，p.109，日本規格協会，2010.11

15) JIS Q 22301:2013 社会セキュリティ−事業継続マネジメントシステム−要求事項

第5章 アセットマネジメントの実践

5.1 政策評価

舗装アセットマネジメントの PDCA サイクルは，意思決定の時間的視野や組織的階層性の違いにより予算の検討から日常の管理まで多階層の構造を有している．階層的マネジメントサイクルにおいて継続的な改善を行っていくためには，各階層をモニタリングしてサイクル全体を改善するメタマネジメントが必要となる．政策評価は，マネジメントの実践結果から政策目標の達成度評価やロジックモデルの見直しなどを行うメタマネジメントとして位置付けられる．

5.1.1 政策評価制度 [1), 2)]

わが国の政策評価制度は，平成9年の行政改革会議最終報告において政策評価制度の導入が提言され，平成13年1月に中央省庁等改革の一つの柱として，政策評価制度が始まった．平成14年4月には行政機関が行う政策の評価に関する法律が施行され，効率的で質の高い行政，成果重視の行政，国民に対する行政の説明責任の徹底を実現することを目的とし，各府省が自ら政策の効果を把握し，必要性，効率性，有効性などの観点から評価するとともに，評価の結果を政策に適切に反映することなどが定められている．

政策評価は，政策の特性に応じて「事業評価方式」「実績評価方式」「総合評価方式」などの適切な方式を用いて行うものとされている．事業評価方式は，政策を決定する前に，政策効果や費用等を推計・測定し，政策目的が妥当か，行政が担う必要があるか，費用に見合う政策効果が得られるかなどの観点から評価するとともに，必要に応じ事後検証を行う方式である．手法は費用便益分析などが用いられる．実績評価方式は，政策決定後に，達成すべき目標を設定し，実績を定期的・継続的に測定するとともに，目標期間終了時に期間全体における取り組みや最終的な実績を総括し，評価する方式である．総合評価方式は，政策決定から一定期間経過後を中心に，特定テーマについて政策効果の発現状況を様々な角度から分析し，問題点を把握するとともに原因を分析する方式である．

国土交通省では，事業評価方式を政策アセスメント，実績評価方式を政策チェックアップ，総合評価方式を政策レビューと名付けて評価を実施している．政策アセスメントは，予算概算要求事項に関係するもので，新規性がありかつ社会的影響が大きいものを対象として予算概算要求と併せて行っている．政策チェックアップは，あらかじめ定めた業績目標を対象に毎年5月に前年度実績を取りまとめ，予算概算要求等の企画立案や社会資本整備重点計画のフォローアップに活用することなどを目的としている．政策レビューは，国土交通省の政策課題として重要なもの，国民からの評価に対するニーズが特に高いもの，総合的な評価を実施する必要があると考えられるもの，政策の見直しが必要と考えられるものを対象に実施する．

なお，地方自治体においては多くの都道府県と市町村が独自に政策評価を実施している．

5.1.2 ロジックモデル [3), 4)]

ニューパブリックマネジメント NPM（New Public Management）理論によれば，全ての施策・事業には，必ず，その活動によって，どのような成果を産み出すのか（もしくは，産み出そうとしているのか）という論理・道筋の仮説が存在する．ロジックモデルとは，最終的な成果（ここでは「顧客満足

度の向上」や「道路通行車両のリスク軽減」等）を設定し，それを実現するために，具体的にどのような中間的な成果が必要か，さらに，その成果を得るためには何を行う必要があるのかを体系的に明示するためのツールである．すなわち，評価対象となる施策・事業を実施することによって，どのような影響があり，最終的にどのような成果を上げていくのかについて，複数の段階・手順に分けて表現しつつ，それぞれについて一連の関連性を整理・図式化することにより，施策・事業の意図を明らかにするものであり，以下のように定義される．

1）ロジックモデルは，社会システムあるいは行政経営システムの経営目標としてのアウトカムに対して，経営資源の活用方法や事業，サービス，施設等のアウトプットがどのように関係し，貢献するかを論理的に表した体系図あるいは論理モデルである．

2）体系図あるいは論理モデルの形態を持っているが故にロジックモデルは経営システムの構造そのものを示している．

3）ロジックモデルは，定性的な関係を示すとともに定量的な関係を示すこともできることから，経営システムの経営目標に対する達成度評価，パフォーマンス評価のツールとして機能する．

4）ロジックモデルは一定の社会環境，事前環境，技術環境のもとで構築される経営システムの構造を示している．従って，行政経営における経営システムの確認あるいは見直しのツールとして機能する．

ロジックモデルは NPM 理論を支援する基本的ルールとして定着しており，行財政改革の実践の中で適用されてきた実績を持っている．わが国においても，平成 14 年に「行政機関が行う政策の評価に関する法律」が施行され，政府各省庁において，政策評価活動のための基本計画が作成されているところであり，アセットマネジメントのためのロジックモデルがいくつか提案されている．特に，阪神高速道路株式会社によって開発されたロジックモデル HELM（Hanshin Expressway Logic Model）は維持管理業務全体のリスクマネジメント効果的に実施することを目的として，維持管理業務全体をリスク管理目標・手段体系として整理し，維持管理業務において達成すべきリスク管理水準とそれを実施するために維持管理業務の内容を表現している．

これに対して，欧米諸国ではロジックモデル作成のマニュアルも提案され，特にアングロサクソン諸国において幅広く適用されてきた．また，アセットマネジメントの分野においても，オーストラリア等においてロジックモデルの適用事例が報告されている．

ロジックモデルは，具体的な活動から最終的な成果に至るまでの中間段階で起こりうるであろう様々な出来事を要素として示し，それら要素間の関係を 1 本もしくは複数の線でつなげることによって，成果達成のための道筋・手順を明らかにする役割を果たす．通常，施策・事業対象の変化・改善度合いを表すアウトカムについては，数段階（例えば，中間・最終の 2 段階）にブレイクダウンして表現する（**表-5.1.1**）.

表-5.1.1　ロジックモデルの要素 [3)]

要素	内容
インプット（資源・活動）	予算・人員など，施策を実施するために投入される資源および活動
アウトプット（結果）	職員の活動が行われたことによって生み出される結果
中間アウトカム（成果）	活動・結果がなされたことによって生じる，比較的短期間で顕在化する（であろう）成果
最終アウトカム（経営目標）	その施策が目指している最終的な成果．一般に，達成されるまでに長い期間を要し，施策の枠を越えた外的要因に影響されることもある

(出典：坂井康人，上塚晴彦，小林潔司，ロジックモデル(HELM)に基づく高速道路維持管理業務のリスク適正化，建設マネジメント研究論文集，土木学会，vol.14，pp.125-133，2007)

ロジックモデルの形式的な特徴としては，
・活動（投入資源）から最終的な成果に至るまでの過程を1本もしくは複数の線によってつなげること
・成果の段階を複数段階に分けて提示すること
の2点により，ブラックボックスになりがちである施策・事業の成果導出過程を誰の目にも明らかな形で示すことができる点にある．

欧米諸国で採用されているロジックモデルを，その表現形式で分類すると，図-5.1.1，図-5.1.2に示すように大きく2つに分類できる．1つはフローチャート型であり，もう1つはブロック型である．いずれの形式も，複数の行政活動（資源）を出発点として，最終成果を到達点とする点では変わりはないが，前者では個別の出来事の要素をそれぞれ別個の箱に表現して，要素単位でのつながりをみているのに対して，後者では同じレベル（例えば，活動，結果，各成果等，それぞれの段階）にある複数の出来事を束ねて，1つの箱に表現して，ブロック単位でつながりをみている．これらの形式については特にどちらが優れているというものではなく，作成つながりをみているのに対して，後者では同じレベル（例えば，活動，結果，各成果等，それぞれの段階）にある複数の出来事を束ねて，1つの箱に表現して，ブロック単位でのつながりをみている．これらの形式については特にどちらが優れているというものではなく，作成しやすい方，もしくは後の利用状況を想定して形式を選択することになる．

なお，ロジックモデルを作成する際には，プログラムの成果に影響を及ぼす外部要因も，可能な限り詳細に明らかにしておく必要がある．特に，フローチャート型での下段，ブロック型での右列に行けば行くほど，外部要因が影響を及ぼす度合いが大きくなるため，あらかじめロジックモデルの中に組み入れておくことが必要である．一方，ロジックモデルを作成することの最大の利点は，プログラムの立案者，実施者，管理者，評価者，住民，利害関係者等の様々な主体が，プログラムが必要なのか，成果があがるのか，あがらないのか，そして原因はどこにあるか等の本格的な政策論争を1つのロジックモデルを共有題材として，容易に行うことが可能になることである．こうした試行錯誤のプロセスを通じて，施策が意図している目的と，実際に行う活動との間を結ぶ「論理性」，「因果関係」が，より強固に証明されることになるのである．ロジックモデルの様々な利点を整理すると表-5.1.2に示すことができる．

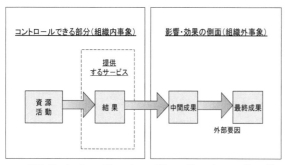

図-5.1.1　ボックス型ロジックモデル[5]

（出典：小林潔司，田村敬一，実践インフラ資産のア
セットマネジメントの方法，p.145，理工図書，2015.10）

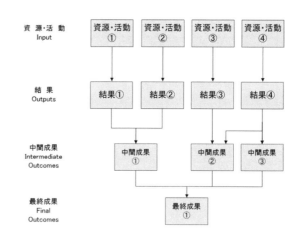

図-5.1.2　フローチャート型ロジックモデル

（出典：小林潔司，田村敬一，実践インフラ資産のアセット
マネジメントの方法，p.146，理工図書，2015.10）

表-5.1.2　ロジックモデルの利点[5]

段　　階	利　　　　　点
全体像の提示	最終成果を達成するために，何を行うのか（行うべきか）の全体像がわかる
	作業から最終成果に至るまでに発生するであろう様々な出来事が，論理的かつ網羅的に予測，提示される
詳細分析(事前)	最終成果を達成するための重要な要因とそれを担うべき主体が特定され，代替案を検討，分析することができる
	最終成果の達成可能性が明らかになるとともに，施策に関与している組織間の共同，協力関係が表示される
詳細分析(事後)	プログラムの成果を，何をもって測定すればよいかわかる
	中間成果の表示により，最終アウトカムが達成されない場合の問題の所在が特定でき，どこを改善すべきかがわかる
その他	作成のプロセスを通じて，意識の統一が図られる
	情報公開をすることで，外部に対するコミュニケーションツールとなる

（出典：小林潔司，田村敬一，実践インフラ資産のアセットマネジメントの方法，p.147，理工図書，2015.10）

5.1.3　サービス水準の設定と評価法

　サービス水準は，組織が達成する社会的，政治的，環境的及び経済的成果を反映するような安全，顧客満足，質，量，能力，信頼性，応答性，環境上の需要可能性，コスト，利用可能性等で表現される．

　舗装の管理基準を考える際には，一般的に道路構造物に求められる「道路資産保全の視点」とともに「ユーザーサービスの視点」が重要となる．ユーザーサービスの視点から舗装に求められる性能としては，大きくは，道路利用者・沿道住民の観点から安全性，円滑性，快適性，環境があげられる．また，道路資産保全の視点として耐久性を考えることができる（**図-5.1.3**参照）[6]．

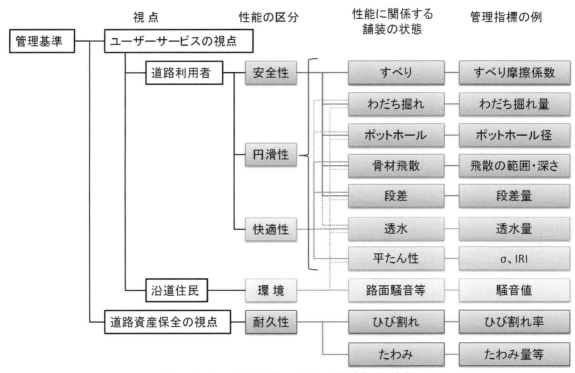

図-5.1.3　管理基準の概念 [6)を一部修正して転載]

（出典：藪雅行，石田樹，久保和幸，田高淳，舗装の管理目標設定の考え方，土木技術資料　VOL50 No.2，p.6，2008）

　舗装管理を行うためには，その状態を適切に表現し，かつ当該道路の管理者がモニタリング可能な指標を設定していく必要がある．ユーザーサービスの視点である安全性，円滑性，快適性，環境を評価するために計測可能な指標は，すべり摩擦係数，わだち掘れ量，段差，平たん性，騒音値等が考えられる．また，道路資産保全の視点である耐久性を評価するために計測可能な指標は，ひび割れ率，FWD によるたわみ量等が考えられる．

　舗装点検要領 [7)]（国土交通省道路局，平成 28 年 10 月）では，道路を一律に管理するのではなく，道路の重要度や損傷劣化のはやさに応じで分類 A〜D の 4 区分に分類しメリハリのある管理を推奨しており，劣化のはやい道路である分類 A,B では，ひび割れ，わだち掘れ，国際ラフネス指数 IRI（International Roughness Index）を，劣化のおそい道路である分類 C,D ではひび割れ，わだち掘れを管理指標として設定することを推奨している．

　また，図-5.1.4 は維持管理に着目したロジックモデルの体系を示した樹形図の例（一部）であり，本体構造物の管理に関連したロジックモデルを示している．

　その一例として，本体構造物は定期点検や，補修で得られる最新の健全度データをもとに式(5.1.1)，式(5.1.2)で示す「舗装保全率」，「構造物保全率」がアウトプット指標として定義され，中間アウトカム指標(サービス水準達成率，式(5.1.3))，最終アウトカムが算出される [8),9)]．

$$舗装保全率(\%) = \frac{MCI \geq 4.0の延長(km)}{管理延長(km)} \tag{5.1.1}$$

$$
\begin{aligned}
&構造物保全率(\%) \\
&= 1 - \frac{A、S損傷がある径間(脚)数}{全径間(脚)数}
\end{aligned}
\tag{5.1.2}
$$

$$
\begin{aligned}
&サービス水準達成率(\%) \\
&= \frac{アウトプット指標(実績)}{アウトプット指標(目標)}
\end{aligned}
\tag{5.1.3}
$$

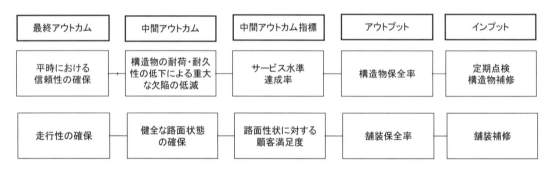

図-5.1.4　維持管理ロジックモデルの樹形図（一部） [8), 9)]を基に一部抜粋

（出典：坂井康人，慈道充，貝戸清之，小林潔司，都市高速道路のアセットマネジメント -リスク評価と財務分析-，建設マネジメント研究論文集，土木学会，vol.16，pp.71-82，2009）

（出典：坂井康人，荒川貴之，慈道充，小林潔司，ロジックモデル(HELM)に基づく戦略的維持管理，土木計画学研究論文集，土木学会，2009）

5.1.4　サービス水準とパフォーマンス計測

　舗装や構造物などのアセットには，その管理目標と達成度を評価するための指標があり，例えば，橋梁やトンネルについては，5年毎に実施される橋梁定期点検により健全度の評価を実施している．

　舗装では，国内の多くの道路管理者は *MCI*（Maintenance Control Index：舗装の維持管理指数）値により構造物の健全性を評価しており，管理水準以下になったものを補修対象としている．また，舗装点検要領[7)]では，ひび割れ率，わだち掘れ深さ，*IRI* の単独指標から舗装の健全性をⅠからⅢの3分類で診断している（**表-5.1.3**）．特に道路分類B（損傷進行が早い道路等）に設定されたアスファルト舗装の診断区分では，区分Ⅲのなかで区分Ⅲ-2では，詳細調査として構造的な評価を行い措置内容を決定する．

　また，高速道路会社ではサービス提供側のアウトプット指標として，路上工事時間，道路構造物保全率（舗装）などを設定し，アウトカム指標として本線渋滞損失時間，死傷事故率，顧客満足度などについて目標値を設定している．

　米国では NCHRP が，インターステート・アセットマネジメントの枠組みのために推奨される主要パフォーマンス指標を示しており [10)]，舗装に関しては構造的妥当性（Structural Adequacy）と走行品質（Ride Quality）の二つの指標タイプが推奨されている．構造的妥当性を表す指標として，道路パフォーマンス・モニタリングシステム（HPMS）により算出される現在サービス能力指数（Present Serviceability Rating）を用いることができるが，舗装の劣化の範囲を全て考慮しているものではないた

め，ほとんどの機関は，わだち，クラック，段差を考慮した固有の指標を設定している．乗り心地に影響を及ぼす路面の縦断凹凸の程度を表す指標として，*IRI* を推奨しているが，州によって計測にかなりの違いがあり，標準指標として用いることに関しては複雑な問題があるとしている．

この他にも，平均的な劣化曲線をベンチマーキング曲線とし，そこからの乖離度によって，舗装区間の優先度を決定する方法を提案されている[11]．

表-5.1.3 アスファルト舗装の診断区分[7]

区 分		状 態
I	健全	損傷レベル小：管理基準に照らし，劣化の程度が小さく，舗装表面が健全な状態である．
II	表層機能保持段階	損傷レベル中：管理基準に照らし，劣化の程度が中程度である．
III	修繕段階	損傷レベル大：管理基準に照らし，それを超過している，又は早期に超過することが予想される状態である．
	III−1 表層等修繕	表層の供用年数が使用目標年数を超える場合（路盤以下の層が健全であると想定される場合）
	III−2 路盤打換等	表層の供用年数が使用目標年数未満である場合（路盤以下の層が損傷していると想定される場合）

（出典：国土交通省道路局，舗装点検要領，p.11，2016.10）

5.2 計測・診断技術

5.2.1 計測技術

舗装は，建設から供用により路面劣化と構造劣化が経年的に変化していくものであり，これらを評価し定量的な値を得るために舗装の状態を計測する必要がある．例えば路面評価では，計測する値としてひび割れ率，わだち掘れ深さ，*IRI*（あるいは平たん性の標準偏差），段差量，すべり摩擦等がある．路面については，その劣化が道路利用者に走行安全性や快適性に直接影響を与えるものであるため，日常点検や定期的な調査サイクルで計測して，ある一定のサービス水準を維持することが求められる．構造評価については，路面がある一定以上パフォーマンスが低下し，さらに詳細に舗装の内部調査が必要となった場合，舗装構造調査 FWD（Falling Weight Deflectometer）によるたわみ量の計測が実施される．FWD では，たわみ量を計測するだけでなく舗装の健全性を診断し，どのような要因で損傷が発生したかを推察することによりどのような措置が必要であるか判断することができる．

舗装の調査は，計測により舗装の状態を数値化することが目的ではなく，舗装の維持修繕を効率的かつ経済的に実施するために，現状の破損状況や発生原因を把握する目的で行われる．以下に主な計測（点検）技術を紹介する．

（1）日常点検
1）点検方法

日常点検（または巡回点検）は，国道，県道および市道の幹線道路などにおいて巡回パトロールが一般に行われている．舗装における点検項目はポットホールや陥没，ひび割れおよびわだち掘れなど

である．点検方法は**写真-5.2.1**に示すパトロール車での車上目視や車上感覚による方法が多く用いられているが，徒歩による目視点検（**写真-5.2.2**）も行っている道路管理機関もある．空港舗装に関しては，徒歩あるいは車上目視による方法で行われている．

写真-5.2.1　点検パトロール車例

写真-5.2.2　目視点検例

2）点検頻度

　点検頻度は，直轄国道では 2 日に 1 回を原則としており，高速道路では交通量によって 2 週間に 4 回〜7 回，都市高速道路や県管理道路では 1 週に 2〜3 回の頻度で行っている道路管理機関が多い．また，政令市では道路の区分により幹線道路で 1 週間に 1 回，生活道路で 1 月に 1 回の頻度で行っている道路管理機関がある．空港舗装の車上目視による点検は，概ね 1 月に 1 回で実施している．

　なお，徒歩による目視点検は，定期巡回（パトロール）に相当し，点検頻度は 1 回／年あるいは 1 回／5 年で実施している道路管理機関もある．空港舗装の徒歩による目視点検は 3 回／年で実施されている．

3）判定基準

　高速道路は損傷の状態をランクに分けて AA〜B で判定されている．また，損傷の目視判定マニュアルが整備されている機関もある．

　ひび割れ損傷における目視判定の一例を**図-5.2.1**に示す．

図-5.2.1　ひび割れ損傷における目視判定例

（2）定期点検
①点検方法

　国道，都道府県道や都市高速道路などの幹線道路では，定量的な測定を目的として路面性状計測車等の機械装置を用いて行われている．市の管理道路では，交通量の多い路線や重要路線では機械装置による調査も行われてはいるが，多くの市道は，定期的な巡視の機会による目視調査によって行われている場合が多い．

　機械装置による舗装の調査項目は，多くの道路管理機関では路面のひび割れ，わだち掘れおよび平たん性である．また，近年，直轄国道などでは，ラフネスの一評価指標となっている *IRI* も項目に加えられている．また，目視調査の項目はひびわれ，わだち掘れなどであり，徒歩による目視観察によって行われている．

　路面性状測定車を用いた調査方法では，迅速かつ多くの測定データが収集記録できる他，測定時に交通規制が必要なく，路面のひびわれやわだち掘れおよび平たん性の縦断凹凸が同時に測定できる．

　路面性状測定車には**写真-5.2.3**に示す大型で高精度の測定車から，近年では**写真-5.2.4**に示すコンパクトな測定車も開発されている．路面性状測定車の仕様例を**表-5.2.1**に示す．その他にも，最近では各種計測機器を車両に搭載し，道路を通常走行しながらレーザスキャンにより道路および周辺構造物の三次元点群情報を収集する**写真-5.2.5**に示すモービル・マッピング・システム（MMS）を用いて道路舗装や空港舗装路面の調査等も行われている．

写真-5.2.3　路面性状測定車（8t車ベース）[12]　　**写真-5.2.4**　乗用車型の路面性状測定車 [12]

（出典：ニチレキホームページ，http://www.nichireki.co.jp/product/consult/）

表-5.2.1　路面性状測定車の仕様の例

項目	方式	性能	測定精度	計測速度
ひび割れ	レーザスキャンニング法	幅員：4m	幅1mm以上のひび割れ検出	
わだち掘れ	レーザ光切断法	最大深さ±250mm	±3mm（横断プロフィルメータに対し）	0～100km／h
平たん性	レーザ光変位法	最大凹凸250mm	±30%（縦断プロフィルメータに対し）	
距離	―	1m	±0.3%（光学測量機に対して）	

①GPS受信機：位置情報を取得
②IMU：路面に対する車体のゆがみ等を補正
③標準ﾚｰｻﾞｰｽｷｬﾅ：周辺構造物等の三次元点群ﾃﾞｰﾀ取得
④ﾃﾞｼﾞﾀﾙｶﾒﾗ：周辺の画像を撮影
⑤オドメータ：走行距離計
⑥高密度ﾚｰｻﾞｽｷｬﾅ：路面性状の三次元点群ﾃﾞｰﾀを取得

写真-5.2.5　MMS 測定車 [13]　　　　　　　　図-5.2.2　MMS の概要 [13]

（出典：舗装診断研究会，舗装の点検・診断方法と舗装診断技術資料集，p.118）

　また，市道の準幹線道や生活道路に関しては，簡易型の測定装置（**写真-5.2.6**）あるいは目視調査による方法が用いられている．空港舗装では，路面性状測定車による調査の他，連続摩擦測定装置（SFT: Surface Friction Tester）（**写真-5.2.7**）による調査も行われている．

写真-5.2.6　簡易型の測定車例 [12]

（出典：ニチレキホームページ，http://www.nichireki.co.jp/product/consult/）

写真-5.2.7　空港舗装に用いられている連続摩擦測定装置 [14)を参考に編集作成]

（出典：サーシスジャパンホームページ，http://www.sarsys.co.jp/product.html）

②点検頻度

　定期的な調査の実施時期は，直轄国道では 5 年に 1 回を標準としており，都市高速道路では 1 年に 1 回，高速道路では 2 年～5 年に 1 回の路面性状測定車による調査が行われている．県または政令市の管理道路では 3～5 年に 1 回の調査が多く行われており，一部その中の道路管理機関では交通量の少ない県道において 8 年に 1 回としているところもある．市の幹線道路の路面性状測定車による調査では 4 年～5 年に 1 回の調査が行われているところもある．また，交通量の少ない市町村道などでは 10 年に 1 回程度の点検や点検間隔が長期間となる場合，日常点検で得た情報による補完やスマートフォン等を利用した住民参加型の点検を行っているところもある．

　空港舗装では，滑走路の路面摩擦係数の調査は 1 年に 1 回，その他の調査項目（路面性状等）については 3 年に 1 回の調査が行われている．

(3) その他の調査

　アスファルト舗装の構造的健全度を調査・評価するために FWD 調査が行われている．FWD は，路面に設置した載荷版（直径 30cm あるいは 45 cm）を介して衝撃荷重を載荷し，路面の変位量（たわみ量）を測定する装置である．

　FWD の外観を写真-5.2.8 に，構成を図-5.2.3 に示す．

　FWD 調査ではたわみ量を測定することで，舗装の支持力が交通量や交通荷重に対して十分であるか，また，解析により路床の CBR（California Bearing Ratio）やどの層が損傷しているかを推定することができる．

　FWD 調査は高速道路の試験方法[15]や空港舗装の補修要領[16]に具体的な方法が示されており，また，いくつかの道路管理機関の舗装維持修繕計画[17],[18]などでは，詳細調査として補修区間の維持修繕工法の検討のために実施するとされている．

写真-5.2.8　FWD の外観例

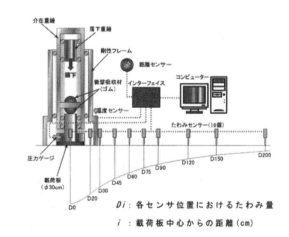

図-5.2.3　FWD の構成例[13]

（出典：舗装診断研究会　舗装の点検・診断方法と舗装診断技術資料集，p.96）

　その他の舗装に関する調査には，高速道路においてすべり抵抗測定車によるすべり摩擦係数の調査，ポーラスアスファルト舗装の透水量や骨材飛散の調査が行われている．

　また，道路橋の舗装およびコンクリート床版の調査では，電磁波技術や熱赤外線カメラを活用して

非破壊による異常箇所の点検が行われている．空港舗装においてアスファルト混合物層の層間剥離の調査では，熱赤外線カメラを用いて路面温度を測定し健全部と剥離部の路面温度が相違することを利用している．

5.2.2　診断技術

　舗装における診断は，計測で得られた結果を基に管理基準（*MCI*，ひび割れ，わだち掘れ，*IRI* 等）に照らし合わせて舗装の健全性を評価する．診断の目的は，損傷した舗装について維持修繕が必要であるかを判断することに加え，どのような要因で損傷が発生したかを推定し，維持・修繕に反映させることによりライフサイクルコストを最小化することにある．診断については，舗装の損傷度合いを適切に評価できる資格を有する技術者が行うことが望ましいとされている．以下に診断区分および診断方法を紹介する．

(1) アスファルト舗装の診断

　アスファルト舗装の診断には，道路管理者が設定した管理基準に対して前掲の**表-5.1.3** に示す損傷レベルを I 健全，II 表層機能保持段階，III 修繕段階の 3 段階に分類する方法がある．舗装の診断を行うための路面性状評価には，ひび割れ率やわだち掘れ量および *IRI* などの単指標を用いている道路管理機関と，それらの単指標からなる計算式によって算出される総合指標を用いている道路管理機関とに区分される．単指標は，破損した複数の箇所の舗装の状態を単純に比較する（例えば，ひび割れ率とわだち掘れ量の数値による比較など）ことができないが，各指標の数値は，舗装の性能や経年変化および劣化などとの関係が比較的明確とされている．一方，総合指標は，舗装路面の破損形態が異なる複数の箇所について，同じ指標により比較することになることから，維持修繕の優先順位を検討する際や管理区域内の道路舗装のマクロ的な舗装状態の把握に有用とされている．

　直轄国道，高速道路および都市高速道路では，単指標によって路面状態を評価している．都道府県道や市道の多くの道路管理機関では，総合指標によって路面状態を評価しており，一部の県や政令市および市の道路管理機関では，単指標でも評価しているところもある [17), 18)]．また，空港舗装は単指標および総合指標の両指標で評価されている [16)]．

　道路舗装の総合指標には，路面状況を定量的・客観的に把握するための指標として舗装の維持管理指数の *MCI* が多く用いられており，その他独自の総合指標を用いている道路管理機関（東京都：*MNI*，横浜市：*YMI* など）もある．空港の総合指標には舗装補修指数の *PRI*（Pavement Rehabilitation Index）が用いられている．

　アスファルト舗装の総合評価指標の計算式の例を以下に示す．

① *MCI*（維持管理指数：Maintenance Control Index）

MCI は下記の式(5.2.1)〜式(5.2.4)から算出され，算出結果のうち最小値をもって *MCI* 値とする．

$$MCI = 10 - 1.48C^{0.3} - 0.29D^{0.7} - 0.47\sigma^{0.2} \tag{5.2.1}$$

$$MCI_0 = 10 - 1.51C^{0.3} - 0.30D^{0.7} \tag{5.2.2}$$

$$MCI_1 = 10 - 2.23C^{0.3} \tag{5.2.3}$$

$$MCI_2 = 10 - 0.54D^{0.7} \tag{5.2.4}$$

C：ひび割れ率(%)，　D：わだち掘れ量(mm)，　σ：平たん性(mm)

② *YMI*（横浜市独自の総合指標）

$$YMI = 9.27 - 0.265C^{0.8} - 0.064D - 0.37\log V \tag{5.2.5}$$

C：ひび割れ率(%)，D：わだち掘れ量(平均値 mm)，V：平たん性(mm)，$\log$：常用対数

③ *PRI*（空港舗装の総合指標）

$$PRI = 10 - 0.45 \cdot CR - 0.51 \cdot RD - 0.655 \cdot SV \tag{5.2.6}$$

CR：ひび割れ率(%)，RD：わだち掘れ量(mm)，SV：平たん性(mm)

(2)コンクリート舗装の診断

　コンクリート舗装では，主にひび割れ，目地や角欠け，段差等の損傷の種類や程度について診断を実施する．損傷の状況に基づき，アスファルト舗装同様に表-5.2.2に示すI健全，II補修段階，III修繕段階の3段階で評価し診断する方法がある．コンクリート版の損傷や路盤以下のまでの損傷が疑われる場合，FWDやコア抜き，開削調査等の詳細調査を行い損傷の程度や原因を詳細に診断する必要がある．

表-5.2.2　コンクリート舗装診断区分例 [7]

診断区分		状態
I	健全	損傷レベル小：目地部に目地材が充填されている状態を保持し，路盤以下への雨水の浸入や目地溝に土砂や異物が詰まることがないと想定される状態であり，ひび割れも認められない状態である。
II	補修段階	損傷レベル中：目地部の目地材が飛散等しており，路盤以下への雨水の浸入や目地溝に土砂や異物が詰まる恐れがあると想定される状態，目地部で角欠けが生じている状態である
III	修繕段階	損傷レベル大：コンクリート版において，版央付近又はその前後に横断ひび割れが全幅員にわたっていて，一枚の版として輪荷重を支える機能が失われている可能性が高いと考えられる状態である。または，目地部に段差が生じたりコンクリート版の隅角部に角欠けへの進展が想定されるひび割れが生じているなど，コンクリート版と路盤の間に隙間が存在する可能性が高いと考えられる状態である

（出典：国土交通省道路局，舗装点検要領，p.10，2016.10）

(3) 構造評価

　アスファルト舗装の構造評価には，FWDによるたわみ量調査，コア抜き調査，開削調査がある．たわみ量調査は，舗装全体の支持力，路床の支持力および各層のどの部分まで損傷しているか評価する．また舗装構成と層厚が既知の場合，逆解析によってたわみ量から各層の弾性係数を推定し，各種材料の一般的な弾性係数と比較することで各層の健全度が評価可能とされている．

　コア抜き調査は，アスファルト混合物層のひび割れやわだち掘れの損傷箇所において発生状況を観察することにより発生箇所や原因を判断できる．更に採取したコアの試験を行うことにより，アスファルト量や粒度，劣化度合いの推定などにも利用できる．

　開削調査は，舗装を開削して目視により各層厚や状態を確認する．または，路床・路盤の支持力を*CBR*試験等で確認し，舗装の健全性を評価することができる．

　FWDのたわみ量から構造評価関連の指標の一例 [19]を以下に示す．

① 舗装全体の支持力

表-5.2.3　交通量区分別の許容たわみ量の目安の例 [19]

交通量区分	N_3	N_4	N_5	N_6	N_7
D_0 (mm)	1.3	0.9	0.6	0.4	0.3

〔注1〕D_0：載荷点直下のたわみ量
〔注2〕各許容たわみ量は，49kN，20℃に換算した値

（出典：舗装委員会舗装設計施工小委員会，舗装の維持修繕ガイドブック 2013，p.41，日本道路協会，2013）

（原典：道路保全技術センター，ＦＷＤ運用マニュアル（案），p.20，1996.3）

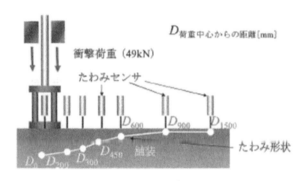

図-5.2.4　FWD 測定のたわみ形状の例 [20]

（出典：舗装診断研究会：FWD による舗装診断，p.5，2014）

② 路床の支持力

$$路床の\ CBR(\%)＝1/D_{150} \tag{5.2.7}$$

D_{150}：載荷点から 150cm の位置のたわみ量(mm)

③ 残存等値換算厚

$$T_{A0}＝-25.8\log(D_0－D_{150})+11.1 \tag{5.2.8}$$

T_{A0}：残存等値換算厚（cm）

D_0：載荷点直下のたわみ量（mm）

D_{150}：載荷点から 150cm 位置のたわみ量（mm）

④ アスファルト混合物層の弾性係数

$$Eas=2352×\{(D_0－D_{20})^{-1.25}\}\ /h_{as} \tag{5.2.9}$$

Eas：アスファルト混合物層の弾性係数（MPa）

D_0：載荷点直下のたわみ量（mm）

D_{20}：載荷点から 20cm の位置のたわみ量(mm)

h_{as}：アスファルト混合物層の厚さ(cm)

　また，高速道路のアスファルト舗装においては，損傷指数により評価されている．損傷度指数は，載荷点直下のたわみ量と載荷点から 90cm の位置のたわみ量の差をアスファルト層の厚さで除したものである．

空港舗装のアスファルト舗装に関しては，構造的健全度のたわみ比により評価されている．たわみ比は，測定したたわみ量（D_0）を舗装各層に用いられている材料の標準的な弾性係数を用いた理論計算値のたわみ量で除したものである．

コンクリート舗装に関しては，道路舗装および空港舗装ともに，ひび割れ部や目地部にける荷重伝達率により評価されている．

荷重伝達率の測定方法と計算式を**図-5.2.5**に示す．

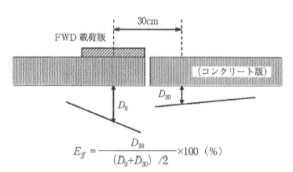

$$E_{ff} = \frac{D_{30}}{(D_0 + D_{30})\,/2} \times 100 \quad (\%)$$

E_{ff}：荷重伝達率（%）
D_0：載荷点直下のたわみ量（mm）
D_{30}：載荷点から30cmの位置のたわみ量（mm）

図-5.2.5　FWDによる荷重伝達率の測定方法と計算式[19]

（出典：舗装委員会舗装設計施工小委員会，舗装の維持修繕ガイドブック2013，p.50，日本道路協会，2013）

（原典：土木学会舗装工学委員会，舗装工学ライブラリー2，FWDおよび小型FWD運用の手引き，2002.12）

(4) 評価の単位区間長

路面性状調査の評価のための単位区間長は，100mを基本としている道路管理機関が最も多い．直轄国道では100m単位の他に20m単位も考慮するとし，高速道路ではひび割れ率とわだち掘れ量は100m単位でIRIとすべり摩擦係数は200m単位としている．都市高速道路においては土工部が50m単位で，高架部はジョイント間を単位区間長としている．また，都道府県道や市道においては100m単位の他に，いくつかの道路管理機関では50mまたは20m単位や幹線道路以外は200m単位としているところがある．

空港舗装では矩形ユニットより評価されており，空港の規模によってそのユニットの大きさが異なっている．大型ジェット機就航の空港のユニット単位は，アスファルト舗装で幅21m×長さ30m，コンクリート舗装で幅21m×長さ20mとなっている．また，中小型ジェット機就航の空港は，アスファルト舗装が幅14m×長さ45m，コンクリート舗装が幅14m×長さ30mのユニット単位となっている．

5.2.3　補修の判断目安
(1) 路面性状の評価による補修判断値
1) 路面性状の単指標

国土交通省（地方整備局など），高速道路会社，いくつかの地方公共団体などでは，路面性状の単指標における要補修の判断の目安となる数値が設定されている．

国土交通省では地方整備局などが管理する舗装の点検に関して，平成29年3月に舗装点検要領を制定されている．ひび割れ率0〜20%未満またはわだち掘れ量0〜20mm未満，IRI 0〜3mm/m未満で健全（区分Ⅰ），ひび割れ率20%〜40%未満またはわだち掘れ量20mm〜40mm未満，IRI 3mm/m〜

8mm/m 未満で表層機能保持段階（区分Ⅱ）となり，ひび割れ率 40％以上またはわだち掘れ量 40mm 以上，IRI 8mm/m 以上で修繕段階（区分Ⅲ-1 またはⅢ-2）としている．

　高速道路では，東日本・西日本高速道路株式会社の設計要領において，わだち掘れ量 25mm，ひび割れ率 20％，IRI 3.5mm/m，すべり摩擦係数 0.25 の数値に対して，いずれかの単指標の評価値が超えたときに要補修としている．また，都市高速道路では，わだち掘れ量 20mm 以上またはひび割れ率 20％以上で要補修としている[21),22)]．

　静岡県の管理する道路などでは，メリハリのある維持修繕を行うために交通量区分や地域区分によって管理目標が設定されている．交通量の多い道路では，ひび割れ率 25％以上，わだち掘れ 35mm 以上，IRI 6mm/m 以上，交通量が比較的多いが平地や山地では，ひび割れ率 35％以上，わだち掘れ 35mm 以上，IRI 7mm/m 以上，交通量は少ないが DID 地区や市街地では，ひび割れ率 50％以上，わだち掘れ 35mm 以上，IRI 7mm/m 以上，交通量が少なく平地や山地では，ひび割れ率 50％以上，IRI 8mm/m 以上となっている[23)]．

　コンクリート舗装では，表-5.2.5〜表-5.2.8 に示すように目地部の状態，コンクリートの角欠け，段差，コンクリート版のひび割れにより要補修の判断となる目安が決められている．

表-5.2.5　目地部の状態（はみ出し，飛散）診断区分例[24)]

診断区分	判断の目安（目地材のはみ出しや飛散の程度）
診断区分Ⅰ（健全）損傷レベル小	目地材が充填されている．もしくは，はみ出しや飛散が無い状態である．
診断区分Ⅱ（補修段階）損傷レベル中	目地材の損失，はみ出し，飛散があり雨水の浸入や目地に土砂や異物が詰まる恐れがあると想定される状態である．
診断区分Ⅲ（修繕段階）損傷レベル大	目地材がほとんど無い状態で目地部から細粒分が噴出している状態である．

表-5.2.6　角欠け診断区分例[24)]

診断区分	判断の目安
診断区分Ⅰ（健全）損傷レベル小	角欠けが無い状態である．
診断区分Ⅱ（補修段階）損傷レベル中	角欠けがあるが細粒分が噴出していない状態である．
診断区分Ⅲ（修繕段階）損傷レベル大	角欠けがあり細粒分が噴出している状態，またはコンクリート版が走行荷重によってがたついている状態である．

表-5.2.7　段差診断区分例[24)]

診断区分	判断の目安
診断区分Ⅰ（健全）損傷レベル小	段差が目視レベルで確認できない状態である．
診断区分Ⅱ（補修段階）損傷レベル中	診断区分Ⅱに該当する損傷レベルはない．段差の損傷レベルは，健全である診断区分Ⅰか修繕段階の診断区分Ⅲのみである．
診断区分Ⅲ（修繕段階）損傷レベル大	目視レベルで段差が確認できる状態で荷重伝達機能が不十分であり版としての構造機能が損なわれている状態である．

表-5.2.8　ひび割れ診断区分例[24)]

診断区分	判断の目安
診断区分Ⅰ（健全）損傷レベル小	ひび割れが確認できない状態である．
診断区分Ⅱ（補修段階）損傷レベル中	ひび割れがあり，目視で目立つ状態で路盤以下へ雨水の浸入等が想定される状態である．なお，版としては構造機能は損なわれておらず健全と想定される状態である．
診断区分Ⅲ（修繕段階）損傷レベル大	ひび割れがコンクリート版中央付近またはその前後に全幅員にわたって入っている状態で，ひび割れの一部が貫通し，荷重伝達機能が不十分である可能性がある状態で，版としての構造機能が損なわれている状態である．

（出典：日本道路協会，舗装点検要領に基づく舗装マネジメント指針，p.76，p.77，2018.9）

2）路面性状の総合指標

　都道府県あるいは市の管理道路や空港舗装では，路面性状の総合評価指標における要補修の判断の目安となる数値が設定されている．

　MCI を用いている道路管理機関では，過去に検討された表-5.2.9 の評価区分の例に示すような修繕の判断基準としている．特に幹線道路などの交通量の多い道路舗装において，MCI を 5〜6 以上を望ましい管理水準と設定している．また，大型車交通量少ない道路ほど MCI の管理水準値が低くなり，大型車交通量が N3 以下や山岳道路の管理水準の MCI を 3 と設定している．また，補修工法の判断目安として，MCI が 4.5 未満で表面処理，MCI が 3.5 未満でオーバーレイ，MCI が 2.5 未満で打ち換えが設定されている道路管理機関がある．なお，国が管理する道路においては，現在，MCI の指標は用い

られていない.

　独自の総合評価指標を用いている道路管理機関も，その指標に対する要補修の判断を4段階あるい
は5段階に設定している. 前者の4段階の例として，「早急に要補修」，「要補修」，「近い将来要補修」，
「補修不要」に対して総合評価指標の範囲が設定されている.

　空港舗装の総合指標 *PRI* における補修の基準例を**表-5.2.10**に示す.

表-5.2.9　*MCI* における評価区分の例[25)を参考に作成]

MCI	修繕の判断基準
5.1以上	望ましい管理水準
4.1〜5.0	修繕を行うことが望ましい
3.1〜4.0	修繕が必要
3.0以下	早急に修繕が必要

（出典：建設省技術研究会，第34回建設省技術研究会報告，舗装の維持修繕の計画に関する調査研究，p.40,
　　　　土木研究センター，1981.9）を参考に作成

表-5.2.10　空港舗装の *PRI* における補修基準例[26)]

(a)　アスファルト舗装

施設	評価*		
	A	B	C
滑走路	8.0 以上	3.8 以上 8.0未満	3.8 未満
誘導路	6.9 以上	3.0 以上 6.9未満	3.0 未満
エプロン	5.9 以上	0.0 以上 5.9未満	0.0 未満

(b)　コンクリート舗装

施設	評価*		
	A	B	C
滑走路	7.0 以上	3.7 以上 7.0未満	3.7 未満
誘導路	6.4 以上	2.3 以上 6.4未満	2.3 未満
エプロン	5.7 以上	0.0 以上 5.7未満	0.0 未満

＊ A：補修の必要なし
　 B：近いうちの補修が望ましい
　 C：できるだけ早急に補修の必要がある

（出典：八谷好高，空港舗装【設計から維持管理・補修まで】p.176，技報堂出版，2010.4）

(2)　構造評価（たわみ量）

　FWDのたわみ量からアスファルト舗装における補修工法選定までのフローの例を**図-5.2.6**に示す.

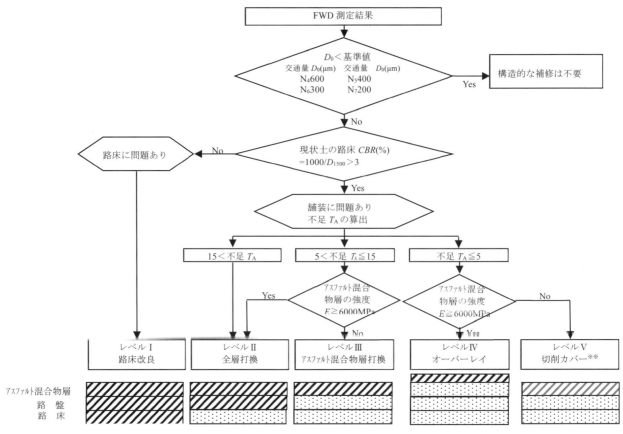

※D_0 基準値などは管理する道路に適した値を検討することが望ましい
※※既設アスファルト舗装を切削し，同じ厚さの新規アスファルト舗装を舗設するものである

図-5.2.6　アスファルト舗装における補修工法選定のフロー例 [20]

（出典：舗装診断研究会，FWD による舗装診断，p.42，2014）

（原典：道路保全技術センター，活用しよう！FWD，p.36，2005）

また，コンクリート舗装のひび割れ部または目地部の補修に関する評価例を**図-5.2.7** に示す.

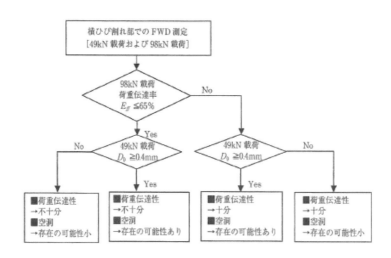

図-5.2.7　荷重伝達率による横ひび割れ部の評価例 [19]

（出典：舗装委員会舗装設計施工小委員会，舗装の維持修繕ガイドブック 2013，p.50，日本道路協会，2013）

（原典：国土交通省関東地方整備局，土木工事共通仕様書 平成 25 年版，第 3 編土木工事共通編，p.3-113，2013.4）

（原典：土木学会舗装工学委員会，舗装工学ライブラリー2，FWD および小型 FWD 運用の手引き，2002.12）

5.2.4 データベース

直轄国道，高速道路，都市高速道路および県管理道路では，一元管理したデータベースが構築されている．データの項目は，位置情報，路面性状，FWDのたわみ，設計CBR，補修履歴，舗装構成，交通量および苦情などとなっている．舗装が供用されている期間はデータベースを修正，更新していくことが望ましい．

しかし，データベースは各道路管理者機関で構築されているため，アプリケーションの互換性等がなく，各機関で単独に運用されている．

データベースは，舗装アセットマネジメントのエンジン部となることから，その構築に当たっては煩雑化しないようにデータの蓄積・修正をおこない現状に適した仕組みにシステム化する必要があると考えられる．

5.3 リスクマネジメント

5.3.1 リスクマネジメントの概要

リスクは，一般には「組織に対する危険或いは脅威」，すなわち「悪い結果の発生の可能性」という意味で使われるが，現在のリスクマネジメントは過度のリスクを防御するとともに，受容可能なリスクレベルをより広く捉えて，良い結果と悪い結果の双方の発生の可能性を含む「不確実性」と考えられている．

企業にとってのリスクとは，狭義には「企業活動の遂行を阻害する事象の発生可能性」と捉えられるが，現在では，より広く「企業が将来生み出す収益に対して影響を与えると考えられる事象発生の不確実性」として，むしろ，企業価値の源泉という見方で積極的に捉えられるようになってきている．

リスクマネジメントとは，企業の価値を維持，増大していくために，企業が経営を行っていくうえで，事業に関連する内外の様々なリスクを適切に管理する活動である．リスクマネジメントは，もともと，災害の発生に対する対応や金融面における不確実性の管理という観点から生まれ発展してきたものであるが，経済社会における不確実性を管理する必要性が高まってきている中で，現在では，広範なリスクを管理するための活動として理解されるようになってきている．企業は，その目的に従って事業活動を行っていくうえで，社外の経営環境等から生じるリスクのみならず，社内に存在するリスクにも直面している．企業が，その価値を維持，増大していくためには，最も重大で受け入れ不可能なレベルのリスクについて組織的な手法により分析して特定し適切に対処することが必要である．

リスクマネジメントにおいては，最初に企業の目的や目標の達成に関連して，どのようなリスク要因があるかを発見し，リスクとして特定することが必要となる．リスクの発見および特定は，明示されていない企業の目的や目標に関連するものを含めて，重大な影響を及ぼす可能性のあるものを漏らすことのないよう，包括的に行われなければならない．

特定されたリスクは，それぞれのリスクが顕在化した場合の企業への影響度と発生の可能性に基づき，企業にとっての重要度を算定されなければならない．また，必ずしも全てのリスクについて定量的に算定することができるわけではないが，リスクの算定は，関係者が納得できる合理的な指標を用いて，統一的な視点で相対的な比較が可能となるよう行われることが望ましい．

道路管理者は，これまでリスクマネジメントを新設工事中心のプロジェクトレベルで適用することが多かったが，アセットマネジメントのプロセスの中にリスクマネジメントを統合するようになってきており，リスクのレベルについては，例えば，ニュージーランドでは戦略レベル，ネットワークレ

ベル，およびプロジェクトレベルあるいは運用レベルの 3 つに区分されている．また，リスクの種類
として，企業リスク（Enterprise Risk；一つの組織のすべてのレベルに係るリスク），部門リスク（Agency
Risk；一つの組織或いは部門の最高レベルのリスク），プログラムリスク（Program Risk；舗装や橋梁
などの補修グループ別のリスク），及びプロジェクトリスク（Project Risk；個別の工事や業務に係るリ
スク）の 4 種類に定義している事例がある

　なお，総合的なリスクマネジメントのための国際規格が 2009 年 11 月に ISO 31000 として制定され
ており参照されたい．

5.3.2　リスクの算定，評価

　図-5.3.1 に示すようにリスクの影響度を「大」，「中」，「小」に，発生の可能性を「高」，「中」，「低」
に区分し，影響度と発生の可能性の組合せにより評価すること等が考えられる．

　この場合，1）リスクの影響度が大きく，かつリスクの発生の可能性が高いと判断されるリスク，2）
発生の可能性は低いが影響度の大きなリスク，または 3）影響度は小さいが，その発生の可能性の高
いリスク，4）影響度が小さく，かつ発生の可能性も低いリスク，という順に優先順位を決定すること
ができ，その結果に基づき対応すべきリスクを決定する．

　リスクの評価により対応すべきこととされたリスクを対象として，リスクマネジメント目標を設定
し，許容できるリスク量を定めなければならない．そのうえで，その目標の範囲内に残留リスクが収
まるように，リスク対策を選択しなければならない．残留リスクについては，「$R-C=E$」の関係式に
より決定され，残留リスク E を小さくするには，リスクを減少させる対策 C を強化することが必要
となる．

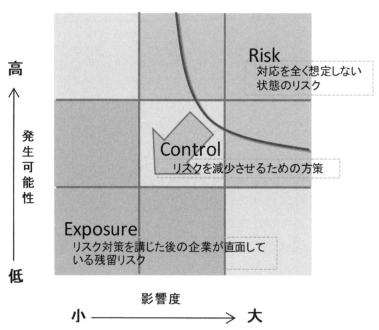

図-5.3.1　リスクの算定，評価イメージ [27]を基に加筆修正

（出典：リスク管理・内部統制に関する研究会，リスク新時代の内部統制　リスクマネジメントと一体となって機能
する内部統制の指針：「リスク内部統制に関する研究会」報告書，p.18，経済産業省，2003.6）

5.3.3　舗装の維持管理業務におけるリスクマネジメント

　リスクマネジメントは，故障や事故をゼロにすることを目的とすることは従来の維持管理手法と同じであるが，それに至るまでのプロセスを明確にし，故障や事故による被害を最小とするように，優先度をつけてメンテナンスして行かなければならない．

　2002年7月の米国版SOX法，さらには2006年6月の日本版SOX法の整備により，経営者である取締役会の責任と権限が強化された．企業が直面する様々なリスクに対して，これまでは「分かっていて実施しなければ責任が問われる」という考え方が支配的であり，あえて不利なことを明確にしない方が有利であったが，今後は不作為による責任が問われるようになった．

　このような背景から道路事業に係わる瑕疵が問われたとき，自己の責任とリスクマネジメントの責任を混同しないように注意しなければならない．維持管理業務における事故が発生すれば，企業が世間からの批判を受けるため，維持管理リスクは取締役会において全社的問題として位置づけて取り組む必要がある．

　ここでは，阪神高速道路株式会社の日常維持管理業務（路上点検，路下点検）において適用しているリスク管理水準の設定方法について述べる[28]．維持管理業務におけるリスクを「被害の起こる可能性」と「起こった場合の被害の大きさ」の積として定義する．リスクの中で「被害の大きさ」は交通量や施設の重要度に応じてあらかじめ規定される値である．ポットホールやゴミの滞留量等，路面の状態や健全度により決定される，「被害の起こる可能性」をアウトプット指標とした．ここで，重要度に応じて規定したリスクの許容範囲をサービス水準（要求性能）と考えることができる．維持管理におけるリスクとは，点検や補修，清掃等の維持管理を怠った場合に生ずる事故や大規模補修，苦情，管理瑕疵等の発生として考えることができる．

　維持管理業務におけるリスクマネジメントにおいては，リスク水準の適正化を図ることが課題となり，点検や補修，清掃等の維持管理を怠った場合の不具合（事故，補修，苦情等）を体系的に整理し，被害の大きさと被害の起こる可能性を軸に各メンテナンス作業の重要度を評価する．

　図-5.3.2は，被害が起こる可能性と被害の大きさに基づいて，現況における各管理項目のリスクのポジションを例示したものである．図中の受容領域は，道路管理者が望ましいと考えるリスク管理水準を示している．リスク管理水準と比較して，現況のリスクが高いと判断される（リスク削減領域にある）場合，メンテナンス水準を引き上げてリスク軽減を図ることが必要である．逆に，リスクが十分に低い管理項目に対しては，メンテナンスレベルを下げてコストを縮減することが可能となる．それにより，管理施設全体の総リスクを下げつつコスト縮減を実現することができる．

　さらに，路線毎で交通量（影響の大きさ）も異なるため，リスクを路線毎で算出し，その総和を路線網全体のリスクとすることとした．すなわち，路線網全体のリスクを，

$$R = \sum_i \left(P_i \times C_i \right) \tag{5.3.1}$$

と表す．ここで，Rは，ある管理項目に関するリスクを，P_iは路線区間i（$i = 1, 2, \ldots, n$）で，対象とする管理項目に不具合が発生する可能性，C_iは路線区間iにおいて不具合が発生した場合の影響の大きさを表す．

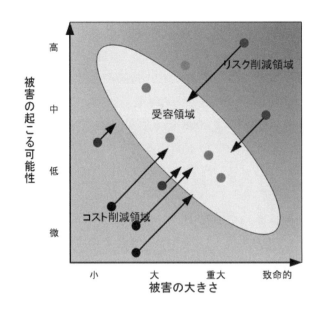

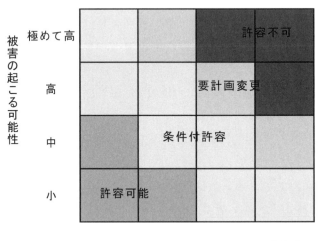

許容可能	法定検査以外の対応不要
条件付許容	現状の点検やメンテナンスを次回まで継続
要計画変更	点検回数を増やすなど何らかの対策が必要
許容不可	直ちに対策を実施する

図-5.3.2　リスク適正化のイメージ[28]

（**出典**：坂井康人，上塚晴彦，小林潔司，ロジックモデル(HELM)に基づく高速道路維持管理業務のリスク適正化，建設マネジメント研究論文集，土木学会，vol.14，pp.125-133，2007）

5.3.4　リスク管理水準の設定方法

　維持管理水準を設定するためには，明確な根拠が必要となる．今，前掲の**図-5.1.2**に示したロジックモデルにおける最終目標「路上走行の安全性の確保」に着目しよう．この最終目標を達成するためには，事故や管理瑕疵の発生（中間アウトカム）を低減もしくはゼロにする必要がある．そのとき，不具合の発生（アウトプット）をどの程度低減させる必要があるのかをロジックモデルに基づいて関連づけることにより，管理水準を設定することが重要となる．

　ある管理項目に対する不具合の発生（アウトプット）と事故や管理瑕疵の発生（中間アウトカム）の状況を路線毎，もしくはさらに詳しく路線内の区間毎に調査し，不具合の発生と事故，管理瑕疵の

発生の関係を分析する必要がある．しかし，「不具合が何件以上発生したときに事故や管理瑕疵が発生する」といったように確定論的な分析結果は得られるとは限らない．そこで，過去に蓄積してきた統計データを用いて，例えば，1年間管理瑕疵が発生しなかった路線を抽出し，それらのリスクの平均値を管理水準と設定することにより，「今後管理瑕疵を発生させない」という目標に基づいた維持管理を行うことができると考える．その際，対象とする管理項目に関するリスクの発生特性を考慮し，リスク管理水準を決定する必要がある．リスク管理水準の設定手順を**図-5.3.3**に整理する．

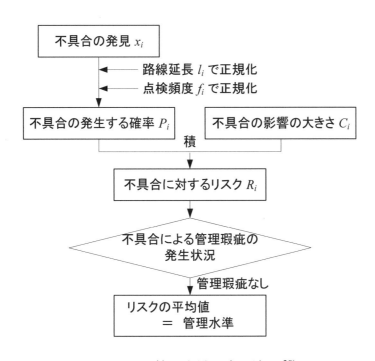

図-5.3.3　管理水準設定の流れ [28]

(**出典**：坂井康人，上塚晴彦，小林潔司，ロジックモデル(HELM)に基づく高速道路維持管理業務のリスク適正化，建設マネジメント研究論文集，土木学会，vol.14，pp.125-133，2007)

5.3.5　リスク適正化の方法

　ある管理項目のリスクマネジメントを実施する際，1)リスクを望ましい範囲内にコントロールする，2)維持管理業務に要する費用を低減する，という2つの目標をとりあげる．これらの目標は，互いにトレードオフの関係にあるが，それぞれ以下の制約条件のもとで目標の達成を目指すこととなる．

$$\left| R_{level} - R_i \right| \leq R_{margin} \tag{5.3.2}$$

$$\sum_i Cost'_i \leq \sum_i Cost_i \tag{5.3.3}$$

$$\sum_i R'_i \leq \sum_i R_i \tag{5.3.4}$$

　ここで，R_{level}は設定したリスク管理水準，R_iは路線iのリスク値，R_{margin}は管理水準のマージン，$Cost_i$は路線iの維持管理業務に発生するコスト，$Cost'_i$はリスク適正化後の路線iの維持管理業務に発生するコスト，R'_iはリスク適正化後の路線iのリスクである．

　管理瑕疵の発生状況をもとにリスクによって管理水準を定めようとした場合，「あるリスク R_{level} を保てば管理瑕疵が発生しない」という明確な線引きは困難である．このため，ある水準からばらつき等も考慮して安全側，危険側にマージンを設定し，これら上下のラインに挟まれる帯状の領域を道路管理者として目指すべきリスク管理水準の範囲と定義することとした．

　図-5.3.4 において，(A)の領域にある路線は「過剰に管理されている」と考えることができ，コストの面から見ると現状の管理水準を下げてもよい領域である．一方，(B)の領域にある路線は現状のリスクが高いため，管理水準を上げる必要がある．もちろん，リスクとコストの間にはトレードオフの関係が成立する．リスクとコストの両者を下げるためには，路線毎のインプットを見直す必要がある．

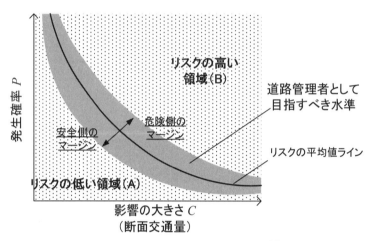

図-5.3.4　リスクカーブの概念図 [28]

（**出典**：坂井康人，上塚晴彦，小林潔司，ロジックモデル(HELM)に基づく高速道路維持管理業務のリスク適正化，建設マネジメント研究論文集，土木学会，vol.14，pp.125-133，2007）

5.4　資産評価

5.4.1　評価手法

　舗装の事業を実施するにあたり，現在の舗装が有する価値の評価や将来の価値の変化に伴う更新等の検討を行うために，組織は事業実施に先立ち舗装の資産価値の評価方法を定めておくとよい．一般的な企業価値評価における評価手法として，インカム・アプローチ，マーケット・アプローチ，コスト・アプローチの3つの手法が知られている．舗装を含むインフラ資産は有形の固定資産であり，その評価手法は，過去の資産取得費用の観点から資産価値を評価する手法であるコスト・アプローチ手法が採用されることが多い．

5.4.2　資産評価の実践例
(1)　オーストラリア

　オーストラリアの会計基準では，資産は取得原価または公正価値により評価される（AASB13 Fair Value Measurement）．インフラ資産のように市場で一般的に取引されていない資産は，コスト・アプローチ手法により再調達価額で表すこととされている [29]．

　ヴィクトリア州の道路を管理するエージェンシーの VicRoads は，毎年公表している年次報告書 [30] において舗装の資産評価状況を公表しており，舗装資産の耐用年数を 60 年と定め，減価償却後の再調

達価額で評価を行っている.

(2)　アメリカ

　アメリカでは連邦政府は地方政府に対して, Governmental Accounting Standards Board Statement No.34（GASB34）に基づき毎年資産評価を含む財政報告を行うよう求めており, 資産は取得原価で評価され減価償却が行われる. ただし, 一定の状態で管理されている（アセットマネジメントが適切に行われている）として修正型のアプローチを適用する場合は, 減価償却を行わなくてよいとされている. 2012 年には, 法令（Moving Ahead for Progress in 21st Century（MAP-21））により各州に対して橋梁と舗装を含むアセットマネジメント計画の策定が義務付けられ, 各州の交通局は 2018 年 4 月末までに当初計画の提出を求められていた.

　各州の対応状況について, 例えばルイジアナ州では, 2018 年 4 月に「2018 Federal NHS Transportation Asset Management Plan」[31] を公表した. 資産評価については, Asset Valuation の章が設けられており, GASB34, 資産評価法, 舗装の資産評価等が記されている. 舗装の資産評価は, アスファルトコンクリート舗装, コンポジット舗装, 連続鉄筋コンクリート舗装等に分類され, 更新費用が計上されている. 一方, カリフォルニア州は, 「California Transportation Asset Management Plan」[32] において道路の種別により Class I 〜Ⅲに分類し更新費用を計上しており, 資産評価の詳細は各州によって異なる状況である.

(3)　日本

　総務省が地方公会計を推進するために作成した「統一的な基準による地方公会計マニュアル」[33] の資産評価及び固定資産台帳整備の手引きでは, インフラ資産は取得原価で評価し再評価は行わないとしている. また, 地方自治体として, 以前より公会計制度の導入を進めてきた東京都では, インフラ資産の評価は取得原価で行い減価償却を行っている. ただし, 道路の舗装部分については, 部分的取替に要する支出を費用として処理する方法（取替法）が例外的に採用され, 減価償却は行われていない [34].

5.4.3　技術情報と財務・非財務情報

　ISO 55000 シリーズでは, 法令及び規制上の要求事項を満たすために必要とされる程度まで, 財務的及び技術的なデータとその他の関連する非財務的なデータとの間の一貫性及び追跡可能性を確実にするよう求めている. 国内では, 平成 30 年 2 月に総務省より「公共施設等総合管理計画の策定にあたって」[35] が改訂され, 公共施設等の総合的かつ計画的な管理により老朽化対策等を推進するにあたっては, 固定資産台帳を毎年度適切に更新し, 公共施設マネジメントに資する情報と固定資産台帳の情報を紐付けることにより, 保有する公共施設等の情報の管理を効率的に行うことが望ましい, との留意事項が示されている. 今後この助言に基づく取り組みが各地方自治体で進められていくと考えられるが, ISO 55000 シリーズが求める財務的データと点検結果や劣化予測などの技術的データやアセットマネジメント計画や維持管理業務などの非財務的なデータとの整合は, 未だ途上段階であると言える.

5.4.4　財務機能と非財務機能の整合

　一般的に, 組織は, 自らのアセットマネジメントシステムを構築することによって, 技術部門と財

務部門とが共通の目的意識の下に，必要な資源の調達を伴う，計画的な維持管理と効率的な予算配分を行うことができるようになると考えられている．そのため，組織は，組織全体を通じてアセットマネジメントに関連する財務的及び非財務的な用語の整合性のための要求事項を決定するとともに，組織のステークホルダーの要求事項及び組織の目標を考慮しつつ，財務的及び技術的なデータとその他の関連する非財務的なデータとの間の一貫性，及び追跡可能性があることを確実にしなければならない，と考えられている．アセットマネジメントの国際規格である ISO 55000 シリーズでも同様に考えられており，ISO 55001 ではその旨が要求事項として明記されている．

　その一方で，組織がこれらをどのような手法を用いて達成するのかを定めた指針が存在しなかった．これを受けて，ISO 55000 シリーズの策定に責任を負っている ISO/TC 251 (Asset Management)は，その指針となる ISO/TC 55010「アセットマネジメントにおける財務および非財務の機能の整合に関するガイダンス」を策定すべく検討を行っているところである．本書の付録-3 では，現在議論されている ISO/TC 55010 について，その概要の紹介を行っているので参照されたい．

5.5　ライフサイクルマネジメント

　舗装のライフサイクルマネジメントでは，ライフサイクルを考慮する期間を通じて定められた要求性能が確保されるよう，原材料の調達，舗装材の製造・運搬，現場での施工，供用期間中の点検，維持・修繕，更新や供用終了時の材料のリサイクル・廃棄までの一連のサイクルを適切に評価し管理を行っていく．

　構造物に一般的に求められる要求性能は安全性，使用性，経済性，環境性があり，舗装の要求性能として土木学会 [36]では，荷重支持性能（安全性），走行安全性能（安全性），走行快適性能（使用性），表層の耐久性能（安全性，使用性），環境負荷軽減性能（環境性），経済性を取り上げている．

　国土交通省では道路や空港の舗装について多くの技術基準類を制定しているが，そこでは様々な要求性能が定められている．道路の舗装については，新設施工時の技術基準である「舗装の構造に関する技術基準」[37] において必須の性能指標として疲労破壊輪数，塑性変形輪数，平たん性を示している．供用開始後は，走行性や快適性の向上に資することを目的として定めた「舗装点検要領」[7] において，損傷の進行が早い道路のアスファルト舗装ではひび割れ率，わだち掘れ量，IRI の 3 指標を使用して管理することを基本としている．空港の舗装については，新設・補修時の設計要領である「空港土木施設設計要領（舗装設計編）」[38] において，空港舗装に求める性能を荷重支持性能，走行安全性能，走行快適性能，表層の耐久性能，環境負荷軽減性能としている．ただし，走行快適性能や環境負荷軽減性能について具体の記述はされていない．供用開始後は，「空港舗装維持管理マニュアル（案）」[39] において，定期点検としてすべり摩擦係数測定調査，路面性状調査，定期点検測量を実施し，荷重支持性能，走行安全性能，表層の耐久性能を管理することを定めている．

　国内では，舗装のライフサイクル期間中の安全性や使用性に関する検討は様々な取り組みが行われ基準類への導入が進んでおり，詳細については各機関が発出している基準やマニュアル等を参照するとよい．一方，経済性や環境性については検討が求められているが確立された手法は少なく，今後も引き続き検討が必要である．

5.5.1　ライフサイクル費用計算の考え方 [40]
　舗装の修繕は，利用者費用や社会費用を含めたライフサイクル費用（LCC）が最小になるようなタ

イミングで実施されることが望ましい．しかし，道路管理者は道路舗装の最適な修繕計画を達成できる予算を毎年確保できるとは限らず，当該年度の限られた修繕予算の中で，優先順位の高い道路区間に限って修繕を実施せざるを得ない場合が少なくない．当該年度に修繕されなかった箇所に関しては，その修繕が翌年度以降に先送りされることになる．

　既存の道路舗装の老朽化や道路資産の増大を背景として，今後，道路舗装の修繕需要は劇的に増加することが予想される．財政基盤の縮小が予想される中で，新規道路整備の投資余力を残しながら，舗装の効率的な修繕を実施するための予算管理が重要となる．

　舗装マネジメントは，舗装の機能を維持するために十分な修繕が継続的に実施されているかを評価し，適切なサービス水準を持続的に維持していくことが重要であり，修繕の必要な候補区間を抽出し，修繕の実施の優先順位を付け，限られた修繕予算の制約の中で効率的に修繕個所の選択を行うことを目的としている．

　一方，舗装の機能を継続的に維持するために必要な費用をLCCにより評価する．LCCの計算方法は，道路管理者が支出する直接費用と利用者が負担する外部費用の和として，

$$LCC＝直接費用（修繕費用，維持費用）＋外部費用（車両走行費用，渋滞損失費用）$$

と表され，LCC を構成する各費用項目は以下のように定義する．

　　修繕費用：過去における補修工事実績を踏まえ，工事に伴う工事費用に，交通規制に伴う規制費用を加えた費用．

　　維持費用：舗装の損傷に伴い，突発的なポットホール補修や段差修正等の日常的な維持費用であり旧建設省が一般国道を対象に行った調査結果をデフレータ補正した値を用いた．（管理水準あるいは損傷程度に応じて設定）

　　車両走行費用：車両の走行に伴う燃費や車体の減価償却等，MCIなどの損傷程度の評価指標の低下に応じて利用者が余分に負担する費用．なお，車両走行費用は，旧建設省において調査したMCIと車両走行費用の関係から設定することができる．車両走行費用で考慮されている費用は，燃費，車両の維持費，減価償却費の3つである．

　　渋滞損失費用：工事規制に伴う渋滞に対して発生する利用者の損失費用．

　さらに，補修ルールとしてMCIがある水準（管理水準と呼ぶ）に到達した時点で，舗装の補修を実施すると考え，この時，所与の管理水準に対して，その際に必要となるLCCを算定することができる．図-5.5.1は，管理水準とLCCの関係を図示したものである．LCCが最小となるようなMCIを最適管理水準と呼ぶ．また，舗装のMCIが最適管理水準に至るようなタイミングが最適補修時期となる．

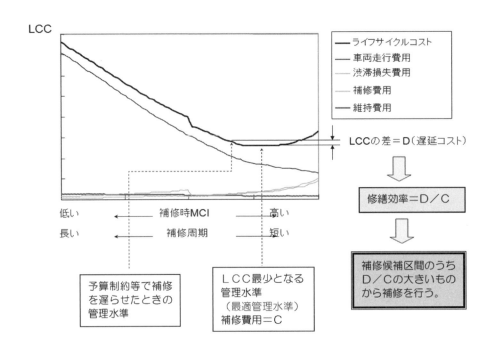

図-5.5.1　最適管理水準と優先順位の決定方法 40)

（出典：坂井康人，荒川貴之，井上裕司，小林潔司，阪神高速道路橋梁マネジメントシステムの開発，土木学会情報利
用技術論文集，土木学会，vol.17, pp.63-70, 2008）

5.5.2　ライフサイクルコストの解析

　ライフサイクルコストの算出期間は，供用開始から更新または廃棄までの期間とすることが一般的
である．期間の設定方法は，パフォーマンス予測による方法と設計期間に基づく方法がある．パフォ
ーマンス予測による方法は，路面性状調査データなどから舗装の劣化状態を予測し，線形モデル・漸
化式モデル・マルコフ劣化モデルなどが使用されている．設計期間に基づく方法は，疲労破壊による
ひび割れが生じるまでの期間とされており，一般国道では20年が目安とされている[41]．いずれの方法
においても，舗装の新設から更新または廃棄までに必要となる「直接費用＋外部費用」を算出するこ
とで，その舗装の生涯で必要となるライフサイクルコストが算出されることとなる．

　一方，ライフサイクルコストの解析・比較を行うには長期の期間で行う必要があり，更新サイクル
の2倍程度の期間に必要となるライフサイクルコストを算出することが目安と考えられる．以上より，
ライフサイクルコストが最小となる舗装種・工法を選定することが重要である．

5.5.3　環境性の評価（ライフサイクルアセスメント（LCA））

　舗装のライフサイクルにおいては，地球環境，地域環境，作業環境及び景観に配慮する必要がある．
舗装の環境性については，製品またはサービスのライフサイクルにおける環境負荷を定量的に評価す
る手法であるライフサイクルアセスメント（LCA）のフレームワークを使用して環境へ与える影響を
評価することが可能である．LCAの実施手順はISO規格として定められており，目的と範囲の設定，製
品等へのインプット及びアウトプット事項の評価，それらの環境に与える影響の評価，すべての結果
の解釈，の4つのフェーズで行うこととされている．

　現在，様々な産業分野でCO_2排出量削減に向けた取り組みが進められている．舗装においても，ア
スファルト混合物の製造時の温度を低減させることによりCO_2排出量を削減する中温化技術など，環

境への負荷を低減させる新たな技術が開発されており，通常の舗装と中温化舗装のLCAを行うことにより，これらの環境配慮型技術を合理的に採用することも可能であると考えられる．

5.6　情報システム

5.6.1　情報システムの構築と運用

舗装のアセットマネジメントを実践するためには，使用した材料，施工時の記録，及び定期点検結果等，大量のデータを継続的に蓄積し活用することができる情報システムの構築が必要である．

舗装の情報システムの歴史は古く，1970 年代にアメリカで導入が始まった舗装マネジメントシステム（PMS）において，既に情報のマネジメントやデータベースの重要性が認識されており，現在では，国内外の多くの組織で舗装に関する情報システムが運用されている．アセットマネジメントにおける情報システムの位置付けについて，AASHTO[42]では，「情報システムはそれ自体が目的ではなく，むしろグッドプラクティスを実現するための要因と見なされるべきもの」としており，Austroads[43]では，「情報システムは，適切なエンジニアリングなどを使用して，道路の長期的なメンテナンスに対する包括的かつ体系的なアプローチを提供し，コミュニティの利益を効果的に提供するもの」としている．

ISO 55001 では，「7 支援　7.5 情報に関する要求事項」において，情報に関する要求事項の決定と情報を管理するためのプロセスの指定等，情報に関する規定を定めている [44]．情報システムは多額の経費を費やして開発したにもかかわらず，業務プロセスとの連携が上手くいかず十分に活用されていない場合があるが，組織として ISO 55001 に基づくマネジメントに取り組むことにより，組織の活動を支援する位置づけとして情報システムの開発を進めていくことができるため，このような事態が発生する可能性を少なくすることができる．国内において，舗装を管理する事業者が ISO 55001 の認証を受けている事例は，白糸ハイランドウェイ（㈱ガイアート，㈱白糸ハイランドウェイ），芦ノ湖スカイライン（㈱NIPPO，芦ノ湖スカイライン㈱），愛知県有料道路コンセッション事業（愛知道路コンセッション㈱）があるが，業務を支援するために必要な機能を付加した独自の情報システムを構築している事業者が多い．

国内では，ISO 55001 の認証は受けていないものの，首都高速道路㈱のスマートインフラマネジメントシステム「i-DREAMs（アイドリームス）®」や東日本高速道路㈱の次世代 RIMS など，先進的な組織において独自に情報システムが構築されている．

首都高速道路㈱では，アイドリームスをインフラの効率的な維持管理をトータルに支援・実現するシステムとして 2017 年より運用している．地理情報システム GIS（Geographical Information System）をベースとするプラットフォームに，各プロセスで得られる情報を統合するとともに，維持管理の様々なシーンで 3 次元点群データを用いた「InfraDoctor（インフラドクター）®」を活用し，効率的な維持管理を支援している．加えて，画像解析や AI 等の活用により，構造物の劣化・損傷に対する総合的な分析・判断が可能となる「見える化」を図っている．舗装の情報システムに相当する部分はインフラドクターにおいて，3 次元点群データと画像データを用いて路面性状の計測から舗装補修計画までの工程を自動化され，結果は GIS 上で見える化されている．また，2019 年 4 月からは静岡空港において，インフラドクターを空港の路面性状調査などの保守管理に活用するための実証実験も開始されている [45]．

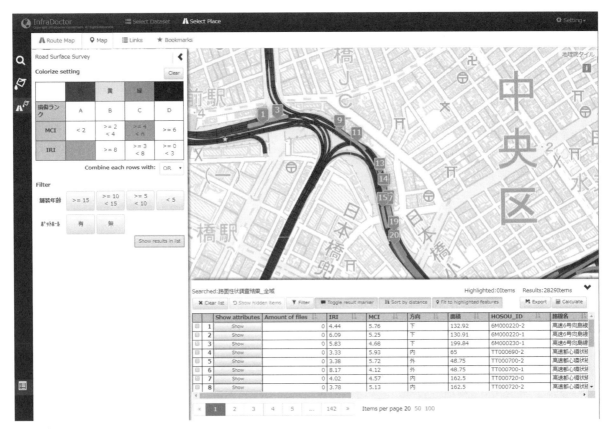

図-5.6.1　インフラドクターでの路面性状調査結果表示画面 [46]

（出典：Infra Doctor®ホームページ，https://www.infradoctor.jp/details/ex_detail2.html）

　東日本高速道路では，スマートメンテナンスハイウェイ（SMH）の取り組みのなかで次世代 RIMS（Road Maintenance Information Management System）の開発を進めており，15 の個別のデータベース（DB）からなる DB 群のうち 9 つの DB を 1 つに統合し共通 API(Application Programming Interface)により，それぞれの DB 情報の一元的な処理を図っている [47]．SMH の一連の取り組みのなかでは，SIP 事業として自治体向け橋梁データベースシステムを開発しており，山形県ではこれをカスタマイズし，県及び県内の全 35 市町村で共同利用している [48]．

　これまで舗装の情報システムを持たなかった地方公共団体においても，平成 28 年 10 月に国土交通省により舗装点検要領が策定されたことを受けて，今後は舗装に関する点検の実施やその結果の活用を図るために情報システムの必要性が高まっていくと考えられる．API 連携による既存 DB の統合，山形県と県下の市町村のシステム共同運用，静岡空港における先進的な既存システムの活用検討は，システムを独自に開発する場合に比べて投資費用を節約することができる有効な方法である．

　国際的な PMS の情報システムの状況については，日本を含めた先進諸国では独自に開発したシステムを使用している場合がほとんどであるが，中進国，開発途上国では市販の情報システムの利用が多く，その代表的なソフトウェアとして HDM-4 Version2 がよく知られている．

　HDM-4 は開発途上国における道路事業を評価するための世界銀行のモデルとして多くのプロジェクトで使用されており，戦略的計画/分析，道路工事計画/分析，プロジェクト分析，調査及び政策研究の 4 分野のアプリケーションが提供されている [49]．HDM-4 に対応した PMS ソフトウェアも多数開発されており，例えばニュージーランドの民間会社（データコレクション社）が提供している ROMDAS (ROad Measurement Data Acquisition System)は，道路や舗装のデータを収集するモジュールシステムと

して，アフガニスタン，アメリカ，ザンビアなど 60 か国以上に 200 を超えるシステムを提供している．ROMDAS ではひび割れや *IRI* などのデータに加えて道路の映像や位置情報などを取得することが可能であり，付属のソフトウェアにより様々な情報を表示することができる [50]．

　近年，情報技術の進展は著しいものがあり，舗装の情報システムも大きく変化しつつある．従来の情報システムは，路面性状調査や目視点検結果等の情報を GIS プラットフォーム上に表示するとともに，将来のパフォーマンス予測や補修工法の選択，財政的制約を踏まえた事業計画の作成など，維持管理における意思決定を支援することが主な目的であり，GIS ソフトウェアやデータベースソフトウェアの開発，各種シミュレーション計算機能の向上，効率的なデータ収集などの検討が行われてきた．最近では，360°ビデオカメラで撮影された映像，モービルマッピングシステム（MMS）により取得された 3 次元データ，BIM/CIM（Construction Information Modeling)による設計施工情報のシームレスなデータ連携，センサーにより取得される大量のデータ，これらがデジタルツインと呼ばれるサイバー空間に再現され統合されていく，より大きなマネジメントシステムのなかの一つのサブシステムとして舗装の情報システムが位置付けられるケースが増えており，求められる役割が大きく変化している．現在，国土交通省では保有するデータと民間等のデータを連携する国土交通プラットフォームの整備を進めており [51]，2020 年には国内で第 5 世代通信システム（5G）の運用が始まり高速・大容量通信が可能になると，多数の IoT センサーとの通信や現場情報のリアルタイムでの共有など大きな変化が見込まれる．今後も舗装の情報システムを取り巻く環境は変化が続いていくため，各事業者が舗装の情報システムの検討を行う際はその時点における最新の情勢を踏まえて，適切な判断を行うことが非常に重要である．

5.6.2　データの収集

　情報システムの役割は変化しているが，現在も中心となる機能は，様々なデータが格納されたデータベースにアクセスして情報を取得し表示する機能である．舗装の情報システムで必要となる情報は，インベントリーデータ（inventory data）とコンディションデータ（condition data）の 2 つに大別することができる．インベントリーデータは資産の諸元的な情報であり，舗装構成や材料など直接的な情報だけでなく，位置情報，荷重，交通事故情報など間接的な情報も含まれる．コンディションデータは，定期点検などで取得されるデータが主体となるが，排水状況などの舗装に関連する情報も含まれる．

　舗装点検要領（平成 28 年 10 月　国土交通省道路局）では，舗装の点検の実施に際して舗装の基本諸元を可能な限り把握することを求めており，基本諸元として，点検・診断に先立ち必要な情報とメンテナンスサイクル運用中に追加し蓄積する情報が示されている [52]．

表-5.6.1　アスファルト舗装の点検で必要となる情報 [52)を参考に編集作成]

点検・診断に先立ち必要な情報

	項目	分類 B	分類 C・D
1	道路の分類	○	○
2	管理基準	○	○
3	使用目標年数	○	
4	供用年数	○	
5	位置情報	○	○

メンテナンスサイクル運用中に追加し蓄積する情報

	項目	分類 B	分類 C・D
1	措置情報	○	○
2	点検・診断記録	○	○
3	道路情報	○	
4	交通情報・交通履歴	○	
5	舗装構成	○	
6	路床条件	○	
7	気象記録	○	
8	沿道環境	○	
9	工事情報	○	
10	巡回時の損傷情報	○	○
11	沿道住民等の要望	○	○
12	その他の情報	○	○

(出典：日本道路協会，舗装点検要領に基づく舗装マネジメント指針，p.32，p.58，2018.9)

舗装のアセットマネジメントを実施するにあたっては，点検要領などで求められている項目のほか，先進的な優良取り組み事例も参考としながら，自らの組織の KPI（Key Performance Indicator）に対応したデータを収集することが必要である．例えば，KPI として住民要望の対応に要した日数を掲げている場合は，住民要望の受付日，対応完了日，対応内容などが必要なデータとなる．

【参考文献】

1) 総務省行政評価局，政策評価 Q&A（政策評価に関する問答集），2011.12

2) 国土交通省政策統括官（政策評価），国土交通省政策評価実施要領，2014.7

3) 坂井康人，上塚晴彦，小林潔司，ロジックモデル(HELM)に基づく高速道路維持管理業務のリスク適正化，建設マネジメント研究論文集，土木学会，vol.14，pp.125-133，2007.

4) 坂井康人，健全度の適切な把握・評価がアセットマネジメントの原点，土木学会誌，vol.98，no.11，2013.11

5) 小林潔司，田村敬一，実践インフラ資産のアセットマネジメントの方法

6) 藪雅行，石田樹，久保和幸，田高淳，舗装の管理目標設定の考え方，土木技術資料 VOL50，No.2，pp.6-11，2008

7)　国土交通省道路局，舗装点検要領，2016.10

8)　坂井康人，慈道充，貝戸清之，小林潔司，都市高速道路のアセットマネジメント –リスク評価と財務分析-，建設マネジメント研究論文集，土木学会，vol.16，pp.71-82，2009

9)　坂井康人，荒川貴之，慈道充，小林潔司，ロジックモデル(HELM)に基づく戦略的維持管理，土木計画学研究論文集，土木学会，2009

10) Transportation Research Board，An Asset-Management Framework for the Interstate Highway System，NCHRP Report No.632, 2009.

11)　青木一也，小田宏一，児玉英二，貝戸清之，小林潔司，ロジックモデルを用いた舗装長寿命化のベンチマーキング評価，土木技術者実践論文集，土木学会，Vol.1，pp.40-52，2010.3

12)　ニチレキホームページ：http://www.nichireki.co.jp/product/consult/(アクセス日：2019 年 5 月)

13)　舗装診断研究会，舗装の点検・診断方法と舗装診断技術資料集 p.118 付図 11.1，p.96 付図 1.1，2016

14)　サーシスジャパンホームページ，http://www.sarsys.co.jp/index.html

15)　東日本高速道路，中日本高速道路，西日本高速道路，NEXCO 試験方法第 2 編　アスファルト舗装関係試験方法，pp.33-39，2012.

16)　港湾空港建設技術サービスセンター，空港舗装補修要領及び設計例，付録-14 FWD 調査，2011

17)　熊本県土木部道路都市局道路保全課，熊本県舗装維持管理計画（案）第 1 版 [第一次:平成 24 年度-平成 28 年度]，2012.

18)　川崎市建設緑政局道路河川整備部道路施設課，川崎市道路維持修繕計画，2014.

19)　舗装委員会舗装設計施工小委員会，舗装の維持修繕ガイドブック 2013，p.41，p.50，日本道路協会，2013

20)　舗装診断研究会，FWD による舗装診断，p.5，p.42，2014

21)　日本道路協会，道路維持修繕要綱, 1978

22)　東日本・西日本高速道路，設計要領　第一集　舗装編, p.137,2011.7

23)　静岡県交通基盤部　道路局道路保全課，社会資本長寿命化計画舗装ガイドライン（改定版），pp.9-12，2017.3

24)　日本道路協会　舗装点検要領に基づく舗装マネジメント指針，p.76，p.77，2018.9

25)　建設省技術研究会，第 34 回建設省技術研究会報告，舗装の維持修繕の計画に関する調査研究，p.40，土木研究センター，1981.9

26)　八谷好高，空港舗装【設計から維持管理・補修まで】p.176，技報堂出版，2010.4

27)　リスク管理・内部統制に関する研究会，リスク新時代の内部統制　リスクマネジメントと一体となって機能する内部統制の指針：「リスク内部統制に関する研究会」報告書，p.18，経済産業省，2003.6

28)　坂井康人，上塚晴彦，小林潔司，ロジックモデル(HELM)に基づく高速道路維持管理業務のリスク適正化，建設マネジメント研究論文集，土木学会，vol.14，pp.125-133，2007

29) David Edgerton FCPA，GUIDE TO VALUATION AND DEPRECIATION，CPA Australia，2016

30) VicRoads，VicRoads Annual Report 2018–19，2019.9

31) Louisiana Department of Transportation and Development，2018 Federal NHS Transportation Asset Management Plan，pp.7-8，2018.4

32) California Department of Transportation，California Transportation Asset Management Plan，pp.2-15，2018.1

33)　総務省，統一的な基準による地方公会計マニュアル（令和元年 8 月改訂），2019.8

34)　東京都，東京都の新たな公会計制度，2006.4

35)　総務省，公共施設等総合管理計画の策定にあたっての指針，2018.2 改訂

36) 土木学会，2014 年制定舗装標準示方書，p.2，2015.10

37) 国土交通省，舗装の構造に関する技術基準，2000.6

38) 国土交通省航空局，空港土木施設設計要領（舗装設計編），2019.4

39) 国土交通省航空局，空港舗装維持管理マニュアル（案），2020.4

40) 坂井康人，荒川貴之，井上裕司，小林潔司，阪神高速道路橋梁マネジメントシステムの開発，土木学会
　　情報利用技術論文集，土木学会，vol.17，pp.63-70，2008.

41) 日本道路協会，舗装設計施工指針平成18年版，2006.2

42) AASHTO, AASHTO Transportation Asset Management Guide A Focus on Implementation, January 2011

43) Austroads 2018, Guide to Asset Management- Processes: part 9: asset management information systems and data,
　　3rd edition, AMGM01-18 prepared by M Gordon, K Sharp, T Martin, Austroads, Sydney, NSW

44) ISO55001 要求事項の解説編集委員会，ISO55001:2014 アセットマネジメントシステム要求事項の解説，
　　日本規格協会，2015.3

45) 首都高速道路ホームページ，https://www.shutoko.co.jp/efforts/safety/idreams/(アクセス日：2019 年 10 月)

46) Infra Doctor®ホームページ，https://www.infradoctor.jp/details/ex_detail2.html(アクセス日：2019 年 10 月)

47) 東日本高速道路，定例記者会見資料，2017.9.27

48) 工藤重信，山形県 DBMY の取り組み，建設マネジメント技術，p.24，経済調査会，2018.8

49) HDMGlobal，http://www.hdmglobal.com/(アクセス日：2019 年 10 月)

50) Data Collection Limited，ROMDAS System Overview, 2016

51) 国土交通省，国土交通データプラットフォーム（仮称）整備計画，2019.5

52) 日本道路協会，舗装点検要領に基づく舗装マネジメント指針，p.38，p.58，2018.9

第6章　適用事例と導入初期のフレームワーク

6.1　適用事例

6.1.1　ISO 55001 に基づく愛知県有料道路コンセッション事業
(1)　愛知県有料道路運営等事業の概要

　愛知県では，1972 年より知多半島道路をはじめとする有料道路を道路公社により運営管理してきた．しかしながら，国の主導による PFI 法の改正などにより公共事業における官民連携が促進され，空港や下水道をはじめとする各種の公共インフラにおける官民連携が進んでいる．有料道路については，従来は道路整備特別措置法により，新設や改築，料金徴収が地方道路公社や道路管理者に限定されていたが，愛知県は構造改革特区制度による規制特別措置を提案し，2015 年の構造改革特別区域法の一部改正を経て有料道路事業のコンセッション方式による官民連携を可能にした．

　その後，一次及び二次審査により優先交渉権者選定が実施され，2016 年 10 月より，愛知道路コンセッション株式会社（以下，ARC と称す）によるコンセッション方式の有料道路運営等事業が開始された．事業の対象となっているのは 8 路線，延長 72.5km である．

　事業の対象となっている道路の位置を**図-6.1.1** に示す．また，各路線の料金徴収期間を**表-6.1.1** に示す．8 路線の内，主要な知多 4 路線については交通上密接な関連を有しており一つの道路として料金徴収していることから 1 つの運営権としてまとめ，それ以外の 4 路線については個別の運営権として設定されている．

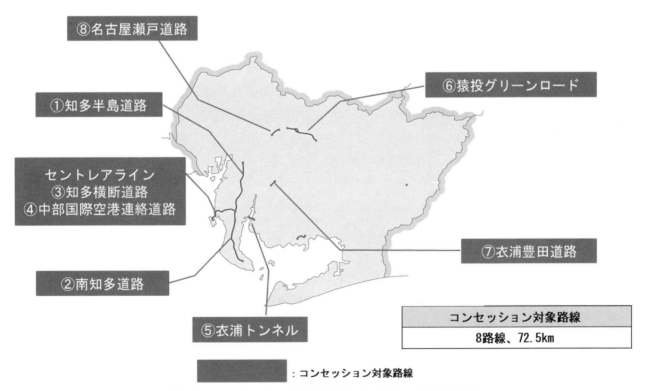

図-6.1.1 愛知県有料道路運営等事業の対象路線 [1]

（出典：山本和範，中島良光，東山基，有料道路コンセッションの実務的視点での紹介，建設マネジメント技術，
　　2017 年 9 月号，pp.41-47，2017.9）

表-6.1.1　対象路線の運営期間

路線	延長(km)	料金徴収期間	運営権
①知多半島道路	20.9	S45. 7.15〜R28. 3.31	1
②南知多道路	19.6	S45. 3.1〜 R28. 3.31	
③知多横断道路	8.5	S56. 4.1〜 R28. 3.31	
④中部国際空港連絡道路	2.1	H17. 1.30〜 R28. 3.31	
⑤衣浦トンネル	1.7	S48. 8.1〜 R11.11.29	2
⑥猿投グリーンロード	13.1	S47. 4.1〜 R11. 6.22	3
⑦衣浦豊田道路	4.3	H16. 3.6〜 R16. 3.5	4
⑧名古屋瀬戸道路	2.3	H16.11.27〜 R26.11.26	5

(2)　ISO 55001 導入の経緯

　このコンセッション事業においては，建設から既に 50 年近く経っている有料道路を最長 30 年にわたって運営と維持管理を行っていく必要がある．有料道路は地域社会の状況や経済状況により運営が大きく左右され，また，自動車の技術革新等による影響も大きく受けることが考えられる．このような事業を取り巻く環境の中で安定的な事業の継続性を維持するためには，こまめに PDCA を回しながら LCC の最小化を考慮した長期的な事業計画の立案や，構造物の健全度の確実な維持管理によるリスクの最小化が求められる．また，これらの事業を担う人材の育成や技術開発も重要となる．

　一方で，維持管理計画の立案のためには道路を構成する各種の構造物の実態把握が最優先で必要であるにもかかわらず，建設から 45 年以上経過した各種の構造物の過去の情報は未整理・不完全である場合が多い．また，官民連携において官から民へ業務が引き継がれる際に，これらの情報だけでなく，官側の職員が積み重ねてきた知識やノウハウといった暗黙知を継承することは極めて困難である．

　以上のような観点から，ARC では維持管理における情報の集約と集積をシステム化し，これらを用いてアセットマネジメントすることが極めて重要と考え，ISO 55001 の認証取得を目指し，システムの構築を実施した．

(3)　対象としたアセット

　ISO 55001 に基づくアセットマネジメントにおいて，アセットとは構造物そのものだけでなく，マネジメントに必要な，資金，組織，各種設備，管理用車両，各種ソフトウェア等，全ての資産と定義される．ISO 55001 による認証を取得するためには，対象とするアセットをまず決めなければならないが，全てを対象とすると作業が膨大となってしまうため，狭い範囲でシステムを構築して認証を取得し，その後，徐々に拡大していくことが可能である．図-6.1.2 に ARC が管理する対象アセットの具体例を示す．ARC では初回認証の対象組織としては，維持管理業務を主体的に行う道路運用部を選定した．対象路線としては，表-6.1.1 に示した路線のうち主要な 4 路線である，知多半島道路，南知多道路，知多横断道路，中部国際空港連絡道路を選定した．対象構造物としては，主要な土木構造物である橋梁，函渠，トンネル，及び舗装を選定した．このように，組織，路線，構造物のいずれにつ

いても，まずは重要なところから着手し，徐々に拡大を図っていく方針とした．**図-6.1.3** に初回認証の対象としたアセットについて示す．

ARCが管理する道路構造物等（抜粋）		
種類	数量	単位
As舗装	1,718	千㎡
橋梁	338 / 19,509	橋 / m
函渠	156 / 4,374	箇所 / m
トンネル	5 / 4,016	本 / m
ガードレール	198,640	m
道路照明	1,516	基
料金所	19	箇所
ETC	56	車線
PA	6	個所

有料道路の事業運営、維持管理に必要なアセット	
アセット（資産）	具体例
資　金	料金収入、借入金
組織・人材	管理職、事務職、技術職、作業員、収受員、等
道路施設・設備	舗装、橋梁、トンネル、等
管理施設・設備	管制センター、管理事務所、ITV設備、等
防災施設・設備	雪氷倉庫、防災備蓄倉庫、消火設備、等
維持管理用車両	巡回車両、雪氷車両、クレーン車
料金収受施設	ETC設備、料金ブース、料金所事務所、等
各種ソフトウェア	経理ソフト、DBシステム等

図-6.1.2　対象アセットの具体例

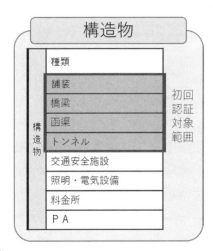

図-6.1.3　初回認証の対象アセット

（4）　方針と目標

ISO 55001 を適用する上で重要な要求事項は，アセットマネジメント方針を定め，目標を設定し，目標を達成するための計画を立案し，それを実施するシステムを構築して運用し，その運用を監視し，改善を行うことである．

ARC では，まずアセットマネジメント方針として以下の 5 項目を定めた．

①関連する法令及び基準，実施契約，要求水準を順守すること

②道路の適切な状態の維持，サービスレベルの維持・向上を目指すこと

③道路に関わる事業実施の優先度は，総合的なリスクの評価により決定すること

④道路に対する各種指標を設定し，その達成度を明確にすること

⑤アセットマネジメントシステムの継続的改善を可能とする体制の維持・向上を目指すこと

次に，アセットマネジメント目標として，**表-6.1.2**に示す 11 項目の重要業績評価指標（KPI）を定めた．

各年度の目標値は，中期計画の目標値を達成するように定めている．例えば各構造物の保全率は，5 年後に 100%となるように定め，毎年徐々に増加させていくように定められ，また，前年度の結果をもとに毎年見直されていくものとしている．事故率や事案件数は，過去 5 年間の平均値より 5%低減させることを毎年の目標値として定め，ある程度中長期的な動きを見定めながら改善を進めていくという設定方法を採用している．

表-6.1.2　アセットマネジメント目標（KPI）

測定指標	H30 年度 目標値	備　考
快適走行路面率	93.9%	自専道 *MCI* ランクⅣ,Ⅲ,Ⅱの割合
橋梁の保全率	96.6%	健全度区分Ⅰ,Ⅱの割合
函渠の保全率	95.9%	健全度区分Ⅰ,Ⅱの割合
トンネルの保全率	100%	健全度区分Ⅰ,Ⅱの割合
本線渋滞損失時間	2.9 万台・時間	工事規制，交通事故，自然渋滞による損失時間
路上工事による車線規制時間	3,230 時間	工事により車線規制した総時間
死傷事故率	3.5 件/億台キロ	自動車走行台キロあたりの死傷事故件数
逆走事案件数	10 件	逆走事案の件数
人等の立入事案件数	22 件	歩行者・自転車等の侵入事案の件数
新技術導入の取り組み件数	10 件	新技術に関して取り組みを行っている件数
研修・講習会への参加件数	10 件	技術力維持・向上のための研修・講習会参加件数

(5)　アセットマネジメントシステム

図-6.1.4 にアセットマネジメントシステムの概念図を示す．アセットマネジメントシステムは，日常の巡回パトロールや 5 年毎の定期点検による損傷の把握から，その修繕工事までの一連の流れを記録し，改善する，「運用レベルの PDCA」と，その結果を踏まえて年度の計画に改善を組み込んでいくための，「計画レベルの PDCA」，さらに組織的な体制や技術導入による改善を施すための「組織・体制レベルの PDCA」の 3 重の PDCA の構造としている．それぞれ，毎月，半期ごと，年度ごとに改善を進めるため，必要となる各種のデータベースシステムを構築するとともに，運用に必要なツールの開発を進めている．道路インフラの維持管理においては，履歴を確実に DB に保管し，その情報を整理していくとともに，それらの業務の中で得られた知見やノウハウをコメントやメモの形で残し，その時々の判断や承認がどのようになされたのかを分かるようにしておくことが重要であると考えている．そのため，**図-6.1.4** に示す Planner というツールを用いて進捗管理を兼ねて知見や判断の集積を行うようにしている．

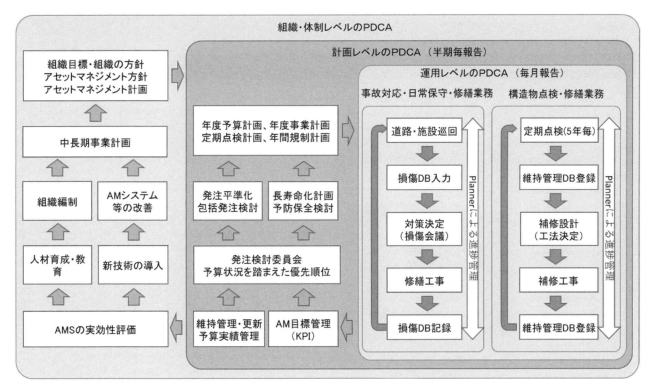

図-6.1.4　アセットマネジメントシステム概念図

(6)　維持管理データベースシステムの開発

　アセットマネジメントを行う上で，維持管理に関する履歴や情報を確実に残し，また，それらの可用性を高めることは，業務の効率化と品質の向上に極めて重要である．データベースシステムは，ただ単に情報を格納するだけではなく，様々な業務のシーンに合わせて，各担当者が簡単に情報を探し出し，取り出しやすくしておくことが非常に重要である．このような観点から，知多 4 路線の橋梁，函渠，トンネルの各構造物について，維持管理データベースシステムを開発し，実用化した．

　図-6.1.5~図-6.1.7 にシステムの画面の例を示す．このシステムは，以下に示す機能を持つ．

　①システム及びデータはクラウド上に格納し，Web からのログインで利用可能となっており，PC だけでなくタブレット端末やスマートフォンでも利用可能とすることで，事務所内だけでなく現場での利用も想定している．

　②マップ表示画面（**図-6.1.5**），路線図表示画面（**図-6.1.6**），検索画面を備えており，一般道からのアクセスによる構造物点検時や有料道路巡回パトロール時など，屋外での業務シーンに合わせて様々な検索を可能とし，素早く目的のデータを探し出せるようにすることでデータの可用性を高めている．

　③各構造物の竣工図面や点検調書だけでなく，補修工事の記録や簡単なメモ，コメントも格納出来るようにし，それらをタイムライン上に整理して表示することで，構造物の過去の履歴を一目でわかるようにしている（**図-6.1.7**）．

　④全天球カメラによる撮影画像のビューワーを備えることにより，構造物そのものの状況だけでなく，周辺の状況も確認できる．これにより，現地まで行かなくとも 3 次元的に周辺状況を把握でき，点検時や補修工事の際の仮設のイメージがつきやすくなり，計画立案の補助となる．

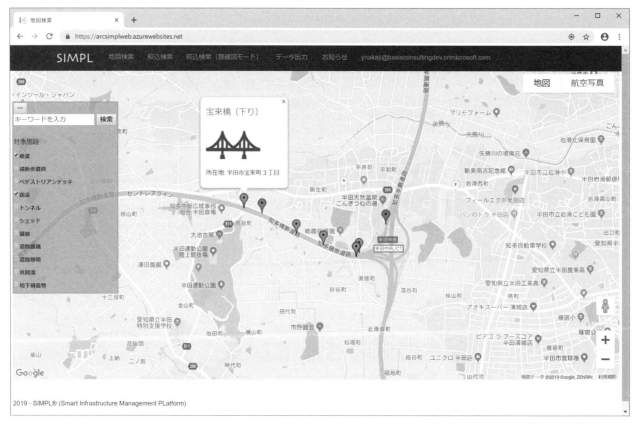

図-6.1.5　維持管理データベースシステム（マップ画面）

図-6.1.6　維持管理データベースシステム（路線図画面）

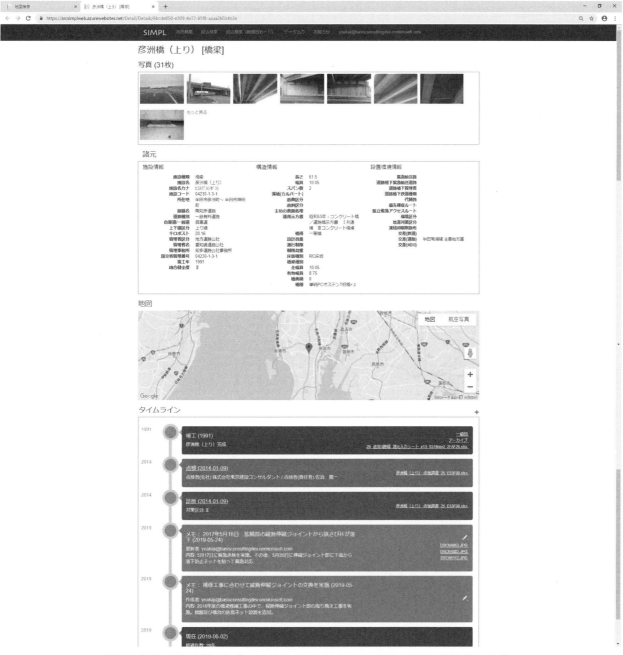

図-6.1.7　維持管理データベースシステム（個別構造物情報画面）

（7）　オープンイノベーションによる舗装モニタリングのための新技術の検討

　舗装の点検・補修は，従来は5年毎の定期路面性状調査によりMCIに基づいて診断し，補修を行うのが一般的である．しかしながら，舗装の状態は路盤や路床の状態によっては，より短期に急速に劣化する場合がある．そのため，5年毎の定期点検の間を補完するための，簡易で低コストのモニタリング技術が求められる．

　一方で，自動車の自動運転技術の発展に伴い，舗装に求められる性能は従来の安全性や運転のしやすさだけでなく，車内の快適性や静穏性などへと変化していくことが考えられる．

　このようなことから，ARCでは毎日の巡回パトロールにより目視での道路損傷確認を行っているが，定量的かつ新たな視点でのモニタリング手段が必要と考え，オープンイノベーションによる新技術の実道検証を実施する仕組みである「愛知アクセラレートフィールド」を用いて，「走行車両の乗り

心地・安全性の改善」をテーマとして技術公募を行った.

　愛知アクセラレートフィールドの基本スキーム[2)]を**図-6.1.8**に示す.

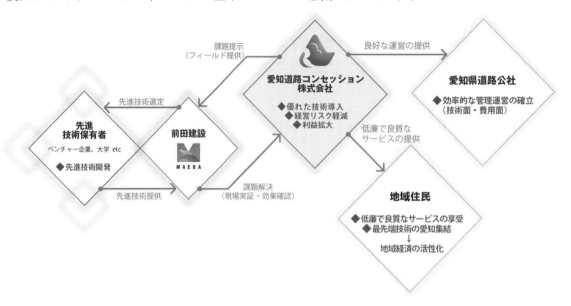

図-6.1.8　愛知アクセラレートフィールドの基本スキーム[2)]

(出典：松林卓，ほか，供用中のインフラ施設を活用した新技術実証のしくみ構築－愛知アクセラレートフィールド
　　の概要－，前田建設技術研究所報，VOL.59，2018)

　この実道検証の公募に対し，応募企業の持つ音響解析技術により路面性状などと車両走行音を収集・解析することで簡易的に路面の劣化度合いをモニタリング・可視化できる技術を，ARCが運営する路線を用いて実証した.　**図-6.1.9**に技術概要を示す.

　その結果，南知多道路の走行を中心とした検証において，車両に設置する収音マイクの取付け位置を適切に設定し，応募企業独自のデータ解析手法を適用することにより，従来の路面性状調査による*MCI*と音響分析結果が高い相関を示す結果が確認できた.　**図-6.1.10**に*MCI*と音響分析結果の比較を示す.

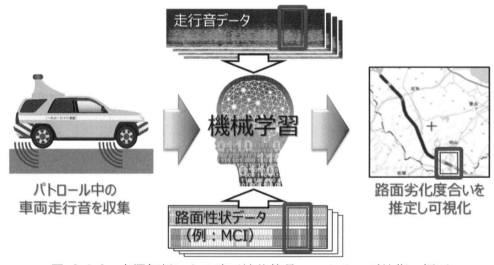

図-6.1.9　音響解析による路面性状簡易モニタリング技術の概要

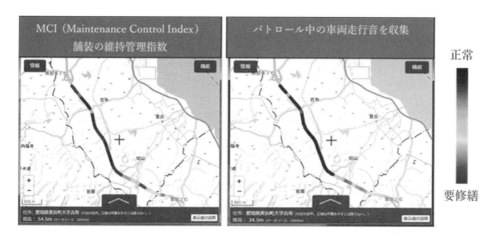

図-6.1.10 *MCI* と音響解析の比較

(国土地理院の電子地形図（タイル）に *MCI* と車両走行音データを掲載)

このような新技術を取り込み，舗装の修繕を定期的にモニタリングしつつ，修繕計画に上手く情報を取り込んでいくことが可能になれば，事業実施の優先度の決定や KPI に基づく舗装の維持管理に役立つものと考えている．また，自動運転技術の向上に伴う舗装の要求性能の変化にも適切に対応していけるのではないかと期待しているところである．

(8)　ISO 55001 導入の効果

ISO 55001 を導入し認証を取得したばかりのため，明確な効果を示すことは時期尚早ではあるが，取り組みの中で効果として気が付いた点を以下に述べる．

①アセットポートフォリオの整理とデータベース化を実施する上で，各構造物の状態や構造物上の交通量，周辺環境などを再確認し，それぞれの構造物に関わるリスクを再確認することが出来る．

②KPI による目標の明確化により，計画の立案に一貫性が生まれる．また，業務プロセスとその位置付け，判断基準，各組織の責任と権限が明確化され，「実施すべきこと」が明確になる．

③「組織及びその状況の理解」や「ステークホルダーのニーズ及び期待の理解」を通じて，長期的な事業運営に必要となる技術開発や人材育成の重要性が明確となり，IT や IoT などの先進技術の実証を前向きに進めることが出来る．

(9)　おわりに

2016 年 10 月から運営を開始したコンセッション事業も約 2 年半経過し，2019 年 3 月に ISO 55001 の認証を取得できた．これは 30 年にわたる事業運営とアセットマネジメントの小さな一歩であり，今後拡大を図りながら，安心安全な道路サービスの提供のため，活用を進めていきたいと考えている．

6.1.2　ISO 55001 に基づく民間有料道路「白糸ハイランドウェイ」

(1)　白糸ハイランドウェイの事業概要

　白糸ハイランドウェイは,我が国を代表するリゾート地として知られる長野県軽井沢町に所存する,道路運送法に基づく延長 10km の観光有料道路である（表-6.1.3）.標高 1000m 以上の高原を通り,途中に白糸の滝の名所があり,草津温泉・日光と結ぶロマンチック街道への軽井沢からのアプローチ道路でもある（写真-6.1.1,写真-6.1.2）.軽井沢町は,地域独自の観光資源を豊富に有し,夏期を中心とした避暑地として毎年 800 万人にのぼる観光客が訪れている.気候は,年間平均気温 7.9℃と北海道並の低さである.高地にあるため,冬の寒さは厳しく,夏は涼しいという,典型な高原型避暑地の気候である.比較的積雪量は少ないが,冬季の路面の凍結防止対策は,地域の特性である.

　白糸ハイランドウェイは,①道路管理者としてのノウハウの構築と,事業経営の安定と効率的な維持管理の強化を図り,より良い安全・安心なサービスを提供し,②軽井沢全体の地域貢献を,さらに③道路施設の維持更新に有効な,新しい技術の開発フィールドとして積極的に活用することを目的として 2011 年 7 月に取得された.

　既存のインフラ資産を活用して,利用時に利用者から料金を徴収するという日常的なインフラ事業の運営を行うものである.また,その財源でインフラの安全性をさらに高めるために自ら率先して維持管理を行い,事業収益や価値向上につながるような方策を進めるものである.そして常に顧客情報にアンテナを立て,地域資源を有効活用するために新たな視点から情報発信し,地元行政はじめ各パートナーシップと協調し,軽井沢町全体の振興に繋げることも白糸ハイランドウェイの役割である.

(2)　アセットマネジメントの導入の目的

　白糸ハイランドウェイは,昭和 38 年の営業開始当時は全線未舗装であったが,交通量の増加に伴い昭和 50 年代から舗装化が進められ,平成 4 年に全面舗装化され現在に至っている.舗装全延長の 60％以上が施工後 20 年以上経過し,路面は多くの箇所で劣化が進んでいた.

　まずは,維持管理の徹底と業務効率化という課題に対し,この道路の要求水準を検討した.その結果,劣化の著しい箇所を最初に全て修繕して,リフレッシュすると言う選択肢もあったが,公道での維持補修で培ってきた実績とノウハウを生かして,予防的修繕を集中的に実施し路面を安定させた.さらに,巡回時には路面だけではなく,道路全般の不具合を発見したら速やかに補修し,記録する習慣を定着させ,業務効率化の基盤を構築した.

　このように独自に構築した「道路維持管理要領」に基づく管理・

表-6.1.3　白糸ハイランドウェイの概要

道路区分等	道路運送法による一般自動車道 等級：3種5級道路
管理延長	10km
道路幅員	6.5m(標準部)
付帯施設	駐車場　3箇所(300台) 料金所　2箇所 売店　　1箇所
通行台数	年間約30万台 繁忙期平均2,800台／日 閑散期平均640台／日
通行料金	普通400年　大型1,600円

写真-6.1.1　白糸ハイランドウェイの景観

写真-6.1.2　白糸の滝

運営をしてきたが，新たな課題に向き合うことになった．白糸ハイランドウェイは，社会問題化している公共インフラの老朽化問題と同様，建設から50年以上が経過している．永続的に管理・運営していくためには，限られた料金収入の中から更新・修繕費をバランスよく配分して，日常の維持管理によって適切に保全しなければならない．一定のサービス水準を維持しながら，施設の長寿命化と適切な利益の確保を如何に図るという運営上の課題である．また，民間企業が経営する有料道路とはいえ，利用者からみれば他の公共道路と同じであり，同様の公共サービスが享受できるものと期待されている．公共道路と同様，利用者（料金支払い者）に対する適切な道路サービスの提供と，その説明責任をいかに果たすかの大きな課題である．

　これらの新たな二つの課題解決と，道路運営事業者としての様々なメリットを期待し，ISO 55001 アセットマネジメントシステムを導入し2015年3月に認証取得した．

（3）　ISO 55001 の導入と効果

　ISO 55001 アセットマネジメントシステム導入に至っては，現行の運用マニュアルによる現場実務とアセットマネジメントシステムの要求事項とのギャップ分析・修正作業を進め，それに並行して要求事項に準じたシステムマニュアルを作成し，アセットマネジメントの基盤整備としてスタートした．

　アセットマネジメントシステムは，図-6.1.11 に示すように現場レベルでの小さなPDCA に加えて，組織全体の目標，資産管理の目標・計画・実施からその評価・改善に至る組織全体の大きな PDCA サイクル，そしてそのサイクルを上手に回転させるための仕組みを含めたシステムである．

　ISO 55001 アセットマネジメントシステムで重要な点は，組織に置かれている状況やステークホルダーのニーズを決定し，リスクマネジメントとの手法を採り入れて目標設定し，システムを構築するところにある．その導入効果として，組織目標とそのための活動がより明確になる．さらに組織の上位目標，ステークホルダーのニーズ，それに関わるリスクを常に意識しながら柔軟に改善に取り組むことが可能になることから事業全体での目標達成に向かっての「改善のスパイラル効果」を期待できる．

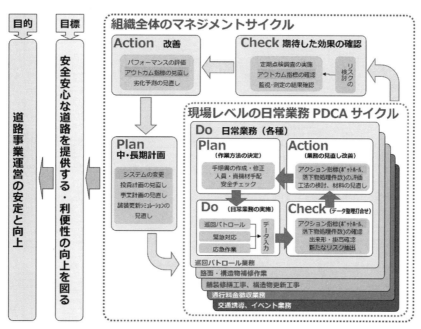

図-6.1.11　アセットマネジメントシステムの概要

図-6.1.12 に示す ISO 55001 アセットマネジメントシステムの要求事項から，白糸ハイランドウェイでの適用について紹介する．

①ISO 55001 は，組織としての内部・外部の課題，ステークホルダーのニーズ及び期待の理解を要求している．白糸ハイランドウェイは，観光有料道路という特色があり，工学的観点を重視して管理水準を設定するとともに，ここでの立地条件から，道路の利便性向上が軽井沢町の地域及び観光に欠かせない．日頃より，「利便性の向上と軽井沢の魅力」というテーマで地域協働ワークショップを開催し，「既存施設の有効活用」につながる様々な意見やイベント・アイデアが創出され，地域からの寄せられている期待を理解する場となっている．

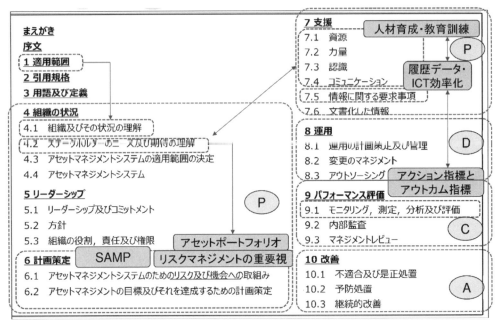

図-6.1.12 ISO 55001（要求事項）の概要

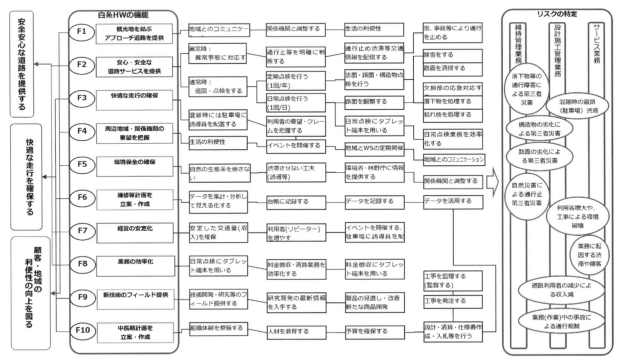

図-6.1.13 組織目標策定にいたる機能展開

　これらのワークショップを通して把握したステークホルダーのニーズを土台として，運営に関わる経営陣・スタッフによるリスクワークショップを実施し，日常業務，維持作業の現状を洗い出し，**図-6.1.13** の組織目標策定に至る機能展開とリスクの特定を示した．同時に適用範囲とするアセットについてアセットポートフォリオを明確にする作業ともなった．そこから期待される成果として，「顧客はどのようなサービスを求めているか」という問いに対する答えとして最終アウトカム指標をロジックモデルにより導き出した．

　リスクワークショップは，参加者が議論や話し合いを通じて創造的にリスクの存在や影響，解決方法を見つけ出すことが出来き，リスクへの認識を共有するための，最も効果的な方法と実践から理解する．さらに，組織外部の専門家の参加を得ることも有効である．

　②計画策定では，組織目標（ビジョン）に沿っての戦略的アセットマネジメント計画（SAMP）の立案が，ISO 55001 で最も重要な役割を果たす．白糸ハイランドウェイの SAMP は，**図-6.1.14** のとおり，アセットマネジメント方針に基づくアウトカム指標を達成するための具体的な作業計画（要領書・手順書）と測定可能なアクション指標（数値目標値）との結び付きによって構成する．

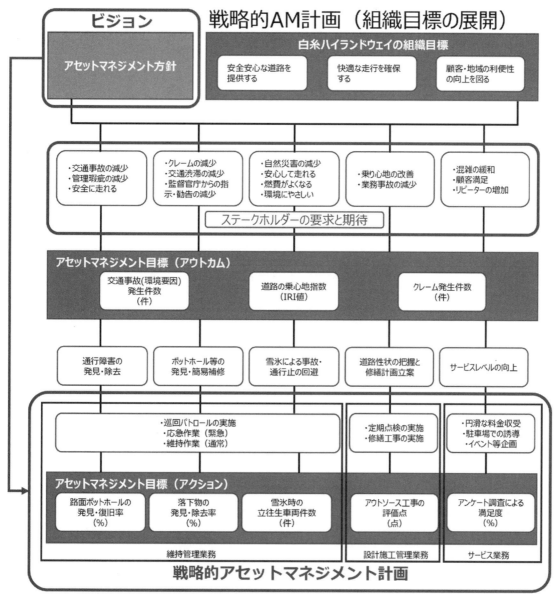

図-6.1.14　白糸ハイランドウェイの SAMP

　SAMP の効果としては，日常の作業手順におけるリスク低減と目標達成のために何をすべきかが明確になる．さらに**表-6.1.4** の新たな管理基準を付け加えることで，常に上位目標，顧客もニーズ，新たなリスクを意識しながら活動できるものになっている．

　ISO 55001 は，アセットマネジメント目標設定に続き，目標設定のために対処する「リスクと機会」を特定・分析し，適切リスク対策を実施することを要求している．白糸ハイランドウェイでは，リスクワークショップで，前掲の**図-6.1.13** の機能展開で特定した目標達成に障害となる事象の可能性と重大性について評価し，**図-6.1.15** に示すマトリックス分析を行った．その結果，最優先のリスク対応を「舗装」とし，その対策を検討した．これらの検討作業に係わることによって日常業務の中で常にリスクの変化を意識しながら業務が行われるようになった．

表-6.1.4　管理基準

事象	管理項目	管理水準	
道路巡回	通常巡回	1回／日以上	
路上障害	ポットホール	10cm未満または交通に支障なし	巡回時：発見後24時間以内 通報時：確認後24時間以内
		10cm以上または交通に支障あり	巡回時：発見次第 通報時：確認後1時間以内
	落下物・支障枝	人力で除去可能なもの	巡回時：発見次第 通報時：確認後1時間以内
		人力で除去不可能なもの	巡回時：発見次第通行可能な状態にする 通報時：確認後1時間以内に通行可能な状態にする 引継ぎ後24時間以内に本復旧
	道路清掃	車線幅6mが確保されている	
	雪氷作業	滑り止めタイヤがスリップ・立ち往生しない	
安全対策	安全施設清掃	雑草・樹木等による妨げ、くもり・汚れがない	

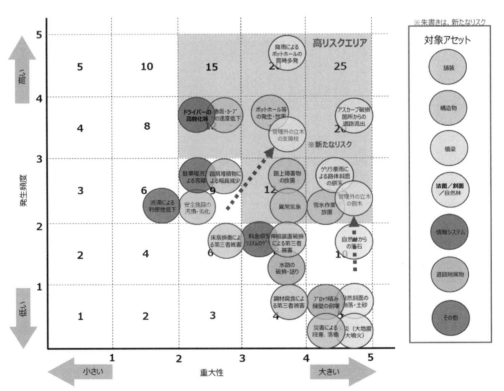

図-6.1.15 リスクとマトリックスの分析図

　③要求事項の「支援」「運用」は，目標達成するための具体的方策である．白糸ハイランドウェイを取得した時点で，舗装整備からすでに 20 年〜25 年が経過していた．その経緯から，舗装路面は，**写真-6.1.3 のように**多くの箇所で亀甲状のクラックや凹凸が見られ，かなり劣化が進んでいた．永続的に道路事業を運営して行く上では，安全対策の面からも広範囲な補修が必要であった．

　劣化の著しい箇所を最初からすべて更新して，オーバーレイ工法等でリフレッシュするという選択肢もあるが，資産とライフサイクルコストのバランスを総合的に勘案し，巡回・点検・診断を軸とした予防的修繕による補修方法，日常管理で健全度を維持することとした．

　これまで白糸ハイランドウェイでは，ひび割れ率とわだち量から対策区分を A〜E の 5 段階に区分し，舗装の長期的な修繕計画の根拠としてきたが，アセットマネジメントシステム導入に際し，**表-6.1.5 の**新たな維持管理の判定基準を付与し，**表-6.1.6 に**示す区分 A・B の通常の巡回や維持作業で対応可能な健全な状態，区分 C を予防的修繕が必要な状態，区分 E を抜本的な修繕が必要な状態と定義付けて判定基準にメリハリをつけた．

写真-6.1.3　当時の舗装の状態

表-6.1.5　破損程度と対策区分の関係

わだち量	ひび割れ率				
	30%未満	30〜40%	40〜50%	50〜60%	60%以上
30mm未満	A	B	C	C	E
30〜40mm	B	B	C	C	E
40〜50mm	C	C	C	C	E
50mm以上	E	E	E	E	E

表-6.1.6　対策区分の判定

対策区分	判定の基準	対策レベル
A	破損がないか、軽微であり現段階で補修等の必要がない	
B	破損はあるが早急な補修の必要はなく、巡回で重点的に観察し状況に応じ補修する	巡回レベル
C	ひびわれ・わだちを主体とした破損があり、計画的に補修・修理等を行う必要性がある	補修レベル
E	破損が大きく機能低下の恐れがあり、中大規模な舗装修繕が必要である	更新レベル

　図-6.1.16 の劣化度合いと対策の関係に基づいて，対策区分 A・B に当たる日常維持作業は直営スタッフが行い，対策 C を対策区分 A・B に引き上げて延命化を図る舗装補修の維持工事と，対策区分 E を対策区分 A に引き上げる舗装修繕工事と外注している．劣化度合いの高い E 判定箇所については，優先順位を付けてオーバーレイ工法での長期的な修繕計画（舗装更新シュミレーション）を立て，必要に応じて見直している．

　オーバーレイ工法には，**写真-6.1.4** の費用対効果の高い高機能・高耐久性の舗装を採用することで，長寿命で維持コストの低い，利用者により安全・安心で快適な道路を提供できるが，ここでは，**写真-6.1.5** の機能回復の補修方法であるパッチング工法の品質向上（矩形に整形して施工することで段差解消ができ，地域利用者からの評価があった）による効果も，大きな価値ある維持作業である．このように勘案した方策をとることで，アセットマネジメントシステム目標である利用者への安全・安心・快適な道路の提供につなげられる．

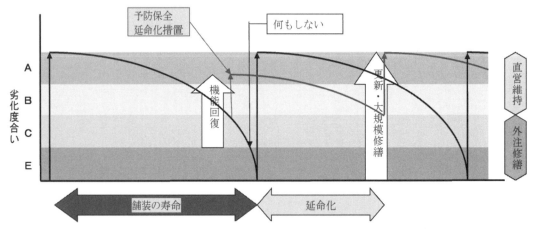

図-6.1.16　劣化度合いと対策の関係

写真-6.1.4　高機能・耐久性舗装による修繕

写真-6.1.5　パッチング工法による維持

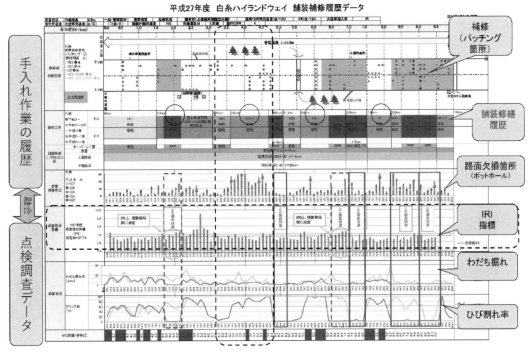

図-6.1.17　優先順位を検討した舗装修繕計画

④ISO 55001 は，アセットマネジメントシステム目標の達成度，およびその為のシステムの有効性を評価することを要求している．アセットのパフォーマンスを評価する一つの方法として「ひび割れ率」「わだち掘れ量」「*IRI*」を測定して，路面の性状を把握している．これらのデータを図-6.1.17に示すように舗装履歴・維持補修履歴に重ね合わせて総合的に評価する方法を採用し，この調査結果から，将来の路面に掛かる想定予算規模や，予算規模と管理水準の関係などについて試算するなど長期的修繕計画に反映している．また，*IRI* 測定データの活用は，利用者目線の乗り心地を表し，そのまま道路のパフォーマンスの評価に現れる．継続的に測定すれば，利用者への投資効果の説明にも有効と考える．

⑤ISO 55001 は，アセットマネジメントシステムの取り組みが十分であるかを常に見直し，改善することを要求している．アセットを運営する上での社会環境やニーズの変化，マネジメントレビューをはじめとした各層でのシステムチェック，是正処置等の要因からのシステムの継続的改善が要求されている．現場の小さな PDCA から組織全体の PDCA へ，そして意思決定が現場の PDCA サイクルに柔軟かつ，積極的にフィードバックできることが期待されている．

道路管理は自然や気象の影響に大きく左右され，常に不適合，インシデント，利用者からの苦情（不具合）など発生の可能性は大きい．同時にリスクの評価も変化していく．白糸ハイランドウェイでは，特に，「不適合や事故が発生しうる潜在的な不具合を積極的に特定し，必要に応じて予防的に是正措置を行う」という現場サイドからのボトムアップの継続的改善活動が定着したことが，導入の大きな効果と言える．

(4) まとめ

　維持管理業務の作業は，同じような小さな作業の繰り返しであり，時間に流されてしまいがちである．ISO 55001 アセットマネジメントシステム導入は，単に「資産の保全」という観点だけでなく，その「日常の作業」から論理的にその価値を見出すことの出来る「仕事」にし，担い手の今以上の誇りと問題解決能力を向上させ，利用者，利害関係者には明快に事業運営の説明を果たせることが明らかとなった．

　また，スパイラル効果を継続するためには，日頃より，関係行政，地域ステークホルダーと事業者との協働ワークショップ（**写真-6.1.6**）を継続する環境を作ることが重要である．

写真-6.1.6　ステークホルダーとの協働ワークショップ

6.1.3　静岡県における舗装マネジメント

(1)　はじめに

　静岡県では早い時期からアセットマネジメントの考え方に着目して公共施設等の効率的維持管理や長寿命化に向けた様々な取り組みを行ってきており，ここでは公開資料やヒアリングを基に舗装マネジメントに着目したアセットマネジメントの導入状況を報告する．

(2)　静岡県公共施設等総合管理計画（ふじのくに公共資産最適管理基本指針）

　静岡県では元々，財政改革大綱などに基づき建物や社会インフラの長寿命化に取り組んでいたが，平成 24 年度よりアセットマネジメントの考え方を導入して資産管理コストの最小化と県民満足度の最大化を目指す取り組みを進めており，取り組みを統合して体系化したものが当総合管理計画である．公共施設マネジメントの体系を**図-6.1.18** に示す．

1) 公共施設等の現況および将来見通し

　①対象資産量，財政状況，インフラ資産等の老朽化度合

　②人口の見通し

　③維持管理・更新費の将来見通し

2) 総合的かつ計画的な管理に関する基本方針

　①期間

　②取り組み体制の構築，情報管理・共有方策

　③現状や課題に関する基本認識

　④管理に関する基本的な考え方

　⑤フォローアップの実施方針

3)施設類型ごとの基本方針

　　①インフラ資産

　　②公共建物・土地

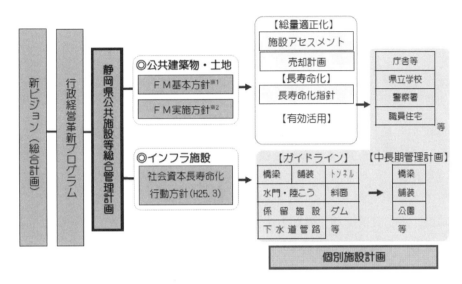

図-6.1.18　公共施設マネジメント体系 [3]

（出典：静岡県，静岡県公共施設等総合管理計画，2019.3）

　静岡県公共施設等総合管理計画は，静岡県の公共施設マネジメントの最上位に位置し，組織の目標，方針や戦略に係るアセットマネジメントのフレームワークに該当した内容である．総合管理計画の中では，対象資産，現況と将来予測，基本方針，戦略（現状や課題に関する基本認識の一部），体制の構築，情報管理方策，改善の方針などが示され，アセットマネジメント導入プロセスの重要な内容がほぼ網羅されている．

(3)　社会資本長寿命化行動方針

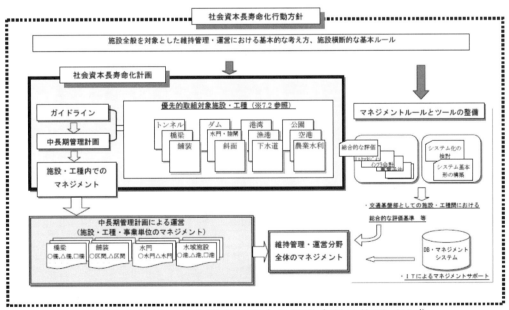

図-6.1.19　社会資本長寿命化行動方針の位置づけ [4]

（出典：静岡県交通基盤部，社会資本長寿命化行動方針，2013.3）

　静岡県における道路管理延長（平成28年4月1日現在）は2784km（舗装率98%）である．資産量の増加と老朽化や予算の制約といった課題の中で，舗装の長寿命化と計画的な維持管理を目指している．

　社会資本長寿命化行動方針は静岡県における社会インフラの維持管理と運営の基本的な考え方を示したものであり，そのもとで効率的な維持管理のための具体的なマネジメント方法としてまとめられたものが社会資本長寿命化計画である．社会資本長寿命化計画はアセットマネジメントプロセスの中で，アセットマネジメント計画に該当する内容であり，計画に中で，ガイドラインや中長期管理計画が策定されている．

　このうち，舗装ガイドラインは平成18年3月に制定（平成29年3月改定）され，限られた予算の中で舗装の最適な維持管理計画を立案し，事業実施に結びつけるための具体的な評価・実施方法を取りまとめたものである．この中でネットワークレベルの中長期管理計画の作成を実施しており，さらにその計画の下でプロジェクトレベルの事業実施計画が作成され，具体的な事業の実施が行われる．中長期管理計画は，性能低下予測，補修工法，補修工法パターンに基づき作成した40年間の舗装維持管理に関する投資計画の位置づけである．

　中長期管理計画はアセットマネジメント計画の一部を構成する内容と思われるが，ガイドラインから下流の具体的なマネジメントの実施までは，マネジメントシステムなどを含めてアセットマネジメントの実施プロセスとして整備されている．

　図-6.1.20は，ガイドラインの下での舗装マネジメントの体系を示したものであり，点検・調査データなどによる状態把握と劣化予測，中長期管理計画の作成，実施計画の作成，事業実施，モニタリングと事後評価，計画等の見直しといった，アセットマネジメント実施の技術的な中核部分であるメンテナンスサイクルを回す仕組みが描かれている．

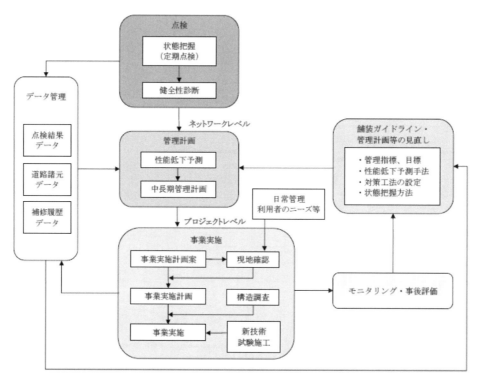

図-6.1.20　舗装マネジメントの体系 [5]

（出典：静岡県交通基盤部道路局道路保全課，社会資本長寿命化計画舗装ガイドライン（改定版），2017.3）

(4)　舗装マネジメント

1)　管理指標

管理指標に関して，平成18年の旧ガイドラインでは総合指標である *MCI* を用いていたが，平成29年の改定では「道路ユーザーサービスの視点」としてわだち掘れ深さと *IRI* を，「道路資産保全の視点」としてひび割れ率を設定している．調査頻度は，小型の調査車両を用いるなどの合理化により，交通区分に応じて5年に1回または2回としている．管理指標については従来の項目を用いているが，道路管理者の視点のみから道路ユーザーサービスの視点を取り入れて区分している点が特徴である．

2)　管理目標

舗装点検要領（平成28年10月国土交通省）に基づき道路を分類する必要があるが，路面性状調査の分析結果より，交通区分に係わらず損傷の進行が早いことが判明したため，すべて分類 B とした．ただし，路線の重要度に区分して管理するため B1〜B4 の4グループに分類している（**表-6.1.7**，**表-6.1.8**）．

表-6.1.7　管理目標グループの設定 [5]

交通量区分 ＼ 地域区分	DID	市街地	平地	山地
N6以上	B1			
N5			B2	
N4	B3		B4	
N3以下				

表-6.1.8　グループ別の管理目標値 [5]

管理目標グループ	管理目標		
	ひび割れ率	わだち掘れ深さ	*IRI*
B1	25%	35 mm	6 mm/m (5 mm/m)※
B2	35%	35 mm	7 mm/m
B3	50%	35 mm	7 mm/m
B4	50%	—	8 mm/m

※（　）は自動車専用道路および地域高規格道路

（出典：静岡県交通基盤部道路局道路保全課，社会資本長寿命化計画舗装ガイドライン（改訂版），2017.3）

3)　補修の優先順位付け

管理指標のうち，ひび割れ率，わだち掘れ深さ，*IRI* が複数で性能低下した場合，総合的に損傷が進行している箇所を最優先とし，管理目標を超過している数が同じであれば，道路保全資産の視点を重視して，ひび割れ率，わだち掘れ深さ，*IRI* の順に優先度を高くすることとしている（**図-6.1.21**）．

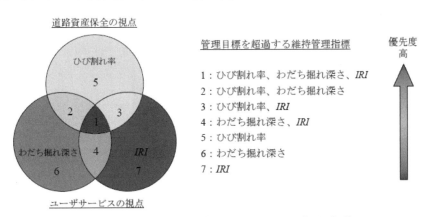

図-6.1.21　補修の優先順位付けの考え方 [5]

（出典：静岡県交通基盤部道路局道路保全課，社会資本長寿命化計画舗装ガイドライン（改訂版），2017.3）

4)　中長期管理計画の立案

　路面性状調査結果に基づく性能低下予測式による指標値の推移から，修繕で路面を更新する健全度区分Ⅲ-1 に到達する年数と予防的修繕による延命効果を加味して**表-6.1.9** に示す使用目標年数を設定した．健全性の診断に基づき，現場状況に応じた適切な工法を採用し，予防的修繕工法（シール材注入，パッチング等）により 6 年間ひび割れ率を維持できるなどと仮定すると，事後保全管理に比べて約 15%のライフサイクルコスト削減が可能であるとしている [6]．

　維持修繕は，管理目標グループ別の補修工法マトリックスに従い，各工法の補修の目標値を超えた場合に補修対象とするが，予算の平準化のために補修工法の適用範囲内で補修時期を調整することとしている（**図-6.1.22**）．

表-6.1.9　ひび割れ率のグループ別使用目標年数（健全度Ⅲ-1 に到達する年数）[5]

健全性の区分／グループ	ひび割れ率 (%)				表層を更新する水準	使用目標年数
	Ⅰ	Ⅱ	Ⅲ-1	Ⅲ-2		
B₁	15 未満	15 以上 25 未満	25 以上 50 未満	50 以上	25%	20年
B₂	25 未満	25 以上 35 未満	35 以上 50 未満	50 以上	35%	25年
B₃	25 未満	25 以上 50 未満	50 以上 70 未満	70 以上	50%	30年
B₄	35 未満	35 以上 50 未満	50 以上 70 未満	70 以上	50%	30年

（出典：静岡県交通基盤部道路局道路保全課，社会資本長寿命化計画舗装ガイドライン（改訂版），2017.3）

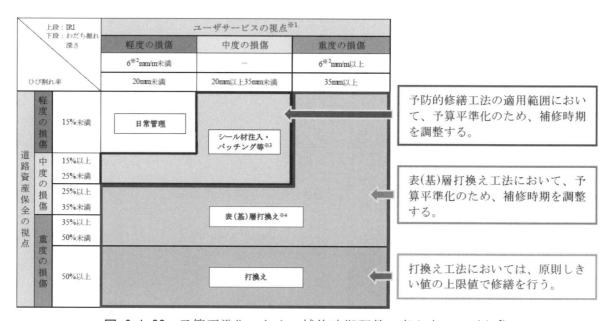

図-6.1.22　予算平準化のための補修時期調整の考え方(B₁ の例) [5]

（出典：静岡県交通基盤部道路局道路保全課，社会資本長寿命化計画舗装ガイドライン（改訂版），2017.3）

5)　モニタリング・事後評価

　モニタリングに関しては，5 年に 1 回あるいは 2 回の点検結果から舗装の状態を把握するとともに，

分析結果から性能低下予測を行う．また，事後評価に関しては点検結果から管理指標値の推移管理目標以下の割合により事業実施効果の検証を行い，必要に応じてガイドラインや管理計画の見直しなどのフィードバックを実施することとしている．

6)　導入効果

旧ガイドラインにより，損傷の著しい区間（MCI=2.0 未満）の修繕がほぼ終了したことにより，平成 29 年度から本格的な予防的修繕工法による補修への移行が可能となった．さらに，予算の平準化により事後保全型管理に比べてライフサイクルコストの削減ができるようになったことがあげられる．

(5)　おわりに

静岡県の舗装分野を中心にアセットマネジメントの実施状況を概観したが，最上位の静岡県公共施設等総合管理計画のもとで，社会資本長寿命化行動方針に基づき舗装ガイドラインによる舗装マネジメントが実施されている．

総合管理計画の中では，対象資産，基本方針，戦略，体制の構築，情報管理方策，改善の方針などが示され，アセットマネジメント導入プロセスのうち，組織目標の設定からアセットマネジメント計画に至る主な内容の多くが記載されている．また，アセットマネジメントの実施に相当する舗装ガイドラインに基づく舗装マネジメントでは，中長期管理計画の立案，具体的な管理目標の設定，補修の優先順位付け，予算の平準化の方針，点検などのモニタリングと評価など，いわゆるメンテナンスサイクルに該当する部分が充実している．

ただし，組織的なアセットマネジメントへの対応，リスク管理（防災以外），ライフサイクルマネジメント，運用面に対するパフォーマンス評価と改善などについては組織内の各部署で対応している部分もあると思われるが，ヒアリングの時間制約などもあり確認が不十分であった．

アセットマネジメントの基本となるプロセスや主な内容は展開されており，今後，更に改善が進むことによってより成熟度の高いアセットマネジメントに移行できるものと判断される．

6.1.4　神奈川県寒川町における舗装マネジメント

(1)　はじめに

寒川町では，2002 年度（平成 14 年度）にまちづくりの理念および将来像を掲げた基本構想を策定した．その基本構想の実現のための基本計画が同年度に策定され，公共施設等の整備や長寿命化に向けた取り組みが行われており，ここでは，公開資料やヒアリングを基に舗装マネジメントの導入状況について報告する．

(2)　寒川町総合計画「さむかわ 2020 プラン」

総合計画「さむかわ 2020 プラン」は，2020 年度を展望した寒川町の目指すべき将来像を掲げた基本構想とその実現のための基本計画及び実施計画の 3 層で構成され，総合計画の構成と体系を**図-6.1.23** に示す．その総合計画の基本構想が寒川町における最上位の組織の目標と位置付けられる．

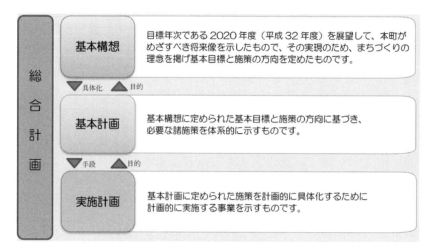

（総合計画の構成）

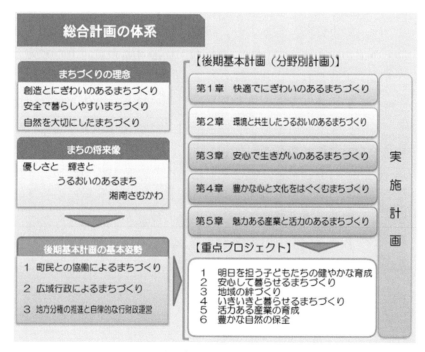

（総合計画の体系）

図-6.1.23　寒川町総合計画「さむかわ 2020 プラン」の構成と体系 7)

（出典：寒川町，さむかわ 2020 プラン　寒川町総合計画後期基本計画第 3 次実施計画（概要版），2018.3）

(3)　寒川町公共施設等総合管理計画

　寒川町総合計画「さむかわ 2020 プラン」の他に寒川町公共施設等総合管理計画が策定されている．この計画は，2014 年（平成 26 年）4 月に国から「公共施設等の総合的かつ計画的な管理の推進」として，2016 年度（平成 28 年度）までに公共施設等総合管理計画の立案が要請され策定されたものである．

　寒川町では，2015 年度（平成 27 年度）に学校や校舎集会所などの公共施設と道路，下水道等のインフラ資産の現状を調査・公表し，「時代に見合った公共施設等のあり方」について検討が重ねられ，**図-6.1.24** の施設を対象とした長期的な視点を考慮した「寒川町公共施設等総合管理計画」が策定された．その計画の中で，個別施設ごとの具体的な長寿命化・統合複合化・建設等の計画については，

劣化や損傷等の状況と財政状況を踏まえ，点検診断結果に基づいて策定するとしている．

　寒川町公共施設等総合管理計画は，寒川町の公共施設等のマネジメントの最上位に位置し，公共施設等の現況及び将来見通し，総合的かつ計画的な管理に関する基本方針および個別の公共施設ごとの管理に関する基本方針，さらに財源確保の概要について示されており，アセットマネジメント導入プロセスの重要な内容に該当するものが含まれている．

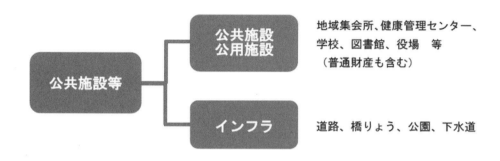

図-6.1.24　寒川町公共施設等総合管理計画の対象施設 [8]

（出典：寒川町，寒川町公共施設等総合管理計画，2017.3）

　寒川町における道路管理延長（2017 年 4 月 1 日現在）は 192km（舗装率 86%）である．道路の老朽化が進み，維持管理を取り巻く財政状況が厳しさを増す中，全ての町道を対象とした舗装の破損状況を調査（2013 年度と 2014 年度）して，補修の優先順位付け，維持管理費の平準化を図るための「寒川町舗装維持修繕計画」が 2016 年 2 月に策定された．

（4）　寒川町舗装維持修繕計画

　寒川町舗装維持修繕計画は，**図-6.1.25** に示す策定フローによって道路舗装のネットワークレベルの現状把握から管理水準が検討され，ひび割れ破損の程度に対する維持修繕工法と予算計画が示されている．この舗装維持修繕計画の策定では，現状把握から評価した要修繕箇所について，最上位計画の寒川町総合計画「さむかわ 2020 プラン」の最終年の 2020 年までの 6 年間で補修するための費用の試算比較から効果的な維持修繕工法が検討された．

　また，寒川町舗装維持修繕計画は，メンテナンスサイクルを構築して維持管理するものとなっており，個別の施設（資産）を対象としたアセットマネジメントの導入プロセスの「アセットマネジメント計画の作成」に該当する内容となっている．

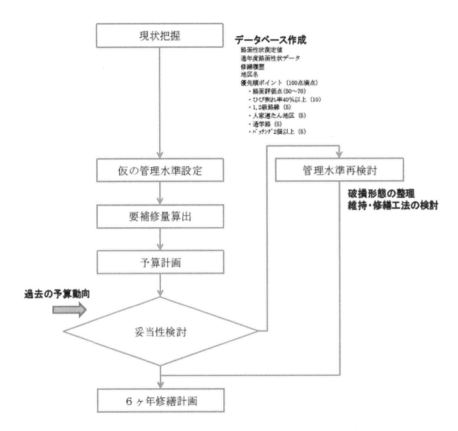

図-6.1.25　舗装維持修繕計画の策定フロー[9]

(出典：山本幸司，西島雄一，小林将貴，寒川町における道路舗装維持修繕計画作成の取り組み，第 31 回日本道路会議
　　　　論文集，2015.11)

(5)　舗装マネジメント

1)　管理指標

　管理指標は，ひび割れ率，わだち掘れ深さおよび平たん性の路面性状値から算出される *MCI* を用い
ている．また，次回の調査は当面，国などで実施されておる点検サイクルの 5 年に 1 回の頻度で路面
性状調査を実施する予定としている．

2)　管理目標

　管理目標は，これまでの寒川町の舗装の補修予算の実績と路面性状調査結果の *MCI* による要補修延
長の費用試算の比較から *MCI*＝5 としている．路面性状調査結果の車線別の要補修区間の *MCI* の延長
を**表-6.1.10** に示す．*MCI* が 4〜5 以下の延長が要補修区間の全体延長の 71%になっており，補修費用
に大きく影響することから適切な工法を選定する必要があるとしている．

表-6.1.10　車線別の要補修区間の *MCI* の延長 [10]

単位：延長（m）

車線	4<MCI≦5	3<MCI≦4	MCI≦3
単車線	13819	4084	1,605
複車線	5380	1784	465

(出典：寒川町都市建設部道路課，寒川町舗装維持修繕計画，2016.2)

3)　維持修繕

　路面性状調査結果から要補修区間の代表的な区間（ひび割れ率に着目）を抽出し，FWD調査による破損の形態（路面破損，構造破損）を評価して適用する維持修繕工法を設定している．図-6.1.26は，ひび割れ率と舗装全層厚におけるFWD調査の路面破損（路面対策）と構造破損（構造対策）の評価結果である．なお，図中では交通量区分でも分類して示している．

　サンプル数が少なく全ての点には当てはまらないが，ひび割れ率と舗装全層厚は負の関係となり，ひび割れ率が35%程度以上になると構造破損の傾向になったとしている．ひび割れ率35%以上は*MCI*が3〜4程度以下となり構造破損が，*MCI*が4〜5程度以上は路面破損が想定されるとしている．

　*MCI*が4〜5の要補修区間は，路面破損として補修単価で有利な予防的修繕工法と位置付けられるクラックシール工法を適用するとしている．また，*MCI*が4以下の要補修区間はこれまでの実績と同じ舗装打換えとしている．

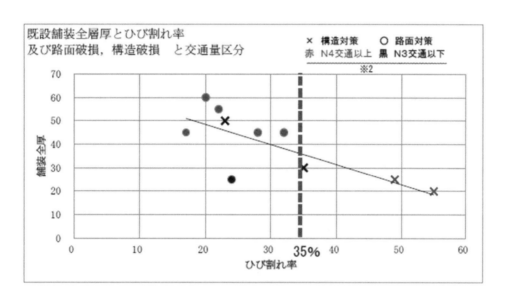

図-6.1.26　破損の対策および交通量における既設舗装のひび割れ率と舗装全厚の関係 [10]

（出典：寒川町都市建設部道路課，寒川町舗装維持修繕計画，2016.2）

　道路種別の要補修区間の維持修繕工法の適用案を**表-6.1.11**に示す．また，寒川町のこれまでの舗装の補修実績は舗装打換えであり，従来の*MCI*が5以下で舗装打換えした場合と新たにクラックシール工法を採用した場合（舗装打換えは*MCI*が4以下）の補修費用の試算比較が行われており，その試算結果を**図-6.1.27**に示す．予防的修繕工法のクラックシール工法を採用することで年間の補修予算は，従来の舗装打換えのみの補修予算に比べて約7割減となっている．

表-6.1.11　要補修区間の維持修繕工法の適用案 [10]

道路種		4<MCI≦5	3<MCI≦4	MCI≦3
1級, 2級	単車線	クラックシール	舗装打換	舗装打換
	複車線	クラックシール	舗装打換	舗装打換
一般（その他）	単車線	クラックシール	舗装打換	舗装打換
	複車線	クラックシール	舗装打換	舗装打換

（出典：寒川町都市建設部道路課，寒川町舗装維持修繕計画，2016.2）

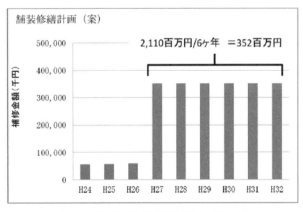

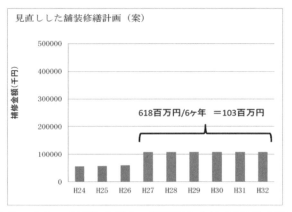

（MCI が 5 以下で舗装打換えの場合）　（クラックシール工法の場合：舗装打換えは MCI が 4 以下）

図-6.1.27　維持修繕費用の試算結果の比較[10]

（出典：寒川町都市建設部道路課，寒川町舗装維持修繕計画，2016.2）

4)　修繕の優先順位付け

MCI が 4 以下の要修繕区間の舗装打換えの優先順位付けと各年度の修繕箇所の計画が作成されている．優先順位は，**表-6.1.12** に示す路面性状の結果，道路種別，沿道状況及び通学路などの 6 項目で評価点を設定し，その評価点の合計点が大きな箇所からとしている．

表-6.1.12　優先順位付けの項目と評価点[10]

番号	項目	条件・範囲	評価点（点）
①	MCI	3以下	70
		4以下	60
②	ひび割れ率	40%以上	10
		40%未満	0
③	道路種別	幹線道路（一級、二級）	5
		幹線以外（その他）	0
④	人家連担	人家連担　あり	5
		なし	0
⑤	通学路	通学路に該当	5
		通学路以外	0
⑥	パッチング数	2個以上	5
		2個未満	0

（出典：寒川町都市建設部道路課，寒川町舗装維持修繕計画，2016.2）

5)　モニタリング・事後評価

モニタリングに関しては，5 年に 1 回を目処に路面性状調査を実施する予定であり，2013 年度と2014 年度の調査結果と比較を行い，舗装維持修繕計画の見直しの必要性を検討するとしている．さらに，クラックシール工法について対応年数等を今後のデータ蓄積によって検証・評価する予定としている．

6)　導入効果

　管理する町道の舗装現況が把握できたことで，効率的な舗装修繕が行われ，管理瑕疵関係の事案（舗装損傷による事故の減少）と住民からの舗装に関する苦情件数が減少している．

　路面性状調査を実施したことで，データベースを構築することができ，地図情報とのリンクも可能となっている．

7)　おわりに

　神奈川県寒川町へのヒアリングと公開資料を基に，車道舗装の維持管理の実施状況を概観したが，最上位の寒川町総合計画「さむかわ 2020 プラン」および寒川町公共施設等総合管理計画のもとで，寒川町舗装維持修繕計画による舗装マネジメントが実施されている．

　寒川町公共施設等総合管理計画では，公共施設等の現況及び将来見通し，総合的かつ計画的な管理の基本方針，個別施設毎の財源確保の概要などが示されており，アセットマネジメント導入プロセスのうち，組織目標の設定からアセットマネジメント計画の作成に該当する内容が含まれている．また，舗装マネジメントの実施に相当する舗装維持修繕計画では，現状把握，管理目標の設定と予算計画，プロジェクトレベルの維持修繕工法，点検の頻度など，メンテナンスサイクルを構築する内容となっている．

　アセットマネジメントの基本となるプロセスが導入されており，今後，リスクやパフォーマンスの評価などの改善検討が行われることで，成熟度レベルをより高めたアセットマネジメントに移行できるものと考えられる．

6.1.5　空港におけるアセットマネジメント

(1)山口宇部空港の事例

　各空港管理者においては，航空法施行規則第 92 条（保安上の基準）に規定する空港の維持管理の標準的な事項を示した「空港内の施設の維持管理指針」（平成 26 年 4 月　国土交通省航空局）に基づき，維持管理・更新計画書を作成している．

　その一例として，山口宇部空港（山口県）の維持管理・更新計画書（平成 29 年 2 月）が山口県より公表されており，空港土木施設の更新計画は，平成 30 年度を初年度とした 28 年間を計画期間としている．更新計画は，空港の基本施設（滑走路，誘導路及びエプロン）の長寿命化，維持管理費用のトータルコストの縮減や歳出予算の平準化に資することを目的としている．

　山口宇部空港では，舗装新設から現在まで約14年経過していることから，更新計画における舗装の更新サイクルを14年とし，費用の平準化も図った上でこれまでの整備実績等を参考に，概算事業費を想定（**図-6.1.28**）し更新計画を作成している．更新計画は，定期点検の結果等を踏まえ，5年程度を目安として，定期的に見直しを図るものとしている．

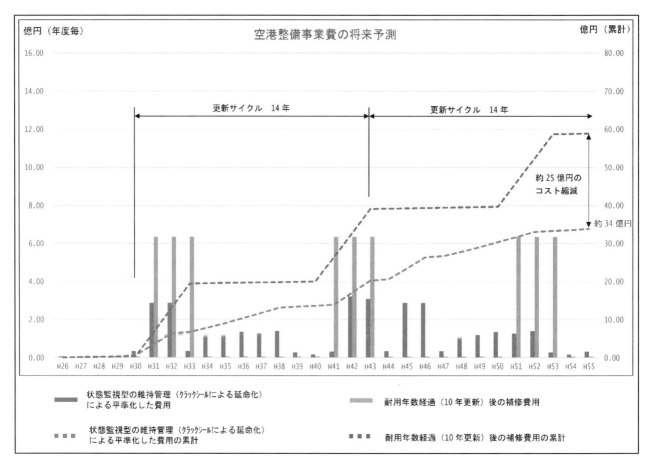

図-6.1.28　宇部山口空港の維持管理・更新計画（空港整備事業費の将来予測）[11]

（出典：山口県，宇部山口空港維持管理・更新計画書，2017.2）

(2)　福岡空港の事例

　コンセッション事業の一例として，福岡空港おいては平成30年8月に公共施設等運営権者である福岡国際空港株式会社が国土交通省と公共施設等運営権実施契約を締結している．

　コンセッション事業においては公共施設等運営権実施契約書に基づき，事業全体のマスタープラン，中期及び単年度の事業計画を策定して国への提出が義務付けられている．

　福岡空港の中期事業計画の概要を**図-6.1.29～図-6.1.31**に示す．

図-6.1.29　国際線空港施設インフラの整備概要[12]

（出典：福岡国際空港株式会社，中期事業計画（2019年度〜2023年度））

図-6.1.30　空港全体の施設インフラの整備概要[12]

（出典：福岡国際空港株式会社，中期事業計画（2019年度〜2023年度））

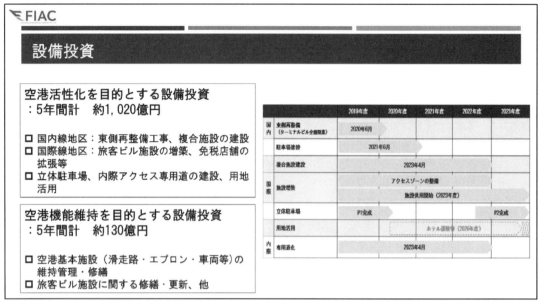

図-6.1.31　中期計画の概要[12]

（出典：福岡国際空港株式会社，中期事業計画（2019年度〜2023年度））

6.1.6　港湾におけるアセットマネジメント

（1）　長崎県の港湾の事例

　長崎県では，公共施設の補修・更新などを効率的かつ計画的に行うとともに，県が造成して市町等へ譲与した施設の補修・更新等についても，管理者の市町等に対して適切な助言・指導を行っていく必要があるため，公共土木施設等維持管理基本方針を平成19年3月に作成している．

　港湾施設においては，公共土木施設等維持管理基本方針に基づき長崎県港湾施設の鋼構造物とコンクリート構造物の各構造物の維持管理ガイドライン（平成22年2月：鋼構造物，平成24年3月：コンクリート構造物）が策定されている．

　鋼構造物の予防保全的な維持管理として，部位・部材の点検診断結果を基に設定した**図-6.1.32**の劣化予測モデルを用いて維持補修時期の把握やコスト管理を行っている（**図-6.1.33**）．

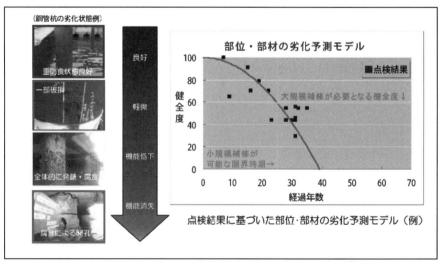

図-6.1.32　鋼構造物の劣化予測モデル[13]

（出典：長崎県土木部港湾課，長崎県港湾施設（鋼構造物）維持管理ガイドライン，平成2010.3）

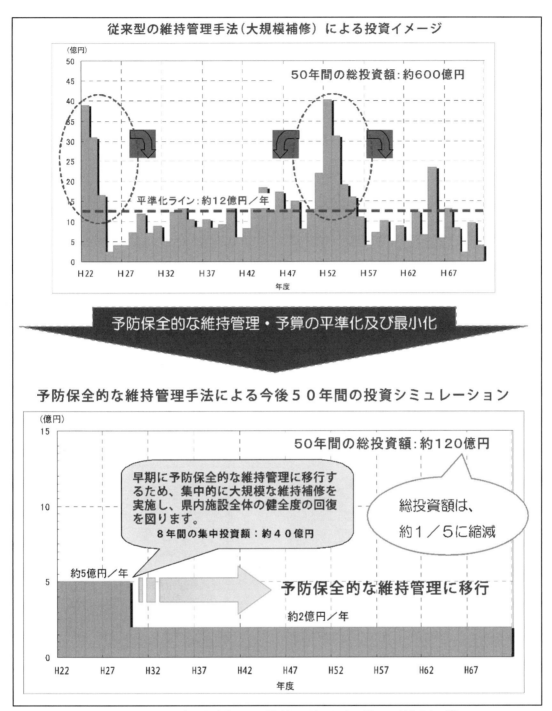

図-6.1.33　鋼構造物の維持管理計画（予算の平準化）[13]

(出典：長崎県土木部港湾課，長崎県港湾施設（鋼構造物）維持管理ガイドライン，2010.2)

　コンクリート構造物は，予防保全的な対策が困難であることから，部材の要求性能が満足されなく
なる前に事後保全的な対策を行い，対策の時期は維持管理上の限界値（上限，下限）の範囲内として
いる．コンクリート構造物の部位・部材の点検診断結果を基に設定した**図-6.1.34**の劣化予測モデル
を用いて維持補修時期の把握やコスト管理を行っている（**図-6.1.35**）．

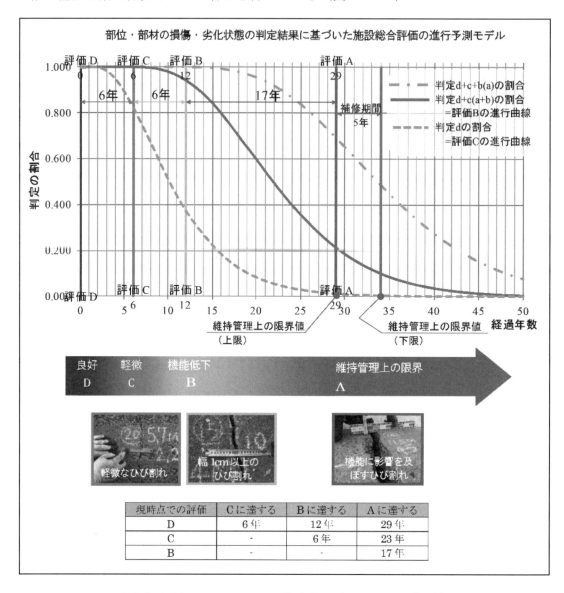

図-6.1.34　コンクリート構造物の劣化予測モデル[14]

（出典：長崎県土木部港湾課，長崎県港湾施設（コンクリート構造物）維持管理ガイドライン，2012.3）

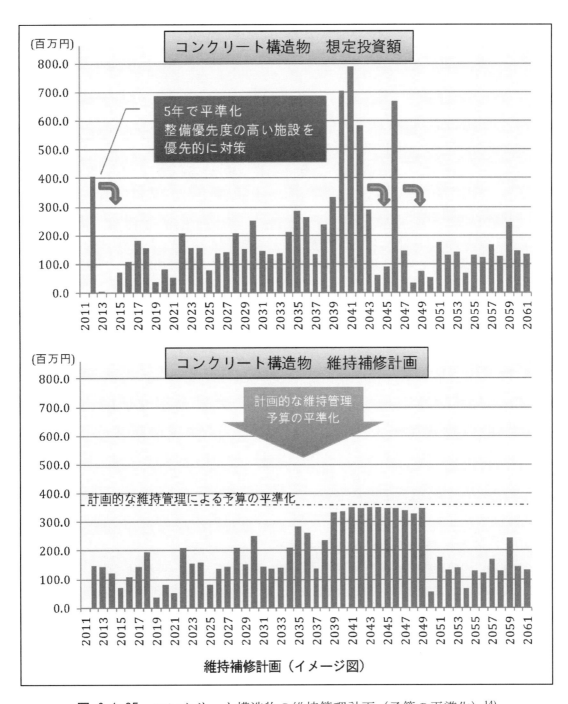

図-6.1.35　コンクリート構造物の維持管理計画（予算の平準化）[14]

（出典：長崎県土木部港湾課，長崎県港湾施設（コンクリート構造物）維持管理ガイドライン，2012.3）

6.2　ニュージーランドにおけるアセットマネジメント

6.2.1　概況 [15)]
(1)　国土の状況

　ニュージーランドは国土の大きさは約 27 万km²と日本の約 4 分の 3 の大きさであり，北島と南島により主に構成されている．人口は 2019 年 12 月末現在約 495 万人と推定されており，自然増加にそれを上回る移民の増加が加わり人口は緩やかな増加基調にある [16)]．ニュージーランドでは，国内最大都市オークランドに約 150 万人の人口が集中しており，住宅難などが大きな課題となっている．

　自然環境については，南半球の国であるため日本と季節は逆であるが四季があり，寒暖の差は日本ほどではない比較的温暖な国である．また，ニュージーランドはオーストラリアプレートと太平洋プレートの境界に位置しているため，日本と同様に火山と地震の多い国として有名である．2011 年 2 月に南島クライストチャーチで発生し日本人留学生を含む計 185 人が犠牲になった地震が日本ではよく知られているが，そのほかにも，2016 年 11 月に南島カイコウラで発生した M7.8 の地震では，大規模な斜面崩落により国道が寸断されるなど大きな被害を受けている．

(2)　行政システム

　ニュージーランドは比較的歴史の浅い国である．はじめに先住民族マオリの先祖が 1200 年～1300 年代に定住を始め，1642 年にはオランダ人のアベル・タスマンがヨーロッパ人として初めて上陸し，「Nieuw Zeeland」と呼ばれるようになった．その後 1769 年にイギリス人探検家のジェームス・クックが上陸して以降，ヨーロッパから定期的に人が訪れるようになった．1840 年にはイギリスとマオリの首長たちの間でワイタンギ条約の署名が行われ，以降イギリスの植民地を経て独立した [17)]．

　現在のニュージーランドは英国女王のエリザベス二世女王を国家元首とする立憲君主国であり一院制の議院内閣制を採用している．英連邦の一員として，ヨーロッパからの移民とマオリ，さらにアジアなどからの新たな移民が共存する社会となっている．

　ニュージーランドの政府はアメリカなどのような州政府がなく，中央政府と地方政府の 2 層構造となっている．地方政府は広域自治体（regional council）と地域自治体（territorial authority）の 2 つの階層になっている．地域自治体は地区や市で構成され，いくつかの地区や市が統合して統合自治体（unitary authority）となることもある．2018 年 11 月現在 78 の自治体があり，11 の広域自治体，61 の地域自治体（50 の地区と 11 の市），6 の統合自治体がある（図-6.2.1）．

　ニュージーランド政府では，政府活動の最終的な活動目標はアウトカムの達成であり，国（各大臣から構成される内閣）は国民に対し，省庁などからサービス（アウトプット）などを購入して提供している．

　ニュージーランド政府の交通セクターは，交通大臣並びに副大臣のもと，交通省（Ministry of Transport）及び 4 つのクラウン・エンティティで構成されている．クラウン・エンティティの一つとして，ニュージーランド交通庁（New Zealand Transport Agency：NZTA）があり，NZTA は国土陸上交通プログラム（National Land Transportation Program：NLTP）を通じた国土交通インフラへの資金分配や国道の維持管理などを行っている．近年の公的部門改革により組織再編が繰り返されており，NZTA も Land Transport New Zealand と Transit New Zealand を前身として，2008 年に新たなクラウン・エンティティとして設立された機関である．

　運輸大臣はニュージーランド政府として，3 年毎に政府方針文書（Government Policy Statement：GPS）

図-6.2.1　ニュージーランド地域図 [18]を基に改変して転載

（出典：http://archive.stats.govt.nz/StatsMaps/Home/Boundaries/geographic-boundary-viewer.aspx）

を作成している．GPS は今後 10 年間の国土交通基金（National Land Transport Fund：NLTF）からの支出の優先順位を示している．NZTA や自治体はこの基金から資金提供を受けており，交通政策やアセットマネジメント計画について，この優先順位を踏まえて GPS の意図と整合させる必要がある．

6.2.2　道路アセットマネジメントの取り組み

(1)　取り組み概要

　ニュージーランドの道路延長は，約 9 万 5 千 km と日本の約 13 分の 1 であり，NZTA が国道を管理している．国道の延長は全道路延長の 13%に過ぎないが，乗用車交通の 55%，貨物交通の 70%を担い，その年間維持管理予算は約 6 億 NZ ドル（約 480 億円）である．近年の道路政策では，増加する大型車への対策，自転車施策の推進などが話題となっており，トンネルが少ないこと，未舗装または簡易な舗装の道路が多いこと等は日本の道路と異なる特徴である．

　NZTA は前身組織の時代を含めると 20 年以上にわたりアセットマネジメントを実践している．初期のアセットマネジメント計画はオーストラリア，ニュージーランド，米国，南アフリカ，英国のアセットマネジメントを基にしたマニュアルである International Infrastructure Management Manual (IIMM) のモデルに従い橋梁や ITS 資産のための個別計画が先行していたが，近年の計画は GPS と整合を図っている．資産が増加し，維持管理や更新の需要が増加傾向であるにもかかわらず，政府からはサービス水準を維持しながら予算の増大を抑制することを要望されており，組織全体のビジネスプロセスとしてのアセットマネジメントの重要性が高まってきている．

　現在，NZTA がアセットマネジメントの計画手順として定めている国道行動管理計画（State Highways Activity Management Plan：SHAMP）とライフサイクル資産管理計画（Life-cycle Asset Management Plans）は，データによる当初計画の検証と変更の判断を行うための仕組みを提供している．よいデータを収集することは最も重要なことの一つであり，質の高いデータにタイムリーにアクセスできることによって，情報に基づく意思決定が可能となる．

　NZTA の目標は SHAMP で文書化されており，State Highway Activity Management Plan 2015-18（SHAMP2015-18）には NZTA の目標に関する重要な 6 つの性能指標が記載されている．それは，維

持管理の効率性，既存資産の利用性の向上，信頼性の向上，旅行時間の短縮，死傷者数の減少，総合的なリスクの減少であり，これらの指標は GPS の目標と高次で整合している．

　SHAMP は今後 10 年間の国道ネットワークにおける投資及び活動の根拠を示しており，陸上交通法に基づき策定する地域交通計画（Regional Land Transport Plan：RLTP）を構成している．RLTP は国土交通プログラム（National Land Transportation Program：NLTP）としてとりまとめられ，その後 SHAMP が最終的に確定される．

　SHAMP では，30 年間の長期的な到達点に達するための戦略的な方向性に基づき，10 年間の中期的な目標と事業計画，さらに 3 年間の短期的に優先的に取り組む目標が定められている．

　道路の維持管理費については，2010 年には対 2004 年比で 70％増加したが，その後減少し 2013 年には対 2004 年比 57％増となった．交通量が増加しているにもかかわらず維持管理費を縮減したために道路のコンディションが悪くなったことが示されたことから，今後，維持管理費用は増加し，2024 年には対 2004 年比 100％増となる見込みである．

　SHAMP のパフォーマンス測定は 6 つの KPI（Key Performance Indicator）がある．例えば維持管理の効率性は，後述する ONRC の性能指標などにより表される．

　2017 年 8 月，NZTA は NLTP2018-21 作成に向けて国道維持管理の投資のためのビジネスケース（Business Case for Investment in State Highway Maintenance and Operations 2018-21）を公表した．2018-21 のビジネスケースでは，2015-18 より多くの予算を要求しており，その理由として，道路の老朽化により多くの舗装の補修・更新が必要，維持管理の重要性の増大，大型車の増加などを含む需要の増大を挙げている．2018 年 8 月には，国土交通プログラム 2018-21（National Land Transport Program 2018-21：NLTP 2018-21）が公表された．NLTP は 3 年間の計画的事業と 10 年間の予算見通しであり，3 年間で NLTF などからの約 170 億 NZ ドルを道路の維持管理や改築，公共交通などに投資する．Value for money と環境負荷の軽減を図りながら，道路の安全（全支出の 26％を配分），アクセスの機会（同 40％），交通の選択（同 15％），レジリエンス（同 19％）を達成する．

(2)　特徴的な取り組み
1)　ビジネスケースアプローチ[19]

　現在，アセットマネジメントの計画策定にあたっては，財務省の「より良いビジネスケースアプローチ（better business case approach）」の要望に沿う「ビジネスケースアプローチ（business case approach）」が実施されている．これはパフォーマンスベースでもあり，アウトカムはアセットマネジメントの目標や行動と一連のつながりを持ち，ISO 55001 の要件に適合するものである．財務省の投資ライフサイクルは Think，Plan，Do，Review の 4 つの段階で構成されており，ビジネスケースは Think から Plan の段階で実施する（図-6.2.2）．

図-6.2.2　財務省「より良いビジネスケースアプローチ」原則[19]を改変して転載

（出典：NZTA，A Guide to integrating the NZTA's Business Case Approach & Self-assessment -Draft，2016）

　ビジネスケースアプローチは，ステークホルダーとの早期合意を促し，計画策定における課題，結論，便益を明確にするものである．これまでの計画手法は，維持や改良における課題の解決に焦点を当てたプロジェクトマネジメントであった．この手法の欠点は，プロジェクト実施期間中の組織の優先事項や課題との関係性が不明確になってしまうことである．例えば，10 年間の長期プロジェクトでは，実施中に組織の課題やプロジェクト実施によって得られる便益は変わる可能性があるが，プロジェクトの必然性や投資適格性についての判断はなされていなかった．

　ビジネスケースアプローチは，プロセスの初期段階で重要なパートナーやステークホルダーが必要に応じて関与することで地域の課題や背景を明確に定義することを目指している．この手法は課題が時間と資源を投資する価値があるか判断する助けとなる．ビジネスケースは，事業期間中も問われる「理由」を明確にし，組織の優先事項や課題と密接な関係を持つことができる．

2)　One network road classification（ONRC）[20]

　ニュージーランドでは，国内のすべての道路を交通量や重要度などに基づき 6 つに分類しており，安全性や旅行時間信頼性などのパフォーマンス測定を義務付けている．ONRC はニュージーランドのアセットマネジメントの新しいツールとして導入されている．

　2011 年にニュージーランド政府は道路の維持管理の効率性を高めるためのタスクフォースを設置した．2012 年に提出されたタスクフォースの推奨案を踏まえ，NZTA は国内の道路の性能を基準化するため，One network road classification （ONRC）を作成し，2013 年に道路の分類作業を完了した．

　道路は，National，Regional，Arterial，Primary Collector，Secondary Collector，Access の 6 つに分類され，日交通量（計画交通量）・大型車交通量などの輸送機能や結節する場所や港湾貨物量・空港旅客数などの経済・社会機能に基づき，分類毎に基準値の範囲が設定されている（**図-6.2.3**）．

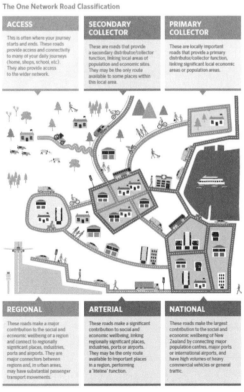

図-6.2.3　ONRC の分類 [21]

（出典：Road Efficiency Group，One Network Road Classification (ONRC) Performance Measures， A General Guide）

表-6.2.1　ONRCの各性能指標の構成[20]を参考に作成

指標名	利用者へのアウトカム	技術的なアウトプット
安全性	死傷者数 総合的なリスク（km当たりの死傷事故発生率） 個別のリスク（交通量による死傷事故発生率）	恒久的なハザード 一時的なハザード 視距 雨天時の制御の喪失 夜間の運転操作の喪失 交差点での事故 危険な過失 自転車道の過失 弱者の利用 沿道の支障
レジリエンス	緊急通行止めの影響者数 交通途絶の発生数	
快適性	円滑な移動への影響度（道路のラフネス） ラフネスのピーク値	道路のラフネス（中央値と平均値） 美的な損失
アクセシビリティ	クラス1の重量車や50t超車両が通行できない区間の比率	アクセシビリティ
旅行時間信頼性	基準地点での通過交通量	
コスト効率性能指標	舗装の補修、チップシールの再施工 アスファルト表層の再補修、未舗装道路の舗装 Km及び走行距離当たりの総コスト・業務毎のコスト	

（出典：Road Efficiency Group, One Network Road Classification (ONRC) Performance Measures, 2016）

　NZTA では ONRC の性能指標（ONRC Performance Measures）を定めている．安全性（Safety），レジリエンス（Resilience），快適性（Amenity），アクセシビリティ（Accessibility），旅行時間信頼性（Travel Time Reliability）の 5 つの指標とコスト効率性能指標があり，各性能指標の多くは，利用者へのアウトカムと技術的なアウトプットで構成されている（表-6.2.1）．

　性能指標の技術的アウトプットのうち，安全性指標の視距，危険な過失，及び沿道の支障，快適性指標の美的な損失については，基準適合の判定のための事例集として道路維持のための目視ガイド[22]（Road Maintenance Visual Guide）が作成されている．目視ガイドでは，可（Acceptable），管理の下限（Marginal），不可（Unacceptable）の 3 段階が設定されており，例えば，危険な過失については車両の運転に影響を与える道路の凹み，ポットホール，及び滞水などの状態により判定を行う．

　各道路管理者のアセットマネージャーは RLTP のビジネスケース（business case）を改訂する際は，ONRC 性能指標を使用しなければならない．

　NZTA が作成したビジネスケースでは，ONRC のフレームワークが使われており，予算の配分はアクセスとレジリエンスが 55%，旅行時間信頼性が 13%，安全性が 25%，快適性が 6%の割合で提案されている．

3)　Investor Confidence Rating（ICR）[23]

　Investor Confidence Rating（ICR）は，財務省（Treasury）がエージェンシーの投資や資産の運用状態の評価を行うものである．

　ICR は信頼度の指標を提供しており，内閣（Cabinet）や大臣（Ministers）のような投資家は，約束された投資結果を実現するためのエージェンシーの能力や将来性を知ることができる．ICR の主な目的はインセンティブ・メカニズムの提供であり，よい投資運用パフォーマンスには報酬を与え，投資

表-6.2.2　ICRの9要素[23]を改変して転載

種別	名称	割合
先行指標 55%	アセットマネジメントの成熟度	15%
	N2P3M マネジメントの成熟度	15%
	長期投資計画の品質	10%
	契約（調達）力指数	5%
	組織的な変革管理の成熟度	10%
遅行指標 45%	便益創出パフォーマンス	20%
	プロジェクト実施パフォーマンス	10%
	資産パフォーマンス	10%
	システムパフォーマンス	5%

（出典：The Treasury，Guidance on the Investor Confidence Rating，2018.4）

運用パフォーマンスのギャップに積極的に取り組むことであり，3年毎に評価を実施する．

ICR は9つの要素があり，5つの先行指標（Lead Indicators）と4つの遅行指標（Lag Indicators）で構成される（**表-6.2.2**）．先行指標はエージェンシーの能力と将来のパフォーマンスに強い相関を示す指標であり，遅行指標はコミットメントに対する直近のパフォーマンスを見る指標である．先行指標の一つであるアセットマネジメントの成熟度を評価するためのツールでは，成熟度を Aware，Basic，Core，Intermediate，Advanced の5段階で評価している．

ICR の結果は A～E で表され，A は最も高いパフォーマンスレベルを示し，E は投資の結果を出すためには多くの支援が必要とされるレベルである．よい評価を得たエージェンシーは，財政権限の委任度が上がり，モニタリングや報告が緩和される一方，評価のよくないエージェンシーに対してはモニタリングの追加などの措置が行われる．

6.2.3　舗装のアセットマネジメント[24]

舗装のアセットマネジメントは単独で実施されているのではなく，これまで説明してきたアセットマネジメント全体の体系的な枠組みの中で実施されている．ニュージーランドの舗装マネジメントは，NZTA が国道維持管理の投資のためのビジネスケース（Business Case for Investment in State Highway Maintenance and Operations 2018-21）で施策案を提示し，各地方自治体は国道の施策を踏まえながら各自治体の上位計画とも整合を図ったマネジメント計画を策定し，最終的に国土交通プログラム 2018-21（NLTP 2018-21）としてすべての計画が取りまとめられている．

NZTA のビジネスケースでは道路の維持管理項目と性能指標との関連性が整理されている．舗装の維持修繕は，アクセスやレジリエンスや安全性のために行われる取り組みである．表層シール工には約9年の供用期間が期待されているが，近年全体の平均供用年数が増加し，残存供用年数が減少していることが明らかになった．また表層の健全度も 2016 年には多くの道路で前年より低下していた．このことは舗装の更新を早めることが必要であることを示しており，NZTA では，これまで使用してきたパフォーマンスモデルを改良して 2016 年に分析を行い，ONRC のサービスレベルに適合するために必要な再シール工と舗装修繕の予算を示した．また，舗装表面のすべり抵抗値は安全性に関する指標として，リスクに応じて5段階に分類され，ラフネスは快適性に関する指標として管理されている．

ニュージーランドの舗装マネジメントは，表層管理に重点を置いた維持修繕を基本としながら，すべり抵抗やラフネスによる管理も合わせて行い，すべての取り組みがアセットマネジメント計画と関連付けれている点が特徴的である．管理水準を確保するために必要な予算の算出はデータに基づき合理的に行われており，舗装にアセットマネジメントを適用した代表的な事例といえる．

6.3　取り組み初期のアセットマネジメントのフレームワーク

6.3.1　目標とするアセットマネジメントの成熟度

　図-6.3.1 は第 3 章でも示したアセットマネジメントの導入プロセスと達成に必要な重要項目を示したものであり，どの程度プロセスを網羅しているか，プロセス別の重要項目に関してどの程度の内容を満足しているかなどによって，組織が導入しているアセットマネジメントの成熟度が異なる.

　ISO 55001 を取得した組織では，基本的にはプロセスすべてに適応し，プロセス別の重要な項目を満足していることが求められることから，**表**-6.3.1 の成熟度判定基準（**表**-4.1.3 より抜粋）に照らすと成熟度は少なくともレベル 3 に相当するものと判断できる.

　ただし，すべての組織で当初から ISO 55001 を取得できるレベルのアセットマネジメントを導入することは困難であり，当初は組織の力量の範囲でアセットマネジメントを導入し，改善をしながら内容の充実を図ることが現実的である.

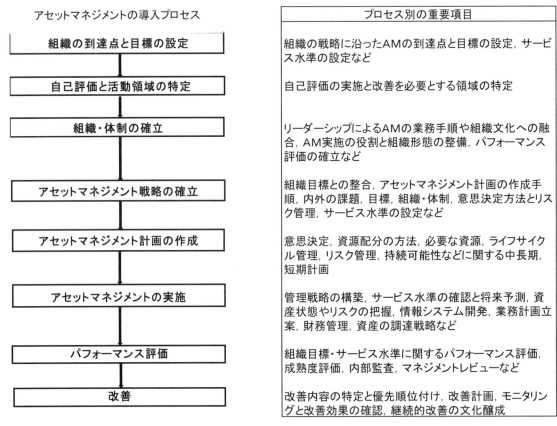

図-6.3.1　アセットマネジメントの導入プロセスと重要項目

　第 2 章の Web 調査より，データベースの構築・活用は，町村では 30%，政令市以外の市では 40%が実施している.　ただし，同調査結果より，継続的な事業・組織の見直しに関しては，町村，政令市以外の市とも 2～3%が実施しているに過ぎない.　このことから，データベースを活用した舗装マネジメントは実施しているものの，アセットマネジメントへの関心は低く，導入プロセスに対する理解も低い状態であり，**表**-6.3.1 の成熟度判定基準より，比較的熱心に取り組んでいる市町村においても，アセットマネジメントの成熟度はレベル 1 程度と推定される.

　これからアセットマネジメントの導入を目指す組織にとって，アセットマネジメントの導入への意

表-6.3.1　成熟度判定基準の一部抜粋

レベル	名称	定義
レベル 1	初期	・組織はアセットマネジメントの組織的整備に無関心である. ・プロセスの相互関係の理解が薄いため，先を見越したプロセスの管理に失敗することが多い. ・またプロセスの公式化，文書化はほとんど存在していない. ・組織は正常なアウトプットを生み出しているが，それは個人の力量に依存している.
レベル 2	覚醒	・組織はアセットマネジメントの組織的整備に意欲的である. ・プロセス活動の相互関係のある程度の理解はしているため，先を見越したプロセスの管理に成功する場合がある. ・不十分ではあるが，プロセス記述（インプット，アウトプット，および標準手順など）が存在し，文書化されている. ・プロセスに対する計画とプロセスの実施状況と成果物が管理者に把握されている.
レベル 3	構造化	・組織はアセットマネジメントの組織的整備を幅広く行っているため，アセットマネジメントは組織全体に構造化されている. ・プロセス活動の相互関係の理解に基づく，先を見越したプロセスの管理が幅広く実施されている. ・プロセス記述（インプット，アウトプット，および標準手順など）が組織として公式化され，文書化されており，広い範囲に適用されている. ・プロセス実績に対して管理がなされ，できるだけ定量的な目標が設定されている.

欲や導入プロセスの理解は大変重要であることから，導入時に目標とする成熟度を「レベル 2」と設定することとした.

　以下に，これからアセットマネジメントの導入を検討している市町村が目指す，舗装分野に限定したアセットマネジメントのフレームワークについて述べる.

6.3.2　メンテナンスサイクルの位置づけ

　図-6.3.2 は舗装点検要領に基づく舗装マネジメント指針[25]の中で示された舗装マネジメントの全体イメージである．このうち，舗装マネジメントシステムの中にあるプロジェクトレベルにおいて点検要領に基づく PDCA サイクルをメンテナンスサイクルと位置付けている.

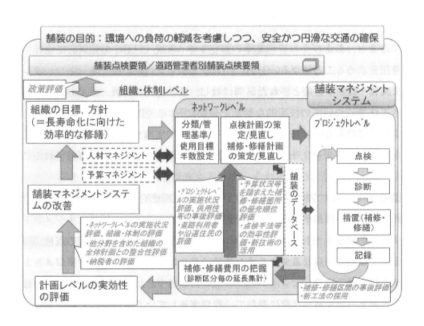

図-6.3.2　舗装マネジメントの全体イメージ[25]

（出典：日本道路協会：舗装点検要領に基づく舗装マネジメント指針，p.18，2018.9）

　なお，ここで示す全体イメージは，組織の目標・方針，組織・体制，計画，実施，評価，改善と言ったアセットマネジメントのプロセスをほぼ網羅しており，導入の際の目標となるものである．

　メンテナンスサイクル構築の初期段階では個別の点検や補修工事の実施が中心であるが，点検結果や工事結果の記録が蓄積されるようになると，蓄積されたデータの分析を行うことにより，ネットワークレベルでの現状把握と将来予測が可能となる．更に，ネットワークレベルでは予防保全や予算の平準化など組織の目標に基づいた上で点検，補修計画，財務計画などに反映されることが一般的である．メンテナンスレベルの初期段階あるいはプロジェクトレベルとしての単独の運用（このような場合は少ないと思われるが）では，アセットマネジメントとしての要素が欠落しているものの，データの蓄積・分析が進み，ネットワークレベルの一部として運用されるようになると，アセットマネジメントの要素が見られるようになる．

　メンテナンスサイクルは，社会整備審議会道路分科会道路メンテナンス技術小委員会が平成 25 年にメンテナンスサイクルに基づく管理の提言 [26]を行っており，以降，平成 26 年の道路法改正による点検義務化の中で，点検→メンテナンスサイクル→長寿命化計画の流れの中の重要な業務サイクルとして，地方自治体での構築や利用の促進が求められている．

　また，第 2 章の Web 調査より，メンテナンスサイクルを運用していると思われる組織は，町村で24%，政令市以外の市で 50%であり，同調査結果のデータベースの構築・活用の割合とほぼ同程度であった．このことから，データベースを構築した組織ではメンテナンスサイクルを確立してデータの蓄積や活用を行っている様子が伺える．

6.3.3　メンテナンスサイクルを発展させたアセットマネジメントのフレームワーク

　以上より，各自治体で定着と活用が進みつつあるメンテナンスサイクルをコアとして，アセットマネジメント導入時の目標成熟度レベル 2 に相当するフレームワークの検討を行う．

　6.1.3 の静岡県の事例では，総合管理計画の中で対象資産，基本方針，戦略，体制の構築，情報管理方策，改善の方針などが示され，アセットマネジメント導入プロセスのうち，組織目標の設定，組織・知性，戦略からアセットマネジメント計画に至る主な内容が記載されている．また，舗装ガイドラインに基づく舗装マネジメントでは，中長期管理計画の立案，具体的な管理目標の設定，補修の優先順位付け，予算の平準化の方針，点検などのモニタリングと評価など，アセットマネジメントの実施に相当する内容が述べられている．

　6.1.4 の寒川町の事例では，公共施設等総合管理計画の中で公共施設等の現況及び将来見通し，総合的かつ計画的な管理の基本方針，個別施設毎の財源確保の概要などが示されており，アセットマネジメントの導入プロセスうち，組織目標の設定，戦略およびアセットマネジメント計画の作成に該当する内容が含まれている．また，舗装マネジメントの実施に相当する舗装維持修繕計画では，現状把握，管理目標の設定と予算計画，プロジェクトレベルの維持修繕工法，点検の頻度など，アセットマネジメントの実施に関する部分が述べられている．

　両自治体の実績などを参考に，舗装分野におけるアセットマネジメントの導入時に必要な重要項目として，組織の目標に従った管理目標やサービス水準の設定，優先順位付けなどの予算配分方針の決定，補修計画の策定，点検調査結果に基づく健全性の診断と将来予測などのネットワークレベルでの計画と管理と，メンテナンスサイクルによるプロジェクトレベルの管理が挙げられる．

　また，アセットマネジメントの導入時には導入プロセスとその内容を理解することは大変重要であり，当初は必要最小限のプロセスと内容から始める場合でも，目標とするアセットマネジメントのレ

ベルに到達するためにもプロセス活動の相互関係や内容の理解は欠かせない.

　図-6.3.3 は, メンテナンスサイクルを発展させたアセットマネジメント導入時のフレームワーク（目標成熟度レベル 2）のイメージを示したものである. アセットマネジメントの導入プロセスの観点から, 導入当初は「組織の到達点と目標の設定」（管理目標・サービス水準の設定）,「アセットマネジメントの計画」（予算配分方針, 補修計画の策定）, および「アセットマネジメントの実施」（メンテナンスサイクル, 健全性の診断・将来予測）に相当する基本的なプロセスに限定される場合でも, データの蓄積と分析が行われるようになると, 設定した管理目標やサービス水準による評価と見直しが行われ,「パフォーマンス評価」や「改善」についてもプロセスの運用が行われるようになり, 重要なプロセスがほぼ整うようになる.

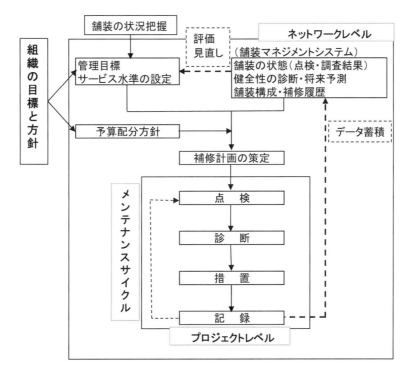

図-6.3.3　成熟度レベル 2 の舗装分野のアセットマネジメントのフレームワーク

　以上より, **図-6.3.3** に示すようなアセットマネジメントのフレームワークに従った舗装マネジメントの運用については,「**表-4.1.3**　共通成熟度判定基準」に照らすと, アセットマネジメントの導入当初は目標の設定, 計画, および実施といった基本的プロセスとなり, プロセスの文書化が限定的な場合もあるが, フレームワーク構築を検討する際にはプロセス相互間の理解が進み, 舗装マネジメントシステムにより舗装の状態が管理者に把握されて管理目標や予算配分の見直しに使用されるなど, 成熟度がレベル 2 に相当するアセットマネジメント取り組みであると判断できる.

6.3.4　組織の体制に応じたアセットマネジメントの導入と継続的改善

　アセットマネジメントのスタート時点ではプロセス間の理解や文書化が不十分であっても, **図-6.3.1** の導入プロセス全体やプロセスの達成に必要な事項を組織や運用に係る業務に拡大しながら整備を進めることが重要である.

　各自治体ではメンテナンスサイクルの構築による舗装マネジメントの運用が進められていることから, メンテナンスサイクルをコアとした舗装マネジメントに焦点を当てた目標成熟度レベル 2 のアセ

ットマネジメントのフレームワークについてイメージを示した．これからアセットマネジメントの導入を検討している組織では，**図-6.3.2** に示すアセットマネジメントの運用フレームを目標として，組織の力量に応じて**図-6.3.3** に示すフレームワークを参考としつつ必要最小限のプロセスから導入をはじめ，改善を行いながら最終目標とする成熟度の達成を目指すことが現実的な対応である．その際，導入プロセス全体の内容と関連性を理解しておくことが極めて重要である．また，アセットマネジメントの成熟度レベルに関しては，第 4 章のプロセス別のサブプロセスの成熟度チェックリストを利用して正確に自己評価することが必要である．

【参考文献】

1) 山本和範，中島良光，東山基，有料道路コンセッションの実務的視点での紹介，建設マネジメント技術，2017 年 9 月号，pp.41~47，2017.9

2) 松林卓，ほか：供用中のインフラ施設を活用した新技術実証のしくみ構築－愛知アクセラレートフィールドの概要－，前田建設技術研究所報，VOL. 59，2018

3) 静岡県，静岡県公共施設等総合管理計画，2019.3

4) 静岡県交通基盤部，社会資本長寿命化行動方針，2013.3

5) 静岡県交通基盤部道路局道路保全課，社会資本長寿命化計画舗装ガイドライン（改訂版），2017.3

6) 城内佐知夫，静岡県の舗装マネジメント（予防保全管理）への取組，第 32 回日本道路会議論文集，2017.10

7) 寒川町，さむかわ 2020 プラン　寒川町総合計画後期基本計画第 3 次実施計画(概要版)，2018.3

8) 寒川町，寒川町公共施設等総合管理計画，2017.3

9) 山本幸司，西島雄一，小林将貴，寒川町における道路舗装維持修繕計画作成の取り組み，第 31 回日本道路会議論文集，2015.11

10) 寒川町都市建設部道路課，寒川町舗装維持修繕計画，2016.2

11) 山口県，宇部山口空港維持管理・更新計画書，2017.2

12) 福岡国際空港株式会社，中期事業計画（2019 年度～2023 年度）

13) 長崎県土木部港湾課，長崎県港湾施設（鋼構造物）維持管理ガイドライン，2010.2

14) 長崎県土木部港湾課，長崎県港湾施設（コンクリート構造物）維持管理ガイドライン，2012.3

15) 国土交通省国土政策局，諸外国における多様な主体による地域の課題解決等に向けた国土政策及び地域振興等分析調査 国別報告書〔ニュージーランド〕，2014.3

16) Stats NZ，Estimated population of NZ
https://www.stats.govt.nz/indicators/population-of-nz（アクセス日：2020 年 5 月）

17) Immigration New Zealand，New Zealand Now, A brief history
https://www.newzealandnow.govt.nz/living-in-nz/history-government/a-brief-history（アクセス日：2020 年 5 月）

18) Stats NZ，Statsmaps
http://archive.stats.govt.nz/StatsMaps/Home/Boundaries/geographic-boundary-viewer.aspx（アクセス日：2020 年 5 月）

19) NZTA，A Guide to integrating the NZTA's Business Case Approach & Self-assessment -Draft，2016

20) Road Efficiency Group，One Network Road Classification (ONRC) Performance Measures，2016
ほか NZTA 資料など

21) Road Efficiency Group，One Network Road Classification (ONRC) Performance Measures，A General Guide

22) Road Efficiency Group，One Network Road Classification Road Maintenance Visual Guide，2016

23) The Treasury，Guidance on the Investor Confidence Rating，2018.4

　https://treasury.govt.nz/publications/guide/guidance-icr-overview（アクセス日：2020 年 5 月）

24) NZTA，Business Case for Investment in State Highway Maintenance and Operations 2018-21，2017.8

25) 日本道路協会：舗装点検要領に基づく舗装マネジメント指針，2018.9

26) 社会資本整備審議会道路分科会道路メンテナンス技術小委員会，道路のメンテナンスサイクルの構築
　　に向けて，2013.6

付録 1　ISO 55001 との対応

　本資料では第 4 章サブプロセスの内容と対応する ISO 55001 箇条番号を示し，その原文を要約して紹介している．

付 1.1　プロセス 1　組織の到達点と目標の設定
(1) サブプロセス 1.1　組織の到達点のレビューとその定義の明確化

箇条番号	原文の要約
4.1	外部と内部の課題 　　組織は，組織目的の実現とアセットマネジメントシステムの意図した成果を達成するための能力に影響を与える，外部と内部の課題を決定する．
4.2	アセットマネジメト目標 　　アセットマネジメント目標は組織目標と整合，一貫させる．また，アセットマネジメント目標は戦略的アセットマネジメント計画（SAMP）に含める．
4.2	利害関係者のニーズと期待の理解 (1)【利害関係者の決定】アセットマネジメントシステムに関する利害関係者を決める． (2)【要求と期待の決定】利害関係者のアセットマネジメントに関する要求と期待を決める． (3)【取り組み優先度の決定基準の決定】関係者に関するアセットマネジメントの取り組み姿勢の決定基準を決める． (4)【記録と報告に対する要求事項の決定】アセットマネジメントに関する財務的及び非財務的情報を記録し，内部及び外部に報告することに対する関係者の要求事項を決める．

(2) サブプロセス 1.2　目標の展開とアセットマネジメントの枠組みの選択

箇条番号	原文の要約
4.1	アセットマネジメント目標 　　アセットマネジメント目標は組織目標と整合，一貫させる．また，アセットマネジメント目標は戦略的アセットマネジメント計画（SAMP）に含める．
6.2.1	アセットマネジメント目標 　　アセットマネジメントに関する組織の各階層で，それぞれのアセットマネジメント目標を設定する．

付 1.2　プロセス 2　自己評価とアセットマネジメントの適用領域の決定
(1) サブプロセス 2.1　自己評価の実施とアセットマネジメントへの組み込み

箇条番号	原文の要約
9.2	内部監査

	内部監査を定期的に実施し，アセットマネジメントシステムについて，以下の事項を満足するか否かを判断するために必要な情報を把握する． ・適合性 　－ISO 55001 に関する組織内規則 　－ISO 55001 の要求事項 ・有効性 　－アセットマネジメントが効果的に導入され，維持されている．
4.4	アセットマネジメントシステムの導入と運営 　ISO 55001 に従ってアセットマネジメントシステムを確立し，実施し，維持し，継続的に改善する．
9.3	マネジメントレビュー 　トップマネジメントは，定期的にマネジメントレビューを実施し，アセットマネジメントシステムの適切性，十分性，有効性を確かにする．
10.3	継続的改善 　アセットマネジメントやアセットマネジメントシステムに対する継続的な改善を行う．

(2) サブプロセス 2.2　アセットマネジメントの適用領域の決定

箇条番号	原文の要約
4.3	AMS の適用範囲とアセットポートフォリオの決定 　【適用範囲の決定】アセットマネジメントシステムの適用範囲を決め，その適用範囲内でアセットマネジメントシステムが適切に適用できることを確認する． 　【アセットポートフォリオの定義】適用範囲のアセットに関するアセットポートフォリオを定義する．
4.4	アセットマネジメントシステムの導入と運営 　ISO55001 に従ってアセットマネジメントシステムを確立し，実施し，維持し，継続的に改善する．

付 1.3　プロセス 3　アセットマネジメント組織・体制の確立
(1) サブプロセス 3.1　リーダーシップによる組織と組織文化の改善

箇条番号	原文の要約
5.1	リーダーシップとコミットメント 　トップマネジメント（最高責任者）は，アセットマネジメントシステムに関するリーダーシップとコミットメント（意思表明）を次の事項によりはっきり示す． (1)【成果の獲得】 (2)【整合性と統合】 ・アセットマネジメントを組織のビジネスプロセスに統合する． ・組織全体のリスクマネジメントに対し，アセットマネジメントでのリスクマネジメントを整合させる．

	(3)【環境整備】
	・アセットマネジメントに必要な資源を確保する.
	・各分野のアセトマネジメントの管理者がその役割を果たし，彼らがリーダーシップを発揮できるようにする.
	・クロスファンクショナルな協調を組織内で推進する.
5.2	トップマネジメントはアセットマネジメントの方針を確立する.

(2)サブプロセス 3.2　アセットマネジメントの役割とパフォーマンス評価の確立

箇条番号	原文の要約
5.3	組織の役割，責任と権限
	(1)【トップマネジメントの役割】
	・アセットマネジメントシステムに関わる責任者を任命する.
	・責任と権限を割り当てたことを組織内に伝達する.
	(2)【トップマネジメントが各管理者に責任と権限を割り当てる業務】
	・アセットマネジメント目標，戦略的アセットマネジメント計画（SAMP）の立案と見直しを行う.
	・アセットマネジメントシステムによって，戦略的アセットマネジメント計画(SAMP)の実現を助ける.
	・ISO55001 の要求にアセットマネジメントシステムを適合させる.
	・アセットマネジメントシステムの適切性，十分性，有効性を確かにする.
	・アセットマネジメント計画を立案し，定期的に見直しする.
	・トップマネジメントに対して，アセットマネジメントシステムの有効性を報告する.
7	支援
	(1)【アセットマネジメントシステムのための資源】アセットマネジメントシステムを導入，実施，維持，継続的改善を行うために必要な資源を決め，確保する.
	(2)【アセットマネジメント目標を実現するための資源】アセットマネジメント目標を達成し，アセットマネジメント計画を実施するための資源を確保する.

(3)サブプロセス 3.3　アセットマネジメントのための支援体制の整備

箇条番号	原文の要約
7.1	資源
7.2	力量
7.3	認識
7.4	コミュニケーション
7.6	文書化した情報
7.6.1	文書化する情報
7.6.2	作成と更新
7.6.3	文書化した情報の管理

付 1.4　プロセス 4　アセットマネジメント戦略の確立

(1)サブプロセス 4.1　アセットマネジメント戦略とサービスレベルによるパフォーマンス評価

箇条番号	原文の要約
4.1	目標の整合性　（組織目標，SAMP，AM 目標） 　　アセットマネジメント目標は組織目標と整合，一貫させる．また，アセットマネジメント目標は戦略的アセットマネジメント計画（SAMP）に含める．
4.4	戦略的アセットマネジメント計画（SAMP)作成 　・戦略的アセットマネジメント計画（SAMP）を立案する． 　・戦略的アセットマネジメント計画（SAMP）には，アセットマネジメント目標の達成を支援するためのアセットマネジメントシステムの役割を記載する．
5.2	方針 　　トップマネジメントはアセットマネジメント方針を作る． 【方針内容の適切性】 【方針作成に際してのトップマネジメントの役割】 【方針の管理】

(2)サブプロセス 4.2　アセットマネジメントに必要な情報戦略の確立

箇条番号	原文の要約
7.5	情報に関する要求事項（図解参照）

必要な情報の決定

・特定されたリスクの重要性。

・アセットマネジメントのための役割と責任。

・アセットマネジメントのプロセス、手続き、活動。

・サービス提供者を含む利害関係者との情報交換。

・組織の意思決定に必要となる情報の質、情報の可用性（利用しやすさ）、情報の管理の影響・特定されたリスクの重要性。

必要なデータ項目の決定

・特定された情報の属性に関する要求事項（データ項目など）

・特定された情報の質に関する要求事項（測定精度や頻度など）

・方法と時期（情報の収集、情報の分析、情報の評価）

情報管理プロセスの構築

・アセットマネジメントで取り扱う情報を管理するためのプロセスを特定し、導入し、維持する。

(注) この項目は、情報システムの導入を前提としている。ただし、情報システムの成熟度はエクセルのスプレッドシートを主体にしたシステムからグラフィックなインターフェイスを持っている洗練されたシステムまで存在する。

財務データとの一貫性とトレーサビリティ

・アセットマネジメントに関する財務的、非財務的用語の統一を組織全体でどの程度行うかを決定する。

・財務データ、技術情報、その他の関連する非財務的情報との間の一貫性とトレーサビリティを確かにする。

・ただし、その一貫性とトレーサビリティは、利害関係者の要求事項と組織目標を考慮して、少なくとも法律と規制の要求事項を満たすレベルまで確保する。

(注) この項目は、公会計制度が未整備な我が国の現状を踏まえ、ISO 55001 要求事項に審議時に日本からの要請し、全面的な財務データと関連する技術データのリンクではなく、法律と規制の要求事項がある場合に限ると条件をつけた。このため、民営化されている組織の場合は、この条件を考慮する必要はない。

付 1.5　プロセス 5　アセットマネジメント計画の作成

(1)サブプロセス 5.1　リスク管理体制と意思決定基準の確立

箇条番号	原文の要約
5.1	リーダーシップとコミットメント 　　組織全体のリスクマネジメントに対し，アセットマネジメントでのリスクマネジメントを整合させる．
6.1	AMS のためのリスクと機会に対処する活動 　(1)【「リスクと機会」への対処】 　・次の視点を考慮して検討する． 　　－外部と内部の課題（規格 4.1） 　　－利害関係者のニーズと期待（規格 4.2） 　・次の目的のために，対処する必要がある「リスクと機会」を決定する． 　　－アセットマネジメントシステムが，その意図した成果を達成すること 　　－望ましくない影響を防止，または低減 　　－継続的改善 　(2)【アセットマネジメントシステムに関する計画】 　・「リスクと機会」に対処するための活動を計画する．また，時間の経過に伴う「リスクと機会」の変化を考慮する． 　・アセットマネジメントシステムのプロセスに計画を統合し，実施する． 　・計画した活動の有効性を評価する．
6.2.2	アセットマネジメント計画 　　アセットマネジメント目標を達成するための意思決定や資源の優先順序付けのための方法と基準
6.2.2	リスクアセスメント手順 　(1)　リスクと機会を特定する． 　(2)　リスクと機会を分析する． 　(3)　アセットマネジメント目標を達成する観点から，アセットの重要性を決定する．
6.2.2	(4)　リスクと機会について，適切な対応を図り，その結果をモニタリングする． 組織全体へのリスクマネジメントの組込
8.2	変更実施前のリスク評価 計画した変更の管理

(2)サブプロセス 5.2　サステナビリティ

箇条番号	原文の要約
4.1	組織及びその状況の理解
4.2	ステークホルダー(関係者)のニーズ及び期待の理解
5.1	組織全体のリスクマネジメントに対し，アセットマネジメントに関するリスクマネジメントを整合させる．

(3)サブプロセス5.3　長中期計画の作成

箇条番号	原文の要約
4.4	戦略的アセットマネジメント計画（SAMP)作成

(4)サブプロセス5.4　短期計画の作成

箇条番号	原文の要約
6.2.2	AM計画の策定
6.2.2	AM計画の内容と文書化
10.2	予防処置 ・アセットのパフォーマンスを対象とする． ・パフォーマンスの潜在的な不具合を事前に発見するプロセスを導入する． ・予防処置の実施の必要性を評価する．

付1.6　プロセス6　アセットマネジメントの実施
(1)サブプロセス6.1　基準に基づくサービスの提供と記録，変更の管理

箇条番号	原文の要約
8.1	運用計画と管理 　【管理基準の決定】必要な業務プロセスに対する基準を決定する． 　【基準による管理】基準に従い業務プロセスを管理する． 　【業務プロセスの記録保持】業務プロセスが計画どおりに実施されていることを確認する． 　【リスクのモニタリングと対応】定めた方式を使ってリスクをモニタリングし，リスク対応を行う．
9.1	監視，測定，分析，評価
10.1	不適合と是正処置
10.2	予防処置

(2)サブプロセス6.2　資源の調達戦略

箇条番号	原文の要約
8.3	アウトソーシング ・外部委託される業務を行う受託者は，力量(箇条7．2)，認識(箇条7．3)，文書化された情報(箇条7．6)の要求事項を満たす． ・外部委託された業務のパフォーマンスを，定めた方法(箇条9．1)でモニタリングする．

(3)サブプロセス6.3　アウトソーシング

箇条番号	原文の要約
8.3	アウトソーシング ・外部委託される業務を行う受託者は，力量(箇条7．2)，認識(箇条7．3)，文書化

| | された情報(箇条 7. 6)の要求事項を満たす.
・外部委託された業務のパフォーマンスを,定めた方法(箇条 9. 1)でモニタリングする. |

(4) サブプロセス 6.4　アセットのパフォーマンス監視

箇条番号	原文の要約
8.1	運用計画と管理 【管理基準の決定】必要な業務プロセスに対する基準を決定する. 【基準による管理】基準に従い業務プロセスを管理する. 【業務プロセスの記録保持】業務プロセスが計画どおりに実施されていることを確認する. 【リスクのモニタリングと対応】定めた方式を使ってリスクをモニタリングし,リスク対応を行う.
9.1	監視,測定,分析,評価
10.1	不適合と是正処置
10.2	予防処置

(5) サブプロセス 6.5　ライフサイクルマネジメント

箇条番号	原文の要約
8.1	運用計画と管理 【管理基準の決定】必要な業務プロセスに対する基準を決定する. 【基準による管理】基準に従い業務プロセスを管理する. 【業務プロセスの記録保持】業務プロセスが計画どおりに実施されていることを確認する. 【リスクのモニタリングと対応】定めた方式を使ってリスクをモニタリングし,リスク対応を行う.
9.1	監視,測定,分析,評価
10.1	不適合と是正処置
10.2	予防処置

(6) サブプロセス 6.6　メンテナンスプロセス

箇条番号	原文の要約
8.1	運用計画と管理 【管理基準の決定】必要な業務プロセスに対する基準を決定する. 【基準による管理】基準に従い業務プロセスを管理する. 【業務プロセスの記録保持】業務プロセスが計画どおりに実施されていることを確認する. 【リスクのモニタリングと対応】定めた方式を使ってリスクをモニタリングし,リスク対応を行う.

9.1	監視，測定，分析，評価
10.1	不適合と是正処置
10.2	予防処置

付 1.7　プロセス 7　パフォーマンス評価

(1) サブプロセス 7.1　組織全体の戦略的パフォーマンス評価

箇条番号	原文の要約
9.1	監視，測定，分析，評価

(2) サブプロセス 7.2　自己評価の見直しと内部監査

箇条番号	原文の要約
4.3	AMS の適用範囲とアセットポートフォリオの決定
4.4	アセットマネジメントシステムの導入と運営
9.2	内部監査
9.3	マネジメントレビュー
10.3	継続的改善

(3) サブプロセス 7.3　トップマネジメントによる総合評価

箇条番号	原文の要約
9.3	マネジメントレビュー

付 1.8　プロセス 8　アセットマネジメントの改善

(1) サブプロセス 8.1　不具合と事故，危機と事業継続への対処

箇条番号	原文の要約
10.1	不適合と是正処置

(2) サブプロセス 8.2　継続的改善

箇条番号	原文の要約
10.3	継続的改善 　　組織は，アセットマネジメント及びアセット，マネジメントシステムの適切性，妥当性及び有効性を継続的に改善しなければならない． (ISO 9001 では上記 ISO 55001 の記述に次の内容が追加され，より具体化されている) 　　組織は，継続的改善の一環として取り組まなければならない必要性又は機会があるかどうかを明確にするために，分析及び評価の結果並びにマネジメントレビューからのアウトプットを検討しなければならない．
5	リーダーシップ〈箇条は次のようにグルーピングできる〉 (1) 管理過程と目標管理（PDCA サイクル） ・アセットマネジメントの方針，戦略的アセットマネジメント計画（SAMP）及びアセットマネジメントの目標を確立し，それらが組織の目標と矛盾しないことを確実にすること．

	・アセットマネジメントシステムのための資源が利用可能であることを確実にすること. ・アセットマネジメントシステムがその意図した成果を達成することを確実にすること. (2) プロセスと情報の改善 ・アセットマネジメントシステムの要求事項を組織の業務プロセスに組み入れることを確実にすること. ・継続的改善を促進すること. (3) リスクマネジメント ・アセットマネジメントにおけるリスクを管理するアプローチが，組織のリスクを管理するアプローチと整合していることを確実にすること. (4) リーダーシップとコミュニケーション ・効果的なアセットマネジメントの重要性及びアセットマネジメントシステムの要求事項へ適合することの重要性を伝えること. ・アセットマネジメントシステムの有効性に貢献するよう人々を指揮し，支援すること. ・組織の中での機能横断的な協力を促進すること. ・トップマネジメント以外の関連する管理層がその責任の領域においてリーダーシップを示すよう，管理層の役割を支援すること.

付録 2

ISO/TS 55010（財務機能と非財務機能との整合に関するガイダンス）の概要

付 2.1　背景と目的

　我が国では，高度経済成長期に整備された膨大な社会インフラの老朽化が着実に進行しつつある．戦後から高度経済成長期にかけて一斉に整備されたインフラ資産がその耐用年数を迎えようとしており，インフラ資産の高齢化が加速度的に進展している．さらに，我が国では少子高齢化社会の到来による税収減少や社会保障費用の増大により，今後，インフラ資産の整備の財源基盤が一層縮小することが予想される．このような状況の中で，アセットを効率的に維持管理する手法として，アセットマネジメントの重要性が認識されている．

　ISO 55000 シリーズにおいて，アセットマネジメントは「アセットからの価値を実現化する組織の調整された活動」と定義されている．ここで ISO 55000 シリーズとは，国際標準化機関 ISO（International Organization for Standardization）におけるアセットマネジメントの国際規格 ISO 55000 シリーズを策定する専門委員会である Technical Committee 251 において開発された以下の 3 つの規格のことを指し，2014 年 1 月に発行されている．

・ISO 55000　アセットマネジメント−概要，原則及び用語
・ISO 55001　アセットマネジメント−マネジメントシステム−要求事項
・ISO 55002　アセットマネジメント−マネジメントシステム−ISO 55001 の適用のためのガイド
　　　　　　　ライン

　これらのうち，要求事項を規定した ISO 55001 は，第三者機関による認証の対象となっており，ISO 55000 シリーズでは，アセットマネジメントシステムを構築することによって，技術部門と財務部門とが共通の目的意識のもとに，必要な資源の調達を伴う計画的な維持管理と効率的な予算配分を行うことができるようになるとされている．その裏付けとして，ISO 55001 の要求事項では，「組織は，組織全体を通じてアセットマネジメントに関連する財務的及び非財務的な用語の整合性のための要求事項を決定しなければならない」こと，及び「組織は，そのステークホルダーの要求事項及び組織の目標を考慮しつつ，法令及び規制上の要求事項を満たすために必要とされる程度まで財務的及び技術的なデータとその他の関連する非財務的なデータとの間の一貫性，及び追跡可能性があることを確実にしなければならない」ことが要求されている．

　しかしながら，組織がこれらをどのような手法を用いて達成するのかを定めた指針が存在しなかったことから，新たに Technical Committee 251 内に設置された Working Group において議論がなされ，2019 年 9 月に ISO/TS 55010「財務および非財務の機能の整合に関するガイダンス」（以下「ISO/TS 55010」という．）の First edition が正式に公表された．

　本稿では，公表された ISO/TS 55010 の First edition に基づき，その概要を紹介するとともに，今後の我が国のあらゆる組織のアセットマネジメントにおける財務機能及び非財務機能の整合に関する検討の一助となることを期待している．

付 2.2　ISO/TS 55010 の概要 [1]

(1)　主要な用語の定義

「財務機能」は「財務のマネジメントに関連する業務又は業務の一部」を指し，財務報告，予算編成，資金調達，価値評価，財務計画及び分析，管理会計並びに税務会計に重大な影響を及ぼすプロセス及び活動を含んである．次に，「非財務機能」は「組織の財務機能と組み合わされて，サービス又は製品を提供する業務又は業務の一部」を指し，アセットの計画，取得，マーケティング，運用及び維持管理を含む．また，「整合」は「特定の活動又は複数の活動に共通する関連事項に関する計画的な取り決め，関係性及び共通的な理解」を示している．

(2)　ISO/TS 55010 の全体像

多くの組織では，これらの財務機能と非財務機能はあまり整合していない．多くの場合，財務機能は過去の諸事象の結果である財務会計及び規制上の財務報告活動に集中しており，将来の意思決定を支援するための管理会計的なアプローチを実際に提供しているケースは少ないと考えられている．ISO/TS 55010 の目的は，組織が自らの財務機能及び非財務機能の間の整合を支援することを奨励し，組織が当該整合をどのように達成するかについてのガイダンスを提供することである．

組織がこれらのアセットマネジメント機能の整合をよりよく理解し改善することによって，組織の機能領域は情報を共有し，組織の目的を達成するために協力することができるようになり，その結果，組織及びステークホルダーにとって利益を上げることができる．

これにより ISO 55000 のコンセプト及び ISO 55001 アセットマネジメントの要件を適用するのに役立つ．また，ISO/TS 55010 は，整合を通じて組織に実現されるメリットについて，ISO 55002 に記載されている説明以上のアドバイスとガイダンスを提供する．なお，この文書は全てのタイプと規模の組織によって，全てのタイプのアセットに適用することができる．

ISO/TS 55010 の目次構成（抜粋）は下記のとおりであり，次節以降ではそのうち第 4 章から第 9 章までについて概説する．

はじめに
イントロダクション
1　範囲
2　模範的な参考文献
3　用語と定義
4　なぜ財務機能と非財務機能との間の整合の便益が重要なのか
5　整合を可能とするもの
6　システムの整合を実現する方法
7　資産台帳に関連する整合を実現する方法
8　アセットマネジメントのための財務計画
9　業績管理
　　附属書 A　設備投資計画のガイダンス
　　附属書 B　長期財務計画（LTFP）のガイダンス
　　附属書 C　外部財務報告の基準及び原則

附属書 D　財務報告の財務会計機能

附属書 E　アセットマネジメントの非財務機能

附属書 F　実装事例

附属書 G　製品又はサービスの価格設定へのコストの入力

---

(3)　なぜ財務機能と非財務機能との間の整合の便益が重要なのか（第4章）

　組織のアセットマネジメントは，アセットの最適化から得られる「価値」を最大化するという課題に取り組んでいる．ここで，アセットマネジメントにおけるこの価値の概念は，会計分野におけるより具体的な価値の定義よりも広義であり，貨幣価値および非貨幣価値の両方で表すことができる．そのような組織が意思決定の基準を決定するためには，自らのアセットの財務的価値及び非財務的価値に対する整合的な理解が必要である．財務計画，意思決定，報告はアセットマネジメントに欠かせないものだが，反対にアセットマネジメントは財務面に大きな影響を与える．したがって，財務会計機能を非財務アセットマネジメント機能と密接に整合させることが，組織の目標達成に欠かせない．

　具体的には，組織が財務機能と非財務機能を整合させることによって，主に次の成果につながると考えられている．

a)　財務面でのアセットの重要性とリスクの表現の改善．

b)　短期及び長期のタイムスケールに対する統合された効率的なアセットの投資計画及び優先順位付け．

c)　資金調達及び予算編成に関する情報に基づく意思決定を支援するアセットに関連する長期資金ニーズの理解の改善．

d)　財務及び非財務機能の両方からのより完全な情報に基づく投資プロジェクトのオプション分析及び意思決定の改善．

e)　管理原価計算，顧客や利害関係者への価値のより良い理解のような，健全な慣行に基づく，組織の製品及びサービスの価格設定に関する意思決定及びコミュニケーションの改善．

f)　会計，財務，法務，監査，規制，税及び保険の機能を含む，会計機能に影響を与えるアセットマネジメント情報に対する全ての変更のより正確で，完全で，透明でタイムリーな登録及び報告．

g)　財務担当者と非財務担当者が知識と情共有できるようにするための方法論と手順の改善．

h)　減価償却手法の改善．

i)　競争優位性の維持又は改善．

j)　組織のより広範な管理システムの一部としての内部統制の改善．

k)　組織/運用パフォーマンスのより効率的な測定．

l)　資本及び業務の予算編成のためのより効率的な手順．

m)　長期的な財務計画及びアセットのライフサイクル計画のより良い整合．

n)　チームワーク，コラボレーション，透明性，透明性，情報の入手性の向上，財務及び非財務スタッフのスキルアップ．

o)　利用可能な資金に基づいて，提供可能なサービスの理解をより深め，製品又はサービスと資金とのギャップを見直す際に有意義であるトレードオフ分析を可能にすること．

p)　財務機能及び非財務機能に起因する全てのライフサイクルコストを考慮した，価格設定のためのコスト入力に関する，より信頼できる知識．

　以上より，組織は，財務機能及び非財務機能との整合を改善することによって，組織の目標を最も

良く達成し，価値を最大化する意思決定のための情報の質を向上させることができる．なお，財務機能と非財務機能の両方が同じ言語を話すことが奨励される．

(4) 整合を可能とするもの（第5章）

本章では，ビジネスプロセス，リーダーシップ，ガバナンスを中心に，どのようにして財務及び非財務のアセットマネジメント活動の整合が可能となるかについて述べられている．また，組織の様々なレベルで整合をサポートするために必要となるデータ，情報，知識及び能力の例が提示されている．

(5) システムの整合を実現する方法（第6章）

組織における各情報システムから得られるアセットの財務データ及び非財務データは，アセットから得られる価値を決定し，財務及び非財務のアセットマネジメントプロセスの整合を促進するために必要である．また，ISO 55001における「情報」の要件を実現するためには，アセットマネジメントの目標を実現するために必要な情報を評価し，適切なアセットマネジメントの情報を確実に入手できるように，組織の財務機能及び非財務機能が協力する必要がある．本章では，情報システム及びデータ管理において，どのようにしてアセットの財務データ及び非財務データを整合させるかについて述べられている．

(6) 資産台帳に関連する整合を実現する方法（第7章）

資産台帳とは，組織が有形，無形双方のアセット／アセットシステムに関する適切な（物理的，運用的及び財務的）情報を収集して管理するために使用するツールである．アセットを管理する組織は，様々な資産台帳を利用することによって，幅広い業務を支援することができる．そのため，財務のアセットマネジメントプロセス及び非財務のアセットマネジメントプロセスの整合を促進するには，組織が，財務資産台帳及び非財務資産台帳を理解し，整合させる必要がある．本章では，組織におけるこれらの資産台帳をどのようにして整合させるかについて述べられている．

(7) アセットマネジメントのための財務計画（第8章）

アセットマネジメントにとって，財務計画は包括的なアセットマネジメントプロセスの不可欠な部分である．アセットマネジメント計画は，アセットシステムのライフサイクル全体にわたってパフォーマンス，コスト，リスクのバランスを取りながら，財務目標及び非財務目標の両方を達成することを目的としている．そのため，アセットマネジメント計画は，組織が利害関係者のために達成したい（財務的な目標を含む）目標から始まり，アセットシステムの全耐用年数にわたって望ましいパフォーマンス，リスク，コストを組み込む．本章では，アセットマネジメントのための財務計画として，設備投資計画，長期財務計画（LTFP）及び予算編成のあり方について述べられている．

(8) 業績管理（第9章）

組織は業績を管理するため，財務評価及び非財務評価を行って，組織によるより良い意思決定を可能にする必要があり，これらの評価には，十分で信頼できるデータが必要である．この活動は，ISO 55001の4.2の要件であり，「組織はアセットマネジメントに関する財務的及び非財務的情報を記録し，内部及び外部の両方で報告するためのステークホルダーの要求事項を決定しなければならない」とされている．業績管理は，組織の目標を達成するためのアセットマネジメントに不可欠な要素である．

本章では，業績管理のうち業績指標，業績報告及びアセットマネジメントにおける財務報告のあり方について述べられている．

【参考文献】

1) International Standard Organization: ISO/TS 55010 - Guidance on the alignment of financial and non-financial functions in asset management (First edition), 2019.

付録 3

用語集

用　　語	説　　明
アウトソーシング	コスト削減やコア事業への専念のために，自社の業務の一部を外部の企業に委託すること．外部調達，外注，外製などとも言われる．高度な専門性が求められる業務を，その業務をより得意とする企業に任せることで，人材育成や設備投資にかかる時間やコストも削減できる．
アセットインベントリ	組織が，運転，維持管理，保全を実施するために整備する，アセットの属性や技術データを含むアセットの情報の記録を整備し，集積した帳簿やデータベース．
ISO 55000 シリーズ	ISO 55000 シリーズとは，国際標準化機関 ISO（International Organization for Standardization）でアセットマネジメントの国際規格を策定する専門委員会（TC251）において開発された一連の規格のことを指し，具体的には次の 3 つの規格（ISO 55000 アセットマネジメント–概要，原則及び用語，ISO 55001 アセットマネジメント–マネジメントシステム–要求事項，ISO 55002 アセットマネジメント–マネジメントシステム–ISO 55001 の適用のためのガイドライン）で構成される．
SDGs (Sustainable Development Goals)	持続可能な開発目標として，2015 年 9 月の国連サミットで採択された「持続可能な開発のための 2030 アジェンダ」にて記載された 2030 年までに持続可能でよりよい世界を目指す国際目標で，17 のゴール・169 のターゲットから構成されている．
ESG (Environmental, Social, Governance)	ESG とは，Environmental（環境），Social（社会），Governance（企業統治：ガバナンス）のことであり，企業が ESG の課題に適切に配慮・対応すること及び，そのことを評価して投資する株主の存在が，地球環境問題や社会的な課題の解決・改善，さらには資本市場の健全な育成・発展につながり，持続可能な社会の形成に寄与する．
ERM (Enterprise Risk Management)	危機管理（リスクマネジメント）の手法のひとつで，企業の運営上起こり得るあらゆるリスクに対し，組織全体で管理しようとする体制のことである．従来のリスクマネジメント手法では，リスクの種類に応じて個別の部署がリスク管理を担当する形式が主流となっていた．
ERP (Enterprise Resource Planning)	総務や会計，人事，建設，メンテナンスなど事業運営に必要な基幹情報を統合的かつリアルタイムに処理し，管理する情報システム．
オプション分析	代替案の比較評価
KPI (Key Performance Indicator)	組織の目標を達成するための重要な業績評価の指標を意味し，達成状況を定点観測することで，目標達成に向けた組織のパフォーマンスの動向を把握できる．

用　　語	説　　明
ギャップ分析	組織のアセットマネジメントの取り組みと将来的に望ましい取り組みの間のギャップを調査する方法.
継続的改善	パフォーマンスを向上するために繰り返し行われる活動.
コンセッション方式	利用料金の徴収を行う公共施設について，施設の所有権を公共主体が所有したまま，施設の運営権を民間事業者に設定する方式.
サービス・プロバイダ	サービス・プロバイダとは，なんらかのサービスを提供する企業または組織を指す.
サービス水準	組織が作り出す社会的，政治的，環境的および経済的な成果に関連するパラメータあるいはパラメータの組み合わせ.
サステナビリティ（持続可能性）	一般的には，システムやプロセスが持続できること，環境学的には，生物的なシステムがその多様性と生産性を期限なく継続できる能力のことを指し，さらに，組織原理としては持続可能な発展を意味する.
事業継続計画（BCP）	災害などの緊急事態が発生したときに，企業が損害を最小限に抑え，事業の継続や復旧を図るための計画.
自己評価	自組織，または，他の組織の基準と照らし合わせて，自組織の価値を決めること.
SWOT分析	企業の戦略立案を行う際で使われる主要な分析手法で，組織の外的環境に潜む機会（O＝opportunities），脅威（T＝threats）を検討・考慮したうえで，その組織が持つ強み（S＝strengths）と弱み（W＝weaknesses）を確認・評価すること.
ステークホルダー（利害関係者）	ある決定事項もしくは活動に影響を与えうるか，その影響を受けうるか，またはその影響を受けると認識している，個人または組織.
SMARTの法則	SMARTの法則とは，ジョージ・T・ドラン氏が1981年に発表した目標設定法．目標達成を実現させるために欠かすことのできない「Specific」，「Measurable」，「Assignable」，「Realistic」，「Time-related」という5つの成功因子で構成される。
成熟度評価	あらかじめ定めたプロセス規範に対して，自組織の強みや弱みを基準に照らして行う評価.
戦略的アセットマネジメント計画（SAMP）	組織の目標に沿ったアセットマネジメント計画を立案するための戦略的計画で，アセットマネジメント方針，アセットマネジメント（AM）目標，及びそのAM目標が導かれる理由などが記述される.
トレードオフ分析	あるシステムが他のシステムよりも優れており，ある目的を達成するためには代替が可能であるか否かを検討すること.
内部統制	事業目的や経営目標に対し，それを達成するために必要なルール，仕組みを整備し，適切に運用すること．そのルールや仕組みには業務の効率や有効性，法令遵守，資産の保全等も含まれる.

用　語	説　明
NPM (New Public Management) 理論	公共政策において，民間企業で行われているような経営手法を取り入れて公共サービスを提供しようという概念．
パフォーマンス指標	基準や目標に対して実際のパフォーマンスを計測する定量的もしくは定量的数値の指標．
パフォーマンス評価	パフォーマンス指標を適切な計測方法で計測時期や頻度を設定して評価すること．
パフォーマンス管理	パフォーマンス評価結果を適切な方法で記録・保管（データベース）し，データの追加・更新を行うこと．
VE（バリューエンジニアリング）	製品やサービスの「価値」を，それが果たすべき「機能」とそのためにかける「コスト」との関係で把握し，システム化された手順によって「価値」の向上をはかる手法．
VMF (Value for Money)	経済学用語の一つで，「金額に見合った価値」を意味する．委託事業等においては，支払いに対して最も価値の高いサービスを供給する考え方のこと．
ビジネスケース	実現可能性と収支計画
ビジネスケースアプローチ	ステークホルダーとの早期合意を促し，計画策定における課題，結論，便益を明確にするもの．
BPR(Business Process Reengineering)	業務本来の目的に向かって既存の組織や制度を抜本的に見直し，プロセスの視点で，職務，業務フロー，管理機構，情報システムをデザインし直すこと．
PDCA サイクル	業務・運営の管理などの継続的改善手法．Plan（計画）→ Do（実行）→ Check（評価）→ Act（改善）の 4 段階を繰り返すことによって，業務を継続的に改善する．
PFI (Private Finance Initiative)手法	民間の資金と経営能力・技術力（ノウハウ）を活用し，公共施設等の設計・建設・改修・更新や維持管理・運営を行う公共事業の手法．
プロセス	インプットを使用して意図した結果を生み出す，相互に関連する又は相互に作用する一連の活動．
プロセスアプローチ	マネジメントを「システム」として認識し，システムに階層的に存在する「プロセスの相互関係」を分析することによって，システムの「パフォーマンス」を「改善，向上」させること．
ベンチマーキング	あらかじめ定めた指標やプロセスについて他の組織と比較し，改善手法を把握する調査手法．
マネジメントレビュー	内部監査や，外部監査の結果などを基に，一定期間の経営管理の実績を振り返り，問題点や，懸念，成果などを見直すこと．
メタマネジメント	組織間をまたぐマネジメントの展開を前提として，対象の操作可能性を獲得する「場」を構築するムーブメント．

用　　語	説　　明
メンテナンスサイクル	点検や診断，修繕などの措置，記録を繰り返す維持管理の業務サイクル．
モビリティ	道路ネットワーク上の交通の機動性
ライフサイクル	アセットのマネジメントに関係する段階群（例えば，発案から計画・設計・運転・保全・更新等を経て，廃棄まで）．
ライフサイクルアセスメント（LCA）	製品やサービスのライフサイクル全体（資源採取—原料生産—製品生産—流通・消費—廃棄・リサイクル）又はその特定段階における環境負荷を定量的に評価する手法．
ライフサイクルコスト分析(LCCA)	製品や構造物などの費用を，調達・製造〜 使用〜廃棄までの各段階をトータルして分析すること．
ライフサイクルマネジメント（管理）	アセットの発案から計画・設計・運転・保全・更新等を経て，廃棄に至るまで管理すること．
リーダシップ	指導者としての資質・能力・力量・統率力
リスクと機会	リスクは心配事，機会はチャンス．リスクは，組織のあるべき姿（目指している方向）に対する不確かさ（心配事）のことで，機会は，組織にとってうまくいく場合のチャンスのこと．
RCM (Reliability-Centered Maintenance)	設計段階，運転・稼働段階で行うリスクマネジメント，および設備管理・保全を検討する保全エンジニアリング作業の一つであり，機器の信頼性を高め，最適な保全方式を選択するための管理方式である．
ロジック	「論理」のことを指し，「議論や推論を進めるための考え方」「志向の形式や法則」「筋道の立った考え・思考」を表す言葉．
ロジックモデル	ある施策がその目的を達成するに至るまでの論理的な因果関係を明示したもの．事前又は事後的に施策の概念化や設計上の欠陥や問題点の発見，インパクト評価等の他のプログラム評価を実施する際の準備や施策を論理的に立案する等のうえで意義のあるモデル．

舗装工学委員会の本

	書名	発行年月	版型：頁数	本体価格
	2007年制定　舗装標準示方書	平成19年3月	A4：335	
※	2014年制定　舗装標準示方書	平成27年10月	A4：351	2,800円

舗装工学ライブラリー

	号数	書名	発行年月	版型：頁数	本体価格
	1	路面のプロファイリング入門－安全で快適な路面をめざして－ The Little Book of Profiling　（翻訳出版）	平成15年1月	A4：120	
※	2	FWDおよび小型FWD運用の手引き	平成14年12月	A4：101	1,600円
	3	多層弾性理論による舗装構造解析入門 －GAMES(General Analysis of Multi-layered Elastic Systems)を利用して－	平成17年4月	A4：179	
	4	環境負荷軽減舗装の評価技術	平成19年1月	A4：231	
	5	街路における景観舗装－考え方と事例－	平成19年1月	A4：132	
※	6	積雪寒冷地の舗装	平成23年2月	A4：207	3,000円
※	7	舗装工学の基礎	平成24年3月	A4：288	3,800円
	8	アスファルト遮水壁工	平成24年8月	A4：310	
※	9	空港・港湾・鉄道の舗装技術　－設計，材料・施工，維持・管理－	平成25年3月	A4：271	3,200円
	10	路面テクスチャとすべり	平成25年3月	A4：139	
※	11	歩行者系舗装入門　－安全で安心な路面を目指して－	平成26年11月	A4：155	3,000円
※	12	道路交通振動の評価と対策技術	平成27年7月	A4：119	2,400円
※	13a	アスファルトの特性と評価	平成27年10月	A4：166	2,300円
※	13b	路床・路盤材料の特性と評価	平成27年10月	A4：125	2,200円
	14	非破壊試験による舗装のたわみ測定と構造評価	平成27年11月	A4：134	
※	15	積雪寒冷地の舗装に関する諸問題と対策	平成28年9月	A4：205	2,600円
※	16	コンクリート舗装の設計・施工・維持管理の最前線	平成29年9月	A4：348	3,900円
※	17	アセットマネジメントの舗装分野への適用ガイドブック	令和3年2月	A4：242	2,900円

※は、土木学会および丸善出版にて販売中です。価格には別途消費税が加算されます。

定価 3,190 円（本体 2,900 円＋税 10%）

舗装工学ライブラリー17
アセットマネジメントの舗装分野への適用ガイドブック

令和 3 年 2 月 1 日　第 1 版・第 1 刷発行

編集者……公益社団法人　土木学会　舗装工学委員会　舗装マネジメント小委員会
　　　　　委員長　七五三野　茂
発行者……公益社団法人　土木学会　専務理事　塚田　幸広

発行所……公益社団法人　土木学会
　　　　　〒160-0004　東京都新宿区四谷 1 丁目（外濠公園内）
　　　　　TEL　03-3355-3444　FAX　03-5379-2769
　　　　　http://www.jsce.or.jp/
発売所……丸善出版株式会社
　　　　　〒101-0051　東京都千代田区神田神保町 2-17　神田神保町ビル
　　　　　TEL　03-3512-3256　FAX　03-3512-3270

©JSCE2021／The Committee on Pavement Engineering
ISBN978-4-8106-0999-8
印刷・製本：昭和情報プロセス（株）　用紙：京橋紙業（株）